机械工程前沿著作系列 HEP MEF
HEP Series in Mechanical Engineering Frontiers

机电系统动力学控制理论

——U-K动力学理论的拓展与应用

Dynamical Control Theory of Electromechanical System

—— Development and Application of U-K Dynamical Theory

赵韩　甄圣超　孙浩　著

高等教育出版社·北京

内容简介

本书根据复杂机电系统工程的实际需要，从系统动力学和控制的基础理论到控制系统的开发，提出了提升控制系统精度的整体解决方案，形成了能够实用的动力学控制理论、方法以及应用技术。

本书共分为九章，内容既有新的动力学和控制方面的基础理论，又包括新的控制技术，同时还有独立开发的实用软件以及一些机电系统的实际解决方案。本书价值在于：拓展了多体系统建模的新思路，提高了多体系统动力学建模精度；构建了基于动力学模型的控制理论体系，提高了系统控制精度；提出了不确定性描述新方式，构建了模糊动力学系统。本书将基础理论、新理论的证明、新方法的建立、数值仿真、实验验证等有层次地组织起来，并配合图、表将基于 U-K 动力学方程的动力学控制理论及其应用方法系统、清晰地呈现给广大读者。

本书可供机电工程、机器人、电力电子、自动控制等领域的科研和工程技术人员学习和阅读，也可作为相关专业的本、硕、博和教师的教学参考书。

图书在版编目（CIP）数据

机电系统动力学控制理论：U-K 动力学理论的拓展与应用 / 赵韩，甄圣超，孙浩著．-- 北京：高等教育出版社，2020. 8

ISBN 978-7-04-053826-7

Ⅰ. ①机… Ⅱ. ①赵… ②甄… ③孙… Ⅲ. ①机电系统 - 动力学 - 研究 Ⅳ. ① TM7

中国版本图书馆 CIP 数据核字（2020）第 038302 号

机电系统动力学控制理论——U-K 动力学理论的拓展与应用
Jidian Xitong Donglixue Kongzhi Lilun——U-K Donglixue Lilun de Tuozhan yu Yingyong

策划编辑 刘占伟　责任编辑 刘占伟 任辛欣　封面设计 杨立新　版式设计 杜微言
插图绘制 于 博　责任校对 王 雨　责任印制 尤 静

出版发行 高等教育出版社
社　　址 北京市西城区德外大街4号
邮政编码 100120
印　　刷 涿州市星河印刷有限公司
开　　本 787mm × 1092mm 1/16
印　　张 13.5
字　　数 310 千字
购书热线 010-58581118
咨询电话 400-810-0598
网　　址 http://www.hep.edu.cn
　　　　 http://www.hep.com.cn
网上订购 http://www.hepmall.com.cn
　　　　 http://www.hepmall.com
　　　　 http://www.hepmall.cn
版　　次 2020 年 8 月第 1 版
印　　次 2020 年 8 月第 1 次印刷
定　　价 109.00 元

物 料 号 53826-00

前　言

提升复杂多体机构/机械系统的动力学建模与控制精度是当前重大工程领域的迫切需求，也是机械装备朝着高精度和高速度方向发展的重要保证。对于复杂多体机构/机械系统的建模问题，用传统的 Newton – Euler、Lagrange、Kane、笛卡儿建模等方法都很难获得解析形式的动力学方程，且操作不便、自动化建模程度不高。同时，常用的 Lagrange 动力学建模法以达朗贝尔原理为基础，要求系统的约束为理想约束，且约束力所做虚功之和为零，由此需要对很多情况进行假设和简化，从而影响了模型的精度。本书把近 20 年来系统动力学领域出现的具有突破性的新方法——Udwadia – Kalaba 方法引入机电系统控制领域，同时将其与自适应理论和模糊集理论相结合，提出了机械系统约束跟随鲁棒/自适应鲁棒控制方法以及模糊控制方法，形成了基于 Udwadia – Kalaba 方程 (U – K 方程) 的动力学建模及机电系统动力学控制理论体系。该理论可以解决以前难以解决的动力学问题和控制问题，同时可以提高系统的动力学建模和控制的精度。这一理论不仅适用于机器人、自动化装备、生产线等工程领域，也适用于天体运动等领域，可以供这些领域从事动力学理论和控制理论研究与技术开发的研究人员和工程技术人员使用，也可以作为研究生的教材。

本书根据复杂机电系统工程的实际需要，从系统动力学和控制的基础理论到控制系统的开发，提出了系统提升控制系统精度的解决方案，形成了能够实用的动力学控制理论、方法以及应用技术。其中，既有新的动力学和控制方面的基础理论，又有新的控制技术，同时还有自主开发的实用软件以及一些机电系统的实际解决方案，由此形成如下鲜明特点。首先是通过拓展多体系统建模新思路，提高了多体系统动力学建模的精度。即引入的 U – K 方程拓展了达朗贝尔原理，提出当系统的约束为非理想约束，且约束力所做虚功之和不为零时可以使用 U – K 方程进行建模分析的思路，使很多复杂情况不再需要进行假设和简化，而可以按照实际情况代入方程，由此显著提高了动力学建模的精度。此外，U – K 建模法不仅可以获得解析形式的动力学方程，而且便于求解，便于处理完整约束、非完整约束、理想约束、非理想约束、层级约束、质量矩阵奇异等问题，应用范围非常广。其次通过构建基于动力学模型的控制理论体系，提高了系统控制精度。即在 U – K 基本方程的基础上提出了用于解决系统不确定性的鲁棒控制和自适应鲁棒控制，这是一种基于动力学模型的控制方法，这里的自适应律可以根据系统目标跟随误差实时调整，使系统在满足控制精度要求的同时，控制代价不致过大。最后是提出不确定性描述新方式。即用模糊集理论来表述初始条件、参数等的不确定性，从而将模糊集理论与系统理论结合起来, 构建了模糊动力学系统。

本书共分为 9 章, 由赵韩提出全书的体系框架, 并与孙浩共同撰写了第 1、3、4、5、6 章, 与甄圣超共同撰写了第 2、7、8、9 章。第 1 章介绍了分析力学的基础理论知识。第 2 章介绍了模糊集理论的一些基本概念与基本运算方法。第 3 章介绍了拉格朗日力学的基本知识, 包括虚功原理、广义坐标、约束描述等基本概念以及建模的基本方法。第 4 章详细阐述了 Udwadia–Kalaba 动力学方程及其扩展方程以及用于建模的 "U–K 方程三步法", 并以机械臂为例介绍了具体的应用方法。第 5 章基于 U–K 方程提出了一种鲁棒控制方法, 并通过理论分析证明了该方法的可行性。第 6 章引入了自适应律, 并创建了一种基于 U–K 方程的自适应鲁棒控制, 该方法在满足控制性能要求的同时, 可避免控制代价过大。第 7 章建立了基于 U–K 方程的模糊动力学系统, 并针对该系统进行了鲁棒约束跟随控制设计和参数优化设计。第 8 章介绍了如何用 MATLAB/Simulink 搭建算法模型以及用 cSPACE 系统自动生成嵌入式控制代码。第 9 章给出了一些系统动力学建模与控制器设计的具体案例, 包括直线电机、永磁同步电机、机器人关节模组、SCARA 机器人等。

作者科研团队的博士生陈小龙、刘晓黎、朱胤斐、李晨鸣以及硕士生余涛等 10 多名研究生参与了书中一些仿真与实验工作, 书稿的撰写也得到了高等教育出版社的指导和支持。在此对本书撰写和出版过程中获得的所有支持表示衷心的感谢!

作者

2019 年 10 月

目 录

第 1 章 分析力学理论基础

现代运动学、动力学乃至机电系统控制理论, 都是在分析力学理论上发展起来的。因此, 本章重点介绍分析力学的理论基础。首先介绍质点和质点系的概念及其数学描述, 为引入机电系统奠定基础。其次介绍包括向量矩阵、广义逆矩阵及其基本运算等数学基础 [1]。最后介绍质点系中一些基本约束的特性, 重点介绍完整约束和非完整约束的概念, 并对这两种支撑拉格朗日力学体系的约束进行讨论。

1.1 向量矩阵表示法

1.1.1 质点及质点系运动的描述

质点是有质量但不存在体积或空间维度的点。考虑一个质量为 m 的质点, 对于任意给定的时间 t, 它在直角坐标系下的坐标为 $(x(t), y(t), z(t))$, 作用在该质点上的外力表示为 $(F_x(t), F_y(t), F_z(t))$, 如图 1.1 所示。

根据牛顿第二定律, 在每个时刻 t, 质点的质量乘以它的加速度等于作用在该质点上的力。由于速度的 X 轴分量 $\dot{x}(t)$ 等于质点 X 轴分量位移 $x(t)$ 关于 t 的微分, 加速度的 X 轴分量 $\ddot{x}(t)$ 等于质点 X 轴分量位移 $x(t)$ 关于 t 的二次微分, 且同样情况适用于 Y 轴分量和 Z 轴分量, 因此可以用以下三个标量方程来描述质点的运动:

$$\left.\begin{aligned} m\ddot{x}(t) &= F_x(t) \\ m\ddot{y}(t) &= F_y(t) \\ m\ddot{z}(t) &= F_z(t) \end{aligned}\right\} \tag{1.1}$$

假设在初始时刻 t_0, 质点的初始位置以 $(x(t_0), y(t_0), z(t_0))$ 表示及初始速度以 $(\dot{x}(t_0), \dot{y}(t_0), \dot{z}(t_0))$ 表示, 根据每个瞬时作用在质点上的力和加速度的关系, 可以对式 (1.1) 进行积分, 得到如图 1.1 所示的质点的轨迹。

式 (1.1) 也可以写成

$$\left.\begin{aligned} \ddot{x}(t) &= \frac{1}{m}F_x(t) = a_x(t) \\ \ddot{y}(t) &= \frac{1}{m}F_y(t) = a_y(t) \\ \ddot{z}(t) &= \frac{1}{m}F_z(t) = a_z(t) \end{aligned}\right\} \tag{1.2}$$

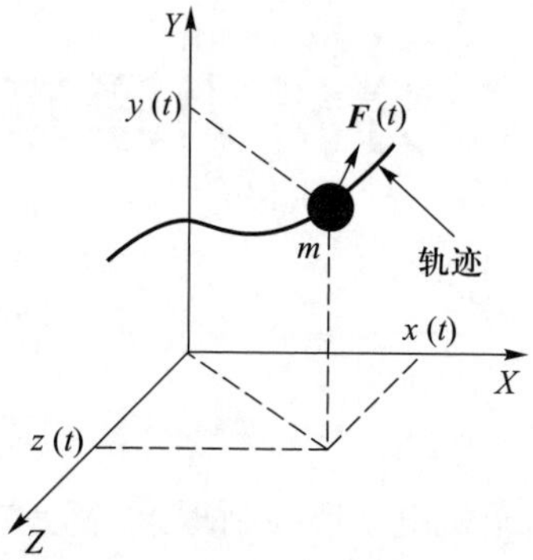

图 1.1　在外力 $F(t)$ 作用下的质点

下面考虑一组质点 $m_1, m_2, \cdots, m_n$, 它们的坐标在任意时刻 t 都可以由 $3n$ 个分量 $(x_1(t), y_1(t), z_1(t))$, $(x_2(t), y_2(t), z_2(t)), \cdots, (x_n(t), y_n(t), z_n(t))$ 来描述。假设直角坐标系是“惯性的”, 施加在每一个质点上的力可以分别表示为 $(F_{1x}(t), F_{1y}(t),\ F_{1z}(t))$, $(F_{2x}(t), F_{2y}(t), F_{2z}(t))$, $\cdots$, $(F_{nx}(t), F_{ny}(t), F_{nz}(t))$, 根据牛顿第二定律, 如果每个质点相对其他质点独立, 可自由运动, 则这组质点的运动方程可以由 $N = 3n$ 个方程表示

$$\left.\begin{aligned} m_i\ddot{x}_i &= F_{ix} \\ m_i\ddot{y}_i &= F_{iy} \\ m_i\ddot{z}_i &= F_{iz} \end{aligned}\right\} \quad i = 1, 2, \cdots, n \tag{1.3}$$

或者

$$\left.\begin{aligned} \ddot{x}_i &= \frac{1}{m_i}F_{ix} = a_{ix} \\ \ddot{y}_i &= \frac{1}{m_i}F_{iy} = a_{iy} \\ \ddot{z}_i &= \frac{1}{m_i}F_{iz} = a_{iz} \end{aligned}\right\} \quad i = 1, 2, \cdots, n \tag{1.4}$$

a_{ix} 是施加在第 i 个质点上 X 方向上的力除以相应质点的质量 m_i。

1.1.2　向量矩阵表示法

本节引入一个更紧凑的方式来表示式 (1.3) 和式 (1.4), 即向量矩阵法 [2]。

下面用一个列向量 $\boldsymbol{X}_1(t)$ 来表示 t 时刻下的三个变量 $x_1(t)$、$y_1(t)$、$z_1(t)$, 即

$$\boldsymbol{X}_1(t) = \begin{bmatrix} x_1(t) \\ y_1(t) \\ z_1(t) \end{bmatrix} \tag{1.5}$$

变量 $x_1(t)$、$y_1(t)$、$z_1(t)$ 称为矢量 $\boldsymbol{X}_1(t)$ 的分量。矢量 $\boldsymbol{X}_1(t)$ 是一个三行一列的矩阵, 记为 3×1 矩阵, 或简称为三维矢量。类似地, 可定义矢量 $\boldsymbol{F}_1(t)$ 为

$$\boldsymbol{F}_1(t)=\begin{bmatrix}F_{1x}(t)\\F_{1y}(t)\\F_{1z}(t)\end{bmatrix}\tag{1.6}$$

矢量 $\boldsymbol{X}_1(t)$ 关于时间的导数可以用其每个分量对时间的导数来表示, 即

$$\dot{\boldsymbol{X}}_1(t)=\frac{\mathrm{d}}{\mathrm{d}t}\boldsymbol{X}_1(t)=\frac{\mathrm{d}}{\mathrm{d}t}\begin{bmatrix}x_1(t)\\y_1(t)\\z_1(t)\end{bmatrix}=\begin{bmatrix}\dfrac{\mathrm{d}}{\mathrm{d}t}x_1(t)\\\dfrac{\mathrm{d}}{\mathrm{d}t}y_1(t)\\\dfrac{\mathrm{d}}{\mathrm{d}t}z_1(t)\end{bmatrix}\tag{1.7}$$

同理, 可以得到矢量 $\boldsymbol{X}_1(t)$ 关于时间的二次导数 $\ddot{\boldsymbol{X}}_1(t)$。

对于质点 m_1, 通过矢量方程将牛顿运动定律表示为

$$m_1\ddot{\boldsymbol{X}}_1(t)=\boldsymbol{F}_1(t)\tag{1.8}$$

矢量方程式 (1.8) 实际包含了三个标量方程。

对于含有 n 个质点 $m_1,m_2,\cdots,m_n$ 的系统来说, 用向量矩阵表示法就可将式 (1.3) 写为

$$\begin{bmatrix}m_1&0&\cdot&\cdot&\cdot&\cdot&\cdot&0\\0&m_1&0&\cdot&\cdot&\cdot&\cdot&0\\\cdot&0&m_1&0&\cdot&\cdot&\cdot&\cdot\\\cdot&\cdot&\cdot&\cdot&\cdot&\cdot&\cdot&\cdot\\\cdot&\cdot&\cdot&\cdot&\cdot&\cdot&\cdot&\cdot\\\cdot&\cdot&\cdot&\cdot&\cdot&\cdot&\cdot&\cdot\\\cdot&\cdot&\cdot&\cdot&0&m_n&0&0\\\cdot&\cdot&\cdot&\cdot&\cdot&0&m_n&0\\\cdot&\cdot&\cdot&\cdot&\cdot&\cdot&0&m_n\end{bmatrix}\begin{bmatrix}\ddot{x}_1\\\ddot{y}_1\\\ddot{z}_1\\\cdot\\\cdot\\\cdot\\\ddot{x}_n\\\ddot{y}_n\\\ddot{z}_n\end{bmatrix}=\begin{bmatrix}F_{1x}\\F_{1y}\\F_{1z}\\\cdot\\\cdot\\\cdot\\F_{nx}\\F_{ny}\\F_{nz}\end{bmatrix}\tag{1.9}$$

或更简洁地写为

$$\boldsymbol{M}\ddot{\boldsymbol{X}}(t)=\boldsymbol{F}(t)\tag{1.10}$$

式中,

$$\ddot{\boldsymbol{X}}(t)=\left[\ddot{\boldsymbol{X}}_1^{\mathrm{T}}(t)\quad\ddot{\boldsymbol{X}}_2^{\mathrm{T}}(t)\ \cdots\ \ddot{\boldsymbol{X}}_n^{\mathrm{T}}(t)\right]^{\mathrm{T}}$$
$$\boldsymbol{F}(t)=\left[\boldsymbol{F}_1^{\mathrm{T}}(t)\quad\boldsymbol{F}_2^{\mathrm{T}}(t)\ \cdots\ \boldsymbol{F}_n^{\mathrm{T}}(t)\right]^{\mathrm{T}}$$

上标 T 表示矩阵的转置。矢量 $\ddot{\boldsymbol{X}}(t)$、$\boldsymbol{F}(t)$ 各有 $N=3n$ 个分量。式 (1.10) 中的 $\boldsymbol{M}$ 是除了对角线其余位置均为零的 n 阶矩阵, 称作对角矩阵, 可表示为

$$\boldsymbol{M}=\operatorname{diag}\left(m_1,m_1,m_1,\cdots,m_n,m_n,m_n\right)$$

其中在矩阵 $\boldsymbol{M}$ 的对角线上, 质点的质量每三个为一组。

定义 $m\times n$ 阶矩阵 $\boldsymbol{A}$ 与 $n\times 1$ 的列向量 $\boldsymbol{b}$ 的乘积为 $m\times 1$ 的列向量 $\boldsymbol{c}$。矢量 $\boldsymbol{c}$ 的各分量为

$$c_i=\sum_{k=1}^{k=n}a_{ik}b_k\quad i=1,2,\cdots,m \tag{1.11}$$

式中, a_{ij} 代表其第 i 行、第 j 列的元素。或简单表示为

$$\boldsymbol{c}=\boldsymbol{A}\boldsymbol{b} \tag{1.12}$$

列向量 $\boldsymbol{c}$ 也可认为是一个 $m\times 1$ 矩阵, 它的转置 $\boldsymbol{c}^{\mathrm{T}}$ 为 $1\times m$ 矩阵。

用式 (1.11) 和式 (1.12) 的表示方法, 可同样将式 (1.3) 写成式 (1.9), 或写成式 (1.10) 的简洁形式。

一般来说, $m\times r$ 矩阵 $\boldsymbol{A}$ 与 $r\times n$ 矩阵 $\boldsymbol{B}$ 的乘积被定义为 $m\times n$ 阶矩阵 $\boldsymbol{C}$, 它的第 $(i-j)$ 个元素 (即第 i 行、第 j 列元素) 为

$$c_{ij}=\sum_{k=1}^{k=r}a_{ik}b_{kj}\quad i=1,2,\cdots,m;j=1,2,\cdots,n \tag{1.13}$$

或者, 更简洁写为

$$\boldsymbol{C}=\boldsymbol{A}\boldsymbol{B} \tag{1.14}$$

式 (1.4) 对应的矩阵可写为

$$\ddot{\boldsymbol{X}}=\boldsymbol{M}^{-1}\boldsymbol{F}(t)=\boldsymbol{a}(t) \tag{1.15}$$

式中, $\boldsymbol{M}^{-1}$ 为 $\boldsymbol{M}$ 的逆矩阵, 即

$$\boldsymbol{M}^{-1}=\operatorname{diag}\left(m_1^{-1},m_1^{-1},m_1^{-1},\cdots,m_n^{-1},m_n^{-1},m_n^{-1}\right)$$

由于质点的质量都为正数, 因此矩阵 $\boldsymbol{M}^{-1}$ 是确定的。

由于式 (1.10) 右边矢量的每一分量都取决于矢量 $\boldsymbol{X}(t)$ 和 $\dot{\boldsymbol{X}}(t)$ 的分量, 因此式 (1.10) 可以更准确地写为

$$\boldsymbol{M}\ddot{\boldsymbol{X}}(t)=\boldsymbol{F}(\boldsymbol{X}(t),\dot{\boldsymbol{X}}(t),t) \tag{1.16}$$

1.1.3 举例

以上介绍了向量矩阵表示法的具体表达方式, 下面结合具体实例来阐述该方法在描述质点上的应用。

例如, 考虑一个悬挂于无质量杆上的摆锤, 在 XY 平面内运动。摆锤的质量为 m。摆锤的运动可由图 1.2 所示的坐标 (x, y) 表示。摆锤受到约束, 使其保持与悬挂点的距离恒为 L。加速度由所受重力产生, 方向垂直向下, 大小为 g。

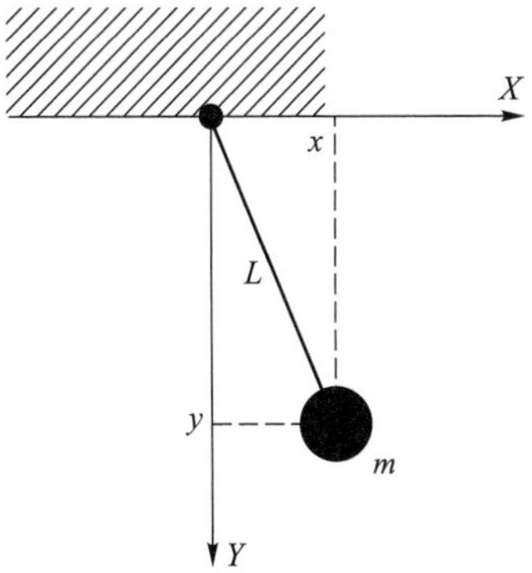

图 1.2 单摆

假如杆不存在, 那么摆锤做无约束运动。摆锤的无约束运动可表示为

$$\left.\begin{aligned} m\ddot{x} &= 0 \\ m\ddot{y} &= g \end{aligned}\right\} \tag{1.17}$$

因此, 如果没有受到摆锤与悬挂点的距离是常数的约束, 其加速度在重力的作用下将会是垂直向下的。而由于摆锤受到约束, 需要满足

$$x^2 + y^2 = L^2 \tag{1.18}$$

在这个约束下, 它的运动变为摇摆运动。式 (1.17) 可表示为

$$\boldsymbol{M}\ddot{\boldsymbol{X}} = \boldsymbol{F} \tag{1.19}$$

式中

$$\boldsymbol{M} = \begin{bmatrix} m & 0 \\ 0 & m \end{bmatrix}, \ddot{\boldsymbol{X}} = \begin{bmatrix} \ddot{x} \\ \ddot{y} \end{bmatrix}, \boldsymbol{F} = \begin{bmatrix} 0 \\ mg \end{bmatrix} \tag{1.20}$$

对约束方程 (1.18) 进行两次微分, 得到

$$\boldsymbol{A}(\boldsymbol{X}(t))\ddot{\boldsymbol{X}} = \boldsymbol{b} \tag{1.21}$$

式中

$$\boldsymbol{A} = [x(t) \quad y(t)], \quad \boldsymbol{b} = [-\dot{x}^2 - \dot{y}^2] \tag{1.22}$$

由于描述无约束运动的式 (1.17) 和描述约束运动的式 (1.21), 其加速度都是线性的, 因此这两组方程和初始条件加在一起就完整地描述了摆锤的运动。

因为摆锤的运动需要满足约束要求, 所以在无约束运动的基础上, 额外的力需要施加在摆锤上, 以使其运动在每个时刻都满足式 (1.18)。因此, 系统的约束运动可描述为

$$\boldsymbol{M}\ddot{\boldsymbol{X}}(t)=\boldsymbol{F}(t)+\boldsymbol{F}^{\mathrm{c}}(t) \tag{1.23}$$

式中, 2×1 的矢量 $\boldsymbol{F}^{\mathrm{c}}(t)$ 代表了约束力。像前文一样假设, 摆锤的初始位置和速度是满足约束的, 确定约束系统的运动方程就是要确定额外的约束矢量 $\boldsymbol{F}^{\mathrm{c}}(t)$。

再例如, 考虑一个质量为 m 的质点, 受到外力 $\boldsymbol{F}=[F_x(t)\ F_y(t)\ F_z(t)]^{\mathrm{T}}$ 的作用在三维空间中运动。质点的位置由矢量 $\boldsymbol{X}=[x(t)\ y(t)\ z(t)]^{\mathrm{T}}$ 表示。质点的运动由式 (1.24) 表示

$$\boldsymbol{M}\ddot{\boldsymbol{X}}=\boldsymbol{F} \tag{1.24}$$

式中, 矢量 $\ddot{\boldsymbol{X}}=[\ddot{x}\ \ddot{y}\ \ddot{z}]^{\mathrm{T}}$; 矩阵 $\boldsymbol{M}=\mathrm{diag}(m,m,m)$。如果质点需要额外满足以下关系:

$$\dot{y}=z\dot{x} \tag{1.25}$$

那么, 额外的力就需要施加在质点上使其满足该约束条件。假设初始条件已知, 并满足约束方程 (1.25), 则在约束力作用下, 质点的约束方程可以表述为

$$\boldsymbol{M}\ddot{\boldsymbol{X}}=\boldsymbol{F}(t)+\boldsymbol{F}^{\mathrm{c}}(t) \tag{1.26}$$

式中, $\boldsymbol{F}^{\mathrm{c}}(t)$ 为 3×1 的约束力矢量。该约束力的加入使约束方程 (1.25) 得以满足。

确定约束系统状态随时间变化的关键问题就是确定约束力矢量 $\boldsymbol{F}^{\mathrm{c}}(t)$。一旦在时刻 t 该矢量已知, 结合给定的初始条件, 对式 (1.26) 求积分 (理论上, 或至少在数值上) 就可得到质点的运动轨迹 $\boldsymbol{X}(t)$, 以及任意时刻的三个分量 $x(t)$、$y(t)$ 和 $z(t)$。

约束方程 (1.25) 和前面的约束方程是不同的类型, 即在任意时刻 t, 式 (1.25) 不能积分获得与质点位置分量有关的关系。若要获得, 需要求得 $\dot{x}$ 和 z 关于时间 t 的函数, 这要求已知系统随时间的变化情况。然而在这些运动方程中如式 (1.26) 所示, 由于约束力矢量 $\boldsymbol{F}^{\mathrm{c}}(t)$ 未知, 因此具体内容未知。其中, 约束力必须与给定的外力 $\boldsymbol{F}(t)$ 相结合, 使质点的运动可以满足约束方程 (1.25)。

如式 (1.25) 所示的约束, 称为不可积或非完整约束, 更精确地说, 是因为不知道系统中的质点随时间变化的情况, 无法通过积分的方式获得位置分量间的关系。

需要注意的是, 虽然约束方程 (1.21) 不可积, 但它可以通过求导获得加速度分量间的线性关系。对式 (1.21) 求导, 得到线性关系

$$\boldsymbol{A}(\boldsymbol{X}(t))\ddot{\boldsymbol{X}}=\boldsymbol{b} \tag{1.27}$$

式中, 矩阵 $\boldsymbol{A}=[-z\ 1\ 0]$, 矩阵 $\boldsymbol{b}=[\dot{z}\dot{x}]$。

1.2 向量矩阵基本运算

1.2.1 向量空间

设 $a_1, a_2, \cdots, a_n$ 是 n 个实数, 则 $n\times 1$ 维向量 $\boldsymbol{a}$ 可表示为

$$\boldsymbol{a}=\begin{bmatrix}a_1\\a_2\\\vdots\\a_n\end{bmatrix}=\begin{bmatrix}a_1 & a_2 & \cdots & a_n\end{bmatrix}^{\mathrm{T}} \tag{1.28}$$

式中, 上标 T 为转置。$a_1, a_2, \cdots, a_n$ 是 n 维向量 $\boldsymbol{a}$ 的分量元素。由于向量 $\boldsymbol{a}$ 有 n 个分量, 所以被称为 n 维向量。如果向量 $\boldsymbol{a}$ 中的每个分量都为 0, 则称其为 0 向量, 如果有一个分量非 0, 则称其为非 0 向量。

以下列方式定义两个实向量的加法和乘法法则。考虑两个 $n\times 1$ 维向量 $\boldsymbol{a}$ 和 $\boldsymbol{b}$, 对于任意的常数 α 和 β, 有

$$\alpha\boldsymbol{a}+\beta\boldsymbol{b}=\alpha\begin{bmatrix}a_1\\a_2\\\vdots\\a_n\end{bmatrix}+\beta\begin{bmatrix}b_1\\b_2\\\vdots\\b_n\end{bmatrix}=\begin{bmatrix}\alpha a_1\\\alpha a_2\\\vdots\\\alpha a_n\end{bmatrix}+\begin{bmatrix}\beta b_1\\\beta b_2\\\vdots\\\beta b_n\end{bmatrix}=\begin{bmatrix}\alpha a_1+\beta b_1\\\alpha a_2+\beta b_2\\\vdots\\\alpha a_n+\beta b_n\end{bmatrix} \tag{1.29}$$

需要注意的是两个向量相加时, 它们分量数需相同, 当两个 n 维向量对应分量相等, 则两个向量等价。

向量空间 定义 $\boldsymbol{V}_n$ 为 n 维向量的集合, 若满足 ① $\boldsymbol{V}_n$ 中的任意两个向量和仍属于集合 $\boldsymbol{V}_n$, ② $\boldsymbol{V}_n$ 中的任意向量与任意实数相乘也属于 $\boldsymbol{V}_n$, 则集合 $\boldsymbol{V}_n$ 称为向量空间。

若所有的 n 维向量集合 (n 为正整数) 是向量空间, 则定义此特殊向量空间为 $\boldsymbol{R}_n$。

向量子空间 若 $\boldsymbol{S}_n$ 是向量空间 $\boldsymbol{V}_n$ 的子集, 且 $\boldsymbol{S}_n$ 是向量空间, 则称 $\boldsymbol{S}_n$ 为向量空间 $\boldsymbol{V}_n$ 的向量子空间。

集合为 $\{\boldsymbol{0}\}$ 的零向量是任意向量空间 $\boldsymbol{V}_n$ 的向量子空间。其中, 零向量是指所有分量均为 0 的 n 维向量。

线性无关 考虑向量集合 $\{\boldsymbol{v}_1, \boldsymbol{v}_2, \cdots, \boldsymbol{v}_n\}$, 其中每个向量是属于 $\boldsymbol{R}_n$ 的 n 维向量, 向量线性相关的充要条件是存在不全为 0 的常数集 $\{c_1, c_2, \cdots, c_n\}$ 使得

$$\sum_{i=1}^{i=n} c_i\boldsymbol{v}_i=0 \tag{1.30}$$

如果唯一满足式 (1.30) 的集合为 $\{0, 0, \cdots, 0\}$, 则称所定义向量集合线性无关。

向量集张成的向量空间 设 $\boldsymbol{V}_n$ 是一个向量空间, 如果 $\boldsymbol{V}_n$ 中的每一个向量都可以被向量集合 $\{\boldsymbol{v}_1, \boldsymbol{v}_2, \cdots, \boldsymbol{v}_n\}$ 线性表示, 则称 $\boldsymbol{V}_n$ 是由该向量集合张成的空间。该向量集合不一定线性无关。

向量空间的基 设 $\boldsymbol{V}_n$ 是一个向量空间, 如 $\boldsymbol{V}_n$ 中的每一个向量都可以由线性无关的向量集合 $\{\boldsymbol{v}_1, \boldsymbol{v}_2, \cdots, \boldsymbol{v}_n\}$ 线性表示, 则向量集合 $\{\boldsymbol{v}_1, \boldsymbol{v}_2, \cdots, \boldsymbol{v}_n\}$ 称为 $\boldsymbol{V}_n$ 的基。一般来说, 对于给定的向量空间 $\boldsymbol{V}_n$, 它的基不唯一, 可能有很多不同的基。但是, 基中的向量个数是唯一的, 它被定义为空间 $\boldsymbol{V}_n$ 的维数。

内积和正交 给定向量空间 $\boldsymbol{V}_n$ 中的两个向量 $\boldsymbol{a}$ 和 $\boldsymbol{b}$, 定义常数 $\boldsymbol{a}^{\mathrm{T}}\boldsymbol{b}$ 为其内积。若该常数为 0, 则称向量 $\boldsymbol{a}$ 和 $\boldsymbol{b}$ 正交。$\|\boldsymbol{a}\| = +\sqrt{\boldsymbol{a}^{\mathrm{T}}\boldsymbol{a}}$ 被称为向量 $\boldsymbol{a}$ 的欧几里得空间长度。

正交和标准正交基 若 $\{\boldsymbol{v}_1, \boldsymbol{v}_2, \cdots, \boldsymbol{v}_n\}$ 是空间 $\boldsymbol{V}_n$ 的一组基, 且基中向量两两正交, 即基中向量 $\boldsymbol{v}_i^{\mathrm{T}}\boldsymbol{v}_j = 0\ (i \neq j)$, 则定义该基为空间 $\boldsymbol{V}_n$ 的正交基。如果基中向量还满足 $\boldsymbol{v}_i^{\mathrm{T}}\boldsymbol{v}_i = 1\ (i = 1, 2, 3, \cdots, m)$, 则称该基为标准正交基。每个非零向量空间 $\boldsymbol{V}_n$ 都可以找到正交基。

两个向量空间的和 设 $\boldsymbol{S}_1$ 和 $\boldsymbol{S}_2$ 是向量空间 $\boldsymbol{V}_n$ 的两个向量子空间, 记向量集合 $\boldsymbol{S}$ 为 $\boldsymbol{S}_1 \oplus \boldsymbol{S}_2$, 则称 $\boldsymbol{S}$ 为向量空间 $\boldsymbol{S}_1$ 和 $\boldsymbol{S}_2$ 的和, 其定义为

$$\boldsymbol{S} = \{\boldsymbol{y} : \boldsymbol{y} = \boldsymbol{x}_1 + \boldsymbol{x}_2; \boldsymbol{x}_1 \subseteq \boldsymbol{S}_1 : \boldsymbol{x}_1 \subseteq \boldsymbol{S}_1\} \tag{1.31}$$

正交向量空间 设 $\boldsymbol{S}_1$ 和 $\boldsymbol{S}_2$ 是向量空间 $\boldsymbol{V}_n$ 的两个向量子空间, 若对于向量空间 $\boldsymbol{S}_1$ 中的每个向量 $\boldsymbol{x}_1$ 和向量空间 $\boldsymbol{S}_2$ 中的每个向量 $\boldsymbol{x}_2$, 满足 $\boldsymbol{x}_1^{\mathrm{T}}\boldsymbol{x}_2 = 0$, 则称 $\boldsymbol{S}_1$ 和 $\boldsymbol{S}_2$ 是向量空间 $\boldsymbol{V}_n$ 的正交向量空间, 记作 $\boldsymbol{S}_1 \perp \boldsymbol{S}_2$。

$\boldsymbol{V}_n$ 向量空间的正交补 设 $\boldsymbol{S}_1$ 和 $\boldsymbol{S}_2$ 是向量空间 $\boldsymbol{V}_n$ 的两个向量子空间, 子空间 $\boldsymbol{S}_2$ 为 $\boldsymbol{S}_1$ 在空间 $\boldsymbol{V}_n$ 中的正交补的充要条件: ① $\boldsymbol{S} = \boldsymbol{S}_1 \oplus \boldsymbol{S}_2$, ② $\boldsymbol{S}_1 \perp \boldsymbol{S}_2$。空间 $\boldsymbol{S}_1$ 的正交补写作 $\boldsymbol{S}_1^{\perp}$。

1.2.2 矩阵的类型

对角矩阵 仅在对角元上有非 0 元素的 $n \times n$ 维矩阵称为对角矩阵, 记为 $\mathrm{diag}(a_{11}, a_{22}, \cdots, a_{nn})$, 其中 $a_{11}, a_{22}, \cdots, a_{nn}$ 是矩阵的对角元素。

单位矩阵 定义 $n \times n$ 维对角元上元素为 1 的对角矩阵为单位矩阵, 记作 $\boldsymbol{I}_n$。如果矩阵维数不作要求, 简写为 $\boldsymbol{I}$。

转置阵 矩阵 $\boldsymbol{A}$ 通过行列互换得到的矩阵, 称为 $\boldsymbol{A}$ 的转置阵, 记作 $\boldsymbol{A}^{\mathrm{T}}$。原来 $n \times m$ 的矩阵转置后则成为 $m \times n$ 矩阵, 因此有

$$(\boldsymbol{AB})^{\mathrm{T}} = \boldsymbol{B}^{\mathrm{T}}\boldsymbol{A}^{\mathrm{T}}$$

对称矩阵 若实矩阵 $\boldsymbol{A}^{\mathrm{T}} = \boldsymbol{A}$, 则称 $\boldsymbol{A}$ 为对称矩阵。

反对称矩阵 若实矩阵 $\boldsymbol{A}^{\mathrm{T}} = -\boldsymbol{A}$, 则称 $\boldsymbol{A}$ 为反对称矩阵。

正交矩阵 若 $n \times n$ 维矩阵 $\boldsymbol{A}$ 满足 $\boldsymbol{A}^{\mathrm{T}}\boldsymbol{A} = \boldsymbol{A}\boldsymbol{A}^{\mathrm{T}} = \boldsymbol{I}$, 则称 $\boldsymbol{A}$ 为正交矩阵。正交矩阵的列 (行) 两两正交。

奇异矩阵 若 $n \times n$ 维矩阵的行列式为 0, 则称其为奇异矩阵。

逆矩阵 若一个 $n \times n$ 矩阵的行列式为不为 0, 则存在逆矩阵 $\boldsymbol{A}^{-1}$ 使得 $\boldsymbol{A}\boldsymbol{A}^{-1} = \boldsymbol{A}^{-1}\boldsymbol{A} = \boldsymbol{I}$, 则称 $\boldsymbol{A}^{-1}$ 为矩阵 $\boldsymbol{A}$ 的逆矩阵。

半正定矩阵 若 $n \times n$ 维对称矩阵 $\boldsymbol{A}$, 对于任意非 0 向量 $\boldsymbol{x}$, 有 $\boldsymbol{x}^{\mathrm{T}}\boldsymbol{A}\boldsymbol{x} \geqslant 0$, 则称 $\boldsymbol{A}$ 为半正定矩阵。当不等式严格成立时, 称 $\boldsymbol{A}$ 为正定矩阵。

幂等矩阵 对于方阵 $\boldsymbol{A}$, 若 $\boldsymbol{A}^2 = \boldsymbol{A}$, 则称 $\boldsymbol{A}$ 为幂等矩阵, 这里 $\boldsymbol{A}^2 = \boldsymbol{A}\boldsymbol{A}$。

1.2.3 矩阵的基本性质

矩阵的特征值和特征向量 设 $\boldsymbol{A}$ 是 $m \times m$ 矩阵, 若复数 λ 满足等式

$$\boldsymbol{A}\boldsymbol{x} = \lambda \boldsymbol{x} \tag{1.32}$$

则称 λ 为矩阵 $\boldsymbol{A}$ 的特征值, 满足式 (1.32) 的非零 m 维向量 $\boldsymbol{x}$ 称为特征值 λ 对应的特征向量。

矩阵 $\boldsymbol{A}$ 的特征值的求解是令矩阵 $\boldsymbol{A} - \lambda\boldsymbol{I}$ 的行列式为 0, 即 $\det(\boldsymbol{A} - \lambda\boldsymbol{I}) = 0$, 也即 λ 的 m 阶多项式等于 0。

对称矩阵性质 设矩阵 $\boldsymbol{A}$ 为 $m \times m$ 维的实对称矩阵, 有

(1) 实对称矩阵的特征值是实数。

(2) 特征向量是实数向量。

(3) 不同特征值的特征向量正交。

(4) $\boldsymbol{x}$ 是任意非 0 向量; $\boldsymbol{y}$ 为矩阵 $\boldsymbol{A}$ 的特征向量, 是由向量 $\{\boldsymbol{x}, \boldsymbol{A}\boldsymbol{x}, \boldsymbol{A}^2\boldsymbol{x}, \cdots\}$ 张成的线性空间。

(5) 若 $\boldsymbol{A}$ 是 $m \times m$ 的实对称矩阵, 则存在正交矩阵 $\boldsymbol{W}$ 使得

$$\boldsymbol{W}^{\mathrm{T}}\boldsymbol{A}\boldsymbol{W} = \boldsymbol{\varLambda}$$

或者

$$\boldsymbol{A} = \boldsymbol{W}\boldsymbol{\varLambda}\boldsymbol{W}^{\mathrm{T}}$$

其中, $\boldsymbol{\varLambda}$ 是对角矩阵, 其特征值位于对角元上。

(6) 上一条结论的另一种表达方法

$$\boldsymbol{A} = \boldsymbol{W}^{\mathrm{T}}\boldsymbol{\varLambda}\boldsymbol{W} = \lambda_1\boldsymbol{w}_1\boldsymbol{w}_1^{\mathrm{T}} + \lambda_2\boldsymbol{w}_2\boldsymbol{w}_2^{\mathrm{T}} + \cdots + \lambda_m\boldsymbol{w}_m\boldsymbol{w}_m^{\mathrm{T}} \tag{1.33}$$

$$\boldsymbol{I}_m = \boldsymbol{W}^{\mathrm{T}}\boldsymbol{W} = \boldsymbol{w}_1\boldsymbol{w}_1^{\mathrm{T}} + \boldsymbol{w}_2\boldsymbol{w}_2^{\mathrm{T}} + \cdots + \boldsymbol{w}_m\boldsymbol{w}_m^{\mathrm{T}} \tag{1.34}$$

称为对称矩阵 $\boldsymbol{A}$ 的谱分解。

(7) 若矩阵 $\boldsymbol{A}$ 是正半定矩阵, 则它所有的特征值非负, 且正定矩阵的特征值是实正数。

(8) 设 $\boldsymbol{A}$ 是正定矩阵, 定义

$$\boldsymbol{A}^{1/2}=\boldsymbol{W}\boldsymbol{\Lambda}^{1/2}\boldsymbol{W}^{\mathrm{T}},\boldsymbol{A}^{-1/2}=\boldsymbol{W}\boldsymbol{\Lambda}^{-1/2}\boldsymbol{W}^{\mathrm{T}} \tag{1.35}$$

如果 $m\times m$ 维矩阵 $\boldsymbol{A}=k\boldsymbol{I}_m$, 其中 k 是正常数, 则有

$$\boldsymbol{A}^{1/2}=k^{1/2}\boldsymbol{I}_m$$

及

$$\boldsymbol{A}^{-1/2}=k^{-1/2}\boldsymbol{I}_m$$

矩阵的秩 若 $\boldsymbol{A}$ 是 $m\times n$ 维矩阵, $\boldsymbol{A}$ 中线性无关的列 (行) 的数目称之为矩阵 $\boldsymbol{A}$ 的秩, 通常写作 $\mathrm{rank}(\boldsymbol{A})$。将 $\boldsymbol{A}$ 的 n 列写作 $\boldsymbol{A}=[\boldsymbol{a}_1\ \boldsymbol{a}_2\ \cdots\ \boldsymbol{a}_n]$, 由 $\boldsymbol{A}$ 的 n 列向量张成的空间定义为 $\boldsymbol{A}$ 矩阵的列空间。列空间的维数是矩阵 $\boldsymbol{A}$ 列向量线性无关的个数, 等于矩阵的秩。矩阵 $\boldsymbol{A}$ 和 $\boldsymbol{A}$ 转置的秩相同。

矩阵积的秩 若 $\boldsymbol{A}$ 是 $m\times n$ 维矩阵, $\boldsymbol{B}$ 是 $n\times k$ 维矩阵, 则 $\boldsymbol{AB}$ 的秩不会超过 $\boldsymbol{A}$ 的秩。设 $\boldsymbol{C}$ 是矩阵 $\boldsymbol{A}$、$\boldsymbol{B}$ 的积, 则

$$\boldsymbol{C}=\begin{bmatrix}c_1 & c_2 & \cdots & c_n\end{bmatrix}=\begin{bmatrix}\sum\limits_i \boldsymbol{a}_i\boldsymbol{b}_{i1} & \sum\limits_i \boldsymbol{a}_i\boldsymbol{b}_{i2} & \cdots & \sum\limits_i \boldsymbol{a}_i\boldsymbol{b}_{ik}\end{bmatrix} \tag{1.36}$$

矩阵 $\boldsymbol{C}$ 的列是矩阵 $\boldsymbol{A}$ 的列的线性组合, 因此 $\boldsymbol{C}$ 的列取决于由 $\boldsymbol{A}$ 的列张成的子空间, $\boldsymbol{C}$ 的列空间是 $\boldsymbol{A}$ 的列空间的子空间。

矩阵 $\boldsymbol{AA}^{\mathrm{T}}$ 的性质 若 $\boldsymbol{A}$ 是 $m\times n$ 矩阵, 秩为 r, 则 $m\times n$ 矩阵 $\boldsymbol{AA}^{\mathrm{T}}$ 有以下性质。

(1) $\boldsymbol{AA}^{\mathrm{T}}$ 是对称半正定阵。

(2) $\boldsymbol{AA}^{\mathrm{T}}$ 的秩为 r。

(3) $\boldsymbol{AA}^{\mathrm{T}}$ 有 r 个正特征值, 其余 $(m-r)$ 个的特征值为 0。

$\boldsymbol{m\times n}$ 矩阵的奇异分解 若 $\boldsymbol{A}$ 是 $m\times n$ 维矩阵, 秩为 r, 则 $\boldsymbol{A}$ 可以表示成

$$\boldsymbol{A}=\boldsymbol{W}\boldsymbol{\Lambda}\boldsymbol{V}^{\mathrm{T}}=\lambda_1\boldsymbol{w}_1\boldsymbol{v}_1^{\mathrm{T}}+\lambda_2\boldsymbol{w}_2\boldsymbol{v}_2^{\mathrm{T}}+\cdots+\lambda_r\boldsymbol{w}_r\boldsymbol{v}_r^{\mathrm{T}} \tag{1.37}$$

式中, $m\times r$ 维矩阵 $\boldsymbol{W}=[\boldsymbol{w}_1\ \boldsymbol{w}_2\ \cdots\ \boldsymbol{w}_r]$; $n\times r$ 维矩阵 $\boldsymbol{V}=[\boldsymbol{v}_1\ \boldsymbol{v}_2\ \cdots\ \boldsymbol{v}_r]$; $\lambda_1\geqslant\lambda_2\geqslant\cdots\geqslant\lambda_r>0$; $\{\boldsymbol{w}_1,\boldsymbol{w}_2,\boldsymbol{w}_3,\cdots,\boldsymbol{w}_r\}$ 是 $\boldsymbol{R}_m$ 中的正交向量集合; $\{\boldsymbol{v}_1,\boldsymbol{v}_2,\boldsymbol{v}_3,\cdots,\boldsymbol{v}_r\}$ 是 $\boldsymbol{R}_n$ 中的正交向量集合, 称 λ_i 为矩阵 $\boldsymbol{A}$ 的奇异值。其中, $\boldsymbol{\Lambda}$ 是 $r\times r$ 维对角矩阵; 对角元是正实数 $\lambda_1,\lambda_2,\cdots,\lambda_r$, 它们的平方是矩阵 $\boldsymbol{AA}^{\mathrm{T}}$ 的正特征值。由 $\boldsymbol{W}$ 和 $\boldsymbol{V}$ 的正交性可知

$$\boldsymbol{W}^{\mathrm{T}}\boldsymbol{W}=\boldsymbol{I}_r,\boldsymbol{V}^{\mathrm{T}}\boldsymbol{V}=\boldsymbol{I}_r \tag{1.38}$$

假设 $r<n,r<m$, 则矩阵 $\boldsymbol{A}$ 可写成

$$\boldsymbol{A}=\begin{bmatrix}\boldsymbol{W} & \widetilde{\boldsymbol{W}}\end{bmatrix}\begin{bmatrix}\boldsymbol{\Lambda} & 0\\ 0 & 0\end{bmatrix}\begin{bmatrix}\boldsymbol{V}\\ \tilde{\boldsymbol{V}}\end{bmatrix}=\boldsymbol{P}\begin{bmatrix}\boldsymbol{\Lambda} & 0\\ 0 & 0\end{bmatrix}\boldsymbol{Q}^{\mathrm{T}} \tag{1.39}$$

式中, $\boldsymbol{P}$ 是 $m \times n$ 维正交矩阵, $\boldsymbol{Q}$ 是 $n \times n$ 维正交矩阵。$\boldsymbol{P}$ 的前 r 列由 $\boldsymbol{W}$ 矩阵组成, 其余 $(m-r)$ 列记作 $\widetilde{\boldsymbol{W}}$, 可寻找 $\widetilde{\boldsymbol{W}}$ 使 $\boldsymbol{P}$ 为一个正交矩阵。同理, $\boldsymbol{Q}$ 的前 r 列由 $\boldsymbol{V}$ 矩阵组成, 余下的 $(m-r)$ 列记作 $\widetilde{\boldsymbol{V}}$, 可寻找 $\widetilde{\boldsymbol{V}}$ 使 $\boldsymbol{Q}$ 成为一个 $n \times n$ 正交矩阵。

分别如式 (1.37) 和式 (1.39) 所示的两种形式的 $m \times n$ 维矩阵 $\boldsymbol{A}$ 的分解, 称为 $\boldsymbol{A}$ 的奇异值分解 (SVD); $\lambda_1, \lambda_2, \cdots, \lambda_r$ 称为矩阵 $\boldsymbol{A}$ 的奇异值。

1.3 矩阵的广义逆

考虑代数方程组

$$\boldsymbol{A}\boldsymbol{x} = \boldsymbol{b} \tag{1.40}$$

式中, $\boldsymbol{A}$ 是一个 $m \times n$ 维矩阵; $\boldsymbol{x}$ 是一个 $n \times 1$ 维向量; $\boldsymbol{b}$ 是一个 $m \times 1$ 维向量。若 $m = n$ 且矩阵 $\boldsymbol{A}$ 非奇异, 则式 (1.40) 有唯一解

$$\boldsymbol{x} = \boldsymbol{A}^{-1}\boldsymbol{b}$$

在受约束的运动方程中, $\boldsymbol{A}$ 通常不是方阵。因此, 需要推广矩阵逆的概念, 用广义逆的理论来求解非方矩阵和奇异方矩阵的逆, 进而处理 $\boldsymbol{A}$ 非方阵的情况。在数学中有很多种不同类型矩阵的广义逆, 这里定义三种广义逆: 非方矩阵的 G 逆、L 逆和 MP 逆。在求线性方程组 $\boldsymbol{A}\boldsymbol{x} = \boldsymbol{b}$ 的一致解时, 需要用到 G 逆, 其中矩阵 $\boldsymbol{A}$ 是一个非方阵; 当寻找方程的最小二乘解 $\boldsymbol{x}$ 使得 $\|\boldsymbol{A}\boldsymbol{x} - \boldsymbol{b}\|^2$ 最小时, 需要用到 L 逆, 其中矩阵 $\boldsymbol{A}$ 是一个非方阵。MP 逆既是 G 逆也是 L 逆。

1.3.1 Moore – Penrose 广义逆

考虑一个 $m \times n$ 维秩为 r 的矩阵 $\boldsymbol{A}$, 定义 $n \times m$ 维矩阵 $\boldsymbol{A}^+$, 若矩阵 $\boldsymbol{A}^+$ 满足以下条件

(1) $$\boldsymbol{A}\boldsymbol{A}^+\boldsymbol{A} = \boldsymbol{A} \tag{1.41}$$

(2) $$\boldsymbol{A}^+\boldsymbol{A}\boldsymbol{A}^+ = \boldsymbol{A}^+ \tag{1.42}$$

(3) $$\boldsymbol{A}\boldsymbol{A}^+ = (\boldsymbol{A}\boldsymbol{A}^+)^{\mathrm{T}} \tag{1.43}$$

即矩阵 $\boldsymbol{A}\boldsymbol{A}^+$ 是对称矩阵

(4) $$\boldsymbol{A}^+\boldsymbol{A} = (\boldsymbol{A}^+\boldsymbol{A})^{\mathrm{T}} \tag{1.44}$$

即矩阵 $\boldsymbol{A}^+\boldsymbol{A}$ 是对称矩阵

则称其为矩阵 $\boldsymbol{A}$ 的 Moore – Penrose (MP) 逆, 将按上述顺序排列的这些条件称为 MP 条件。

矩阵 A 的 G 逆 考虑一个 $m\times n$ 维秩为 r 的矩阵 $\boldsymbol{A}$, 任意满足式 (1.41) 所给 MP 条件 $n\times m$ 矩阵 $\boldsymbol{A}^{\mathrm{G}}$ 称为矩阵 $\boldsymbol{A}$ 的 G 逆。矩阵 $\boldsymbol{A}$ 的 G 逆 $\boldsymbol{A}^{\mathrm{G}}$ 满足条件

$$\boldsymbol{A}\boldsymbol{A}^{\mathrm{G}}\boldsymbol{A}=\boldsymbol{A} \tag{1.41a}$$

矩阵 $\boldsymbol{A}$ 的 L 逆 考虑一个 $m\times n$ 维秩为 r 的矩阵 $\boldsymbol{A}$, 任意满足式 (1.41) 和式 (1.43) 所示 MP 条件的 $n\times m$ 矩阵 $\boldsymbol{A}^{\mathrm{L}}$ 称为矩阵 $\boldsymbol{A}$ 的 L 逆。矩阵 $\boldsymbol{A}$ 的 L 逆 $\boldsymbol{A}^{\mathrm{L}}$ 满足式 (1.41b) 和式 (1.43b) 确定的两个条件:

$$\boldsymbol{A}\boldsymbol{A}^{\mathrm{L}}\boldsymbol{A}=\boldsymbol{A} \tag{1.41b}$$

$$\boldsymbol{A}\boldsymbol{A}^{\mathrm{L}}=(\boldsymbol{A}\boldsymbol{A}^{\mathrm{L}})^{\mathrm{T}} \tag{1.43b}$$

由于 L 逆必须比 G 逆多满足一个条件, 因此矩阵 $\boldsymbol{A}$ 的 L 逆也是矩阵 $\boldsymbol{A}$ 的 G 逆。

对于一个给定的矩阵 $\boldsymbol{A}$, 将有不止一个 G 逆和不止一个 L 逆。因此对于任何一个给定的矩阵 $\boldsymbol{A}$, 将有一组满足式 (1.41a) 的矩阵, 它们都是矩阵 $\boldsymbol{A}$ 的 G 逆。同理, 也有一组矩阵 $\boldsymbol{A}$ 的 L 逆。然而, 对于一个给定的矩阵 $\boldsymbol{A}$, 其 MP 逆是唯一的。

由上述矩阵逆的定义可知, 矩阵 $\boldsymbol{A}$ 的 MP 逆是其 L 逆, 也是其 G 逆。

MP 逆的存在性 对于任意 $m\times n$ 维矩阵 $\boldsymbol{A}$, 均存在一个 $n\times m$ 矩阵 $\boldsymbol{A}^{+}$。

证明 设矩阵 $\boldsymbol{A}$ 的秩为 r, 根据式 (1.37), 矩阵 $\boldsymbol{A}$ 的奇异值分解可表达为

$$\boldsymbol{A}=\boldsymbol{W}\boldsymbol{\Lambda}\boldsymbol{V}^{\mathrm{T}}=\lambda_1\boldsymbol{w}_1\boldsymbol{v}_1^{\mathrm{T}}+\lambda_2\boldsymbol{w}_2\boldsymbol{v}_2^{\mathrm{T}}+\cdots+\lambda_r\boldsymbol{w}_r\boldsymbol{v}_r^{\mathrm{T}} \tag{1.45}$$

定义

$$\boldsymbol{A}^{+}=\boldsymbol{V}\boldsymbol{\Lambda}^{-1}\boldsymbol{W}^{\mathrm{T}}=\frac{1}{\lambda_1}\boldsymbol{v}_1\boldsymbol{w}_1^{\mathrm{T}}+\frac{1}{\lambda_2}\boldsymbol{v}_2\boldsymbol{w}_2^{\mathrm{T}}+\cdots+\frac{1}{\lambda_r}\boldsymbol{v}_r\boldsymbol{w}_r^{\mathrm{T}} \tag{1.46}$$

$$\boldsymbol{A}\boldsymbol{A}^{+}=\boldsymbol{W}\boldsymbol{\Lambda}\boldsymbol{V}^{\mathrm{T}}\boldsymbol{V}\boldsymbol{\Lambda}^{-1}\boldsymbol{W}^{\mathrm{T}}=\boldsymbol{W}\boldsymbol{\Lambda}\boldsymbol{I}_r\boldsymbol{\Lambda}^{-1}\boldsymbol{W}^{\mathrm{T}}=\boldsymbol{W}\boldsymbol{I}_r\boldsymbol{W}^{\mathrm{T}}=\boldsymbol{W}\boldsymbol{W}^{\mathrm{T}} \tag{1.47}$$

$$\boldsymbol{A}\boldsymbol{A}^{+}\boldsymbol{A}=\boldsymbol{W}\boldsymbol{W}^{\mathrm{T}}\boldsymbol{A}=\boldsymbol{W}\boldsymbol{W}^{\mathrm{T}}\boldsymbol{W}\boldsymbol{\Lambda}\boldsymbol{V}^{\mathrm{T}}=\boldsymbol{W}\boldsymbol{I}_r\boldsymbol{\Lambda}\boldsymbol{V}^{\mathrm{T}}=\boldsymbol{W}\boldsymbol{\Lambda}\boldsymbol{V}^{\mathrm{T}}=\boldsymbol{A} \tag{1.48}$$

则式 (1.46) 中定义的 $\boldsymbol{A}^{+}$ 满足第一个 MP 条件即式 (1.41)。由式 (1.47) 的右边可以看出 $\boldsymbol{A}\boldsymbol{A}^{+}$ 是对称矩阵, 因此第三个 MP 条件即式 (1.43) 满足。另两个 MP 条件同理可证。

MP 逆的唯一性 这里采用反推法来证明唯一性。假设一个 $m\times n$ 维矩阵 $\boldsymbol{A}$ 有两个不同的 MP 逆 $\boldsymbol{A}_1^{+}$ 和 $\boldsymbol{A}_2^{+}$, 下面将证明若真存在两个 MP 逆, 则 $\boldsymbol{A}_1^{+}=\boldsymbol{A}_2^{+}$, 即假设推翻, 唯一性得证。为此先证明 $\boldsymbol{A}\boldsymbol{A}_1^{+}=\boldsymbol{A}\boldsymbol{A}_2^{+}$, 且 $\boldsymbol{A}_1^{+}\boldsymbol{A}=\boldsymbol{A}_2^{+}\boldsymbol{A}$。

证明 因为 $\boldsymbol{A}_1^{+}$ 是 $\boldsymbol{A}$ 的一个 MP 逆, 故 $\boldsymbol{A}=\boldsymbol{A}\boldsymbol{A}_1^{+}\boldsymbol{A}$。因此, 等式两边同时右乘 $\boldsymbol{A}_2^{+}$, 得

$$\boldsymbol{A}\boldsymbol{A}_2^{+}=\boldsymbol{A}\boldsymbol{A}_1^{+}\boldsymbol{A}\boldsymbol{A}_2^{+} \tag{1.49}$$

由 MP 条件可知 $\boldsymbol{A}\boldsymbol{A}_2^+$ 为对称矩阵, 因此式 (1.49) 右边也必须是对称的, 即

$$\boldsymbol{A}\boldsymbol{A}_1^+\boldsymbol{A}\boldsymbol{A}_2^+ = (\boldsymbol{A}\boldsymbol{A}_1^+\boldsymbol{A}\boldsymbol{A}_2^+)^{\mathrm{T}}$$

则

$$\begin{aligned}\boldsymbol{A}\boldsymbol{A}_2^+ &= \boldsymbol{A}\boldsymbol{A}_1^+\boldsymbol{A}\boldsymbol{A}_2^+ = (\boldsymbol{A}\boldsymbol{A}_1^+\boldsymbol{A}\boldsymbol{A}_2^+)^{\mathrm{T}} = (\boldsymbol{A}\boldsymbol{A}_2^+)^{\mathrm{T}}(\boldsymbol{A}\boldsymbol{A}_1^+)^{\mathrm{T}} \\ &= \boldsymbol{A}\boldsymbol{A}_2^+\boldsymbol{A}\boldsymbol{A}_1^+ = (\boldsymbol{A}\boldsymbol{A}_2^+\boldsymbol{A})\boldsymbol{A}_1^+ = \boldsymbol{A}\boldsymbol{A}_1^+\end{aligned} \tag{1.50}$$

由于 $(\boldsymbol{A}\boldsymbol{A}_2^+)^{\mathrm{T}} = \boldsymbol{A}\boldsymbol{A}_2^+$, 且 $\boldsymbol{A}_2^+$ 是 MP 逆, 因此第三个 MP 条件即式 (1.43) 必须满足。

再次对 $\boldsymbol{A} = \boldsymbol{A}\boldsymbol{A}_1^+\boldsymbol{A}$ 两边同时左乘 $\boldsymbol{A}_2^+$, 得

$$\boldsymbol{A}_2^+\boldsymbol{A} = \boldsymbol{A}_2^+\boldsymbol{A}\boldsymbol{A}_1^+\boldsymbol{A} \tag{1.51}$$

由 MP 条件可知式 (1.51) 左边是对称矩阵, 因此式 (1.51) 等号右边也必须是对称矩阵。即

$$\boldsymbol{A}_2^+\boldsymbol{A}\boldsymbol{A}_1^+\boldsymbol{A} = (\boldsymbol{A}_2^+\boldsymbol{A}\boldsymbol{A}_1^+\boldsymbol{A})^{\mathrm{T}}$$

所以

$$\begin{aligned}\boldsymbol{A}_2^+\boldsymbol{A} &= \boldsymbol{A}_2^+\boldsymbol{A}\boldsymbol{A}_1^+\boldsymbol{A} = (\boldsymbol{A}_2^+\boldsymbol{A}\boldsymbol{A}_1^+\boldsymbol{A})^{\mathrm{T}} = (\boldsymbol{A}_1^+\boldsymbol{A})^{\mathrm{T}}(\boldsymbol{A}_2^+\boldsymbol{A})^{\mathrm{T}} \\ &= \boldsymbol{A}_1^+\boldsymbol{A}\boldsymbol{A}_2^+\boldsymbol{A} = \boldsymbol{A}_1^+(\boldsymbol{A}\boldsymbol{A}_2^+\boldsymbol{A}) = \boldsymbol{A}_1^+\boldsymbol{A}\end{aligned} \tag{1.52}$$

结合式 (1.50) 和式 (1.52) 可得

$$\boldsymbol{A}_2^+ = \boldsymbol{A}_2^+(\boldsymbol{A}\boldsymbol{A}_2^+) = \boldsymbol{A}_2^+(\boldsymbol{A}\boldsymbol{A}_1^+) = (\boldsymbol{A}_2^+\boldsymbol{A})\boldsymbol{A}_1^+ = (\boldsymbol{A}_1^+\boldsymbol{A})\boldsymbol{A}_1^+ = \boldsymbol{A}_1^+\boldsymbol{A}\boldsymbol{A}_1^+ = \boldsymbol{A}_1^+ \tag{1.53}$$

MP 逆的一些特性 设 $\boldsymbol{A}$ 为 $m \times n$ 维矩阵，有如下性质。

(1)
$$(\boldsymbol{A}^{\mathrm{T}})^+ = (\boldsymbol{A}^+)^{\mathrm{T}} \tag{1.54}$$

(2)
$$(\boldsymbol{A}^+)^+ = \boldsymbol{A} \tag{1.55}$$

(3)
$$\mathrm{rank}(\boldsymbol{A}^+) = \mathrm{rank}(\boldsymbol{A}) \tag{1.56}$$

(4)
$$\mathrm{rank}(\boldsymbol{A}) = \mathrm{rank}(\boldsymbol{A}\boldsymbol{A}^+) = \mathrm{rank}(\boldsymbol{A}^+\boldsymbol{A}) = \mathrm{rank}(\boldsymbol{A}^+\boldsymbol{A}\boldsymbol{A}^+) = \mathrm{rank}(\boldsymbol{A}\boldsymbol{A}^+\boldsymbol{A}) \tag{1.57}$$

(5) 对于 MP 逆, $(\boldsymbol{A}\boldsymbol{B})^+ = \boldsymbol{B}^+\boldsymbol{A}^+$ 并不是总是成立。但是对于任意矩阵 $\boldsymbol{A}$ 有

$$(\boldsymbol{A}^{\mathrm{T}}\boldsymbol{A})^+ = \boldsymbol{A}^+(\boldsymbol{A}^{\mathrm{T}})^+、(\boldsymbol{A}\boldsymbol{A}^+)^+ = \boldsymbol{A}\boldsymbol{A}^+ \text{ 和 } (\boldsymbol{A}^+\boldsymbol{A})^+ = \boldsymbol{A}^+\boldsymbol{A}$$

(6) 给定两个非方矩阵 $\boldsymbol{A}$ 和 $\boldsymbol{B}$, 若 $\boldsymbol{A}\boldsymbol{B} = \boldsymbol{0}$, 则

$$\boldsymbol{B}^+\boldsymbol{A}^+ = \boldsymbol{0} \tag{1.58}$$

(7) 矩阵 $\boldsymbol{A}^+\boldsymbol{A}$、$(\boldsymbol{I}-\boldsymbol{A}^+\boldsymbol{A})$、$\boldsymbol{A}\boldsymbol{A}^+$、$(\boldsymbol{I}-\boldsymbol{A}\boldsymbol{A}^+)$ 均为幂等矩阵。

(8) $\boldsymbol{A}^+=\boldsymbol{A}^{\mathrm{T}}$, 当且仅当 $\boldsymbol{A}^{\mathrm{T}}\boldsymbol{A}$ 是幂等矩阵。

(9) 假设 $\boldsymbol{A}^+=\boldsymbol{A}^{\mathrm{T}}$, 等式两边同时右乘 $\boldsymbol{A}$ 可得 $\boldsymbol{A}^+\boldsymbol{A}=\boldsymbol{A}^{\mathrm{T}}\boldsymbol{A}$。由性质 (7) 可知, $\boldsymbol{A}^+\boldsymbol{A}$ 是幂等矩阵。因此 $\boldsymbol{A}^{\mathrm{T}}\boldsymbol{A}$ 也一定是幂等矩阵。

若 $\boldsymbol{A}$ 是对称幂等矩阵, 则 $\boldsymbol{A}^+=\boldsymbol{A}$, 即对称幂等矩阵 $\boldsymbol{A}$ 的 MP 逆是矩阵 $\boldsymbol{A}$ 本身。

若 $\boldsymbol{A}$ 是幂等矩阵, 则 $\boldsymbol{A}\boldsymbol{A}=\boldsymbol{A}$。因此 $(\boldsymbol{A}^{\mathrm{T}}\boldsymbol{A})(\boldsymbol{A}^{\mathrm{T}}\boldsymbol{A})=\boldsymbol{A}^{\mathrm{T}}\boldsymbol{A}(\boldsymbol{A}\boldsymbol{A})=\boldsymbol{A}^{\mathrm{T}}\boldsymbol{A}(\boldsymbol{A})=\boldsymbol{A}^{\mathrm{T}}\boldsymbol{A}$。因此, $\boldsymbol{A}^{\mathrm{T}}\boldsymbol{A}$ 也是幂等矩阵, 由性质 (8) 可得 $\boldsymbol{A}^+=\boldsymbol{A}^{\mathrm{T}}=\boldsymbol{A}$。

所有的这些性质都可以用矩阵 $\boldsymbol{A}$ 的奇异值分解和式 (1.46) 中 $\boldsymbol{A}^+$ 的定义证明。

1.3.2 Moore–Penrose 逆的计算

MP 逆的计算 在此给出一些常见矩阵的 MP 逆。

(1)
$$(c\boldsymbol{A})^+=\frac{1}{c}\boldsymbol{A}^+ \tag{1.59}$$
其中 c 是非零标量。

(2) 若 $\boldsymbol{a}$ 为非零 $1\times n$ 维行向量, $\boldsymbol{b}$ 为非零 $n\times 1$ 维列向量, 则
$$\boldsymbol{a}^+=\frac{1}{(\boldsymbol{a}\boldsymbol{a}^{\mathrm{T}})}\boldsymbol{a}^{\mathrm{T}} \tag{1.60}$$
$$\boldsymbol{b}^+=\frac{1}{(\boldsymbol{b}^{\mathrm{T}}\boldsymbol{b})}\boldsymbol{b}^{\mathrm{T}} \tag{1.61}$$

(3) 若 $\boldsymbol{a}$ 为非零 $1\times n$ 维行向量, 则
$$(\boldsymbol{a}^{\mathrm{T}}\boldsymbol{a})^+=\frac{1}{(\boldsymbol{a}\boldsymbol{a}^{\mathrm{T}})^2}\boldsymbol{a}^{\mathrm{T}}\boldsymbol{a} \tag{1.62}$$

(4) 若 $\boldsymbol{A}=\begin{bmatrix}\boldsymbol{B} & 0\\ 0 & \boldsymbol{C}\end{bmatrix}$, 则
$$\boldsymbol{A}^+=\begin{bmatrix}\boldsymbol{B}^+ & 0\\ 0 & \boldsymbol{C}^+\end{bmatrix} \tag{1.63}$$

(5) 若矩阵 $\boldsymbol{A}$ 的 $i_1,i_2,\cdots,i_q$ 行成比例, 则 $\boldsymbol{A}^+$ 中相应列也成比例。特别地, 若矩阵 $\boldsymbol{A}$ 的 q 行为 0, 则 $\boldsymbol{A}^+$ 中相应的 q 列也为 0。

(6) $\boldsymbol{A}^+$ 的递归运算。在此, 给出使用 Greville 递归算法求解维数较大的矩阵的 MP 逆结果, 以及该递推算法揭示的独立约束对动态系统运动特性的影响。

设 $\boldsymbol{A}$ 为 $i\times n$ 矩阵, $\boldsymbol{A}_{i-1}$ 为包含 $\boldsymbol{A}$ 矩阵前 $(i-1)$ 行的 $(i-1)\times n$ 矩阵, $\boldsymbol{A}$ 的第 i 行为 $\boldsymbol{a}_i$, 有
$$\boldsymbol{A}=\begin{bmatrix}\boldsymbol{A}_{i-1}\\ \boldsymbol{a}_i\end{bmatrix}$$

则 $\boldsymbol{A}$ 的 MP 逆可由下式算出

$$\boldsymbol{A}^+ = [(\boldsymbol{A}_{i-1}^+ - \boldsymbol{b}_i^+ \boldsymbol{a}_i \boldsymbol{A}_{i-1}^+) \quad \boldsymbol{b}_i^+] \tag{1.64}$$

式中, $n \times 1$ 维向量 $\boldsymbol{b}_i^+$ 是 $\boldsymbol{b}_i$ 的 MP 逆, 而 $\boldsymbol{b}_i$ 定义如下:

$$\boldsymbol{b}_i = \begin{cases} \boldsymbol{a}_i(\boldsymbol{I} - \boldsymbol{A}_{i-1}^+ \boldsymbol{A}_{i-1}) & \boldsymbol{a}_i \neq \boldsymbol{a}_i \boldsymbol{A}_{i-1}^+ \boldsymbol{A}_{i-1} \\ \boldsymbol{a}_i(\boldsymbol{A}_{i-1}^{\mathrm{T}} \boldsymbol{A}_{i-1})^+ \dfrac{[1 + \boldsymbol{a}_i(\boldsymbol{A}_{i-1}^{\mathrm{T}} \boldsymbol{A}_{i-1})^+ \boldsymbol{a}_i^{\mathrm{T}}]}{[\boldsymbol{a}_i(\boldsymbol{A}_{i-1}^{\mathrm{T}} \boldsymbol{A}_{i-1})^+ (\boldsymbol{A}_{i-1}^{\mathrm{T}} \boldsymbol{A}_{i-1})^+ \boldsymbol{a}_i^{\mathrm{T}}]} & \boldsymbol{a}_i = \boldsymbol{a}_i \boldsymbol{A}_{i-1}^+ \boldsymbol{A}_{i-1} \end{cases} \tag{1.65}$$

(7) 对于任意一个 $m \times n$ 维矩阵 $\boldsymbol{A}$, 无论其秩是多少, 下述关系式成立:

$$\boldsymbol{A}^+ = \boldsymbol{A}^{\mathrm{T}}(\boldsymbol{A}\boldsymbol{A}^{\mathrm{T}})^+ \tag{1.66}$$

$$\boldsymbol{A}^+ = (\boldsymbol{A}^{\mathrm{T}}\boldsymbol{A})^+ \boldsymbol{A}^{\mathrm{T}} \tag{1.67}$$

(8) 若 $m \times n$ 维矩阵 $\boldsymbol{A}$ 的秩为 n, 则

$$\boldsymbol{A}^+ = (\boldsymbol{A}^{\mathrm{T}}\boldsymbol{A})^{-1} \boldsymbol{A}^{\mathrm{T}} \text{ 且 } \boldsymbol{A}^+ \boldsymbol{A} = \boldsymbol{I} \tag{1.68}$$

系统方程 $\boldsymbol{Ax} = \boldsymbol{b}$ 的连续性 由式 (1.40) 给出的系统是连续系统, 当且仅当

$$\boldsymbol{A}\boldsymbol{A}^{\mathrm{G}}\boldsymbol{b} = \boldsymbol{b} \tag{1.69}$$

连续方程 $\boldsymbol{Ax} = \boldsymbol{b}$ 的通解 设 $\boldsymbol{A}$ 是 $m \times n$ 矩阵, 则方程 $\boldsymbol{Ax} = \boldsymbol{b}$ 的通解 $\boldsymbol{x}$ 若存在, 可表示为

$$\boldsymbol{x} = \boldsymbol{A}^{\mathrm{G}}\boldsymbol{b} + (\boldsymbol{I} - \boldsymbol{A}^{\mathrm{G}}\boldsymbol{A})\boldsymbol{h} \tag{1.70}$$

式中, $\boldsymbol{h}$ 是 $n \times 1$ 维向量; $\boldsymbol{A}^{\mathrm{G}}$ 是 $\boldsymbol{A}$ 的一个 G 逆。此外, 对于某个选定的 $n \times 1$ 维向量 $\boldsymbol{h}$, $\boldsymbol{Ax} = \boldsymbol{b}$ 的每一个解都能表示成式 (1.70) 的形式。

最小二乘解和 L 逆 给定一个 $m \times n$ 的矩阵 $\boldsymbol{A}$, 一个 m 维向量 $\boldsymbol{b}$, 希望找到一个 n 维向量 $\boldsymbol{x}$ 使得

$$Z(x) = \|\boldsymbol{Ax} - \boldsymbol{b}\|^2 = (\boldsymbol{Ax} - \boldsymbol{b})^{\mathrm{T}}(\boldsymbol{Ax} - \boldsymbol{b}) \tag{1.71}$$

最小, 则这个 n 维向量 $\boldsymbol{x}$ 就是最小二乘解。该向量 $\boldsymbol{x}$ 可表示为

$$\boldsymbol{x} = \boldsymbol{A}^{\mathrm{L}}\boldsymbol{b} + (\boldsymbol{I} - \boldsymbol{A}^{\mathrm{L}}\boldsymbol{A})\boldsymbol{h}, \tag{1.72}$$

式中, $\boldsymbol{A}^{\mathrm{L}}$ 是矩阵 $\boldsymbol{A}$ 的任意一个 L 逆; $\boldsymbol{h}$ 是任意 n 维向量。

由于

$$\boldsymbol{Ax} - \boldsymbol{b} = (\boldsymbol{Ax} - \boldsymbol{A}\boldsymbol{A}^{\mathrm{L}}\boldsymbol{b}) + (\boldsymbol{A}\boldsymbol{A}^{\mathrm{L}}\boldsymbol{b} - \boldsymbol{b}) = \boldsymbol{Ay} + (\boldsymbol{A}\boldsymbol{A}^{\mathrm{L}}\boldsymbol{b} - \boldsymbol{b}) \tag{1.73}$$

式中, $\boldsymbol{y}$ 是 n 维向量 $(\boldsymbol{x}-\boldsymbol{A}^{\mathrm{L}}\boldsymbol{b})$, 又有 $\boldsymbol{A}^{\mathrm{L}}$ 满足式 (1.41b) 和式 (1.43b), 所以有

$$\begin{aligned}(\boldsymbol{A}\boldsymbol{A}^{\mathrm{L}}\boldsymbol{b}-\boldsymbol{b})(\boldsymbol{A}\boldsymbol{y}) &= \boldsymbol{b}^{\mathrm{T}}(\boldsymbol{A}\boldsymbol{A}^{\mathrm{L}})^{\mathrm{T}}\boldsymbol{A}\boldsymbol{y}-\boldsymbol{b}^{\mathrm{T}}\boldsymbol{A}\boldsymbol{y} = \boldsymbol{b}^{\mathrm{T}}(\boldsymbol{A}\boldsymbol{A}^{\mathrm{L}})\boldsymbol{A}\boldsymbol{y}-\boldsymbol{b}^{\mathrm{T}}\boldsymbol{A}\boldsymbol{y} \\ &= \boldsymbol{b}^{\mathrm{T}}\boldsymbol{A}\boldsymbol{A}^{\mathrm{L}}\boldsymbol{A}\boldsymbol{y}-\boldsymbol{b}^{\mathrm{T}}\boldsymbol{A}\boldsymbol{y} = \boldsymbol{b}^{\mathrm{T}}\boldsymbol{A}\boldsymbol{y}-\boldsymbol{b}^{\mathrm{T}}\boldsymbol{A}\boldsymbol{y} = \boldsymbol{0}\end{aligned} \tag{1.74}$$

根据式 (1.73), 且 $\boldsymbol{A}\boldsymbol{y}$ 与 $(\boldsymbol{A}\boldsymbol{A}^{\mathrm{L}}\boldsymbol{b}-\boldsymbol{b})$ 正交, 则有

$$\|\boldsymbol{A}\boldsymbol{x}-\boldsymbol{b}\|^2 = \|\boldsymbol{A}\boldsymbol{x}-\boldsymbol{A}\boldsymbol{A}^{\mathrm{L}}\boldsymbol{b}\|^2+\|\boldsymbol{A}\boldsymbol{A}^{\mathrm{L}}\boldsymbol{b}-\boldsymbol{b}\|^2 \tag{1.75}$$

当 $\boldsymbol{x}=\boldsymbol{A}^{\mathrm{L}}\boldsymbol{b}+(\boldsymbol{I}-\boldsymbol{A}^{\mathrm{L}}\boldsymbol{A})\boldsymbol{h}$ 时, $\|\boldsymbol{A}\boldsymbol{x}-\boldsymbol{b}\|^2$ 取最小值, 其中 $\boldsymbol{h}$ 是任意 n 维向量。此时, $\|\boldsymbol{A}\boldsymbol{x}-\boldsymbol{b}\|^2$ 的最小值为 $\|\boldsymbol{A}\boldsymbol{A}^{\mathrm{L}}\boldsymbol{b}-\boldsymbol{b}\|^2$, 且与向量 $\boldsymbol{h}$ 无关。

与 MP 逆相关的矩阵的列空间 此处仅列出一组结论, 这些结论可由秩为 r 的 $m\times n$ 矩阵 $\boldsymbol{A}$ 的奇异值分解证明。

(1) $\boldsymbol{A}$ 和 $\boldsymbol{A}\boldsymbol{A}^{+}$ 的列空间相同。

(2) $\boldsymbol{A}^{+}$ 和 $\boldsymbol{A}\boldsymbol{A}^{+}$ 的列空间相同。

(3) $(\boldsymbol{I}-\boldsymbol{A}^{+}\boldsymbol{A})$ 的列空间是 $\boldsymbol{A}^{\mathrm{T}}$ 列空间的正交分量。

(4) $(\boldsymbol{I}-\boldsymbol{A}^{+}\boldsymbol{A})$ 的列空间与 $\boldsymbol{A}$ 的零空间相同。

(5) $\boldsymbol{A}^{\mathrm{T}}$ 的列空间与 $\boldsymbol{A}^{+}$ 的列空间相同。

1.3.3 其他类型的广义逆

以上介绍了 $m\times n$ 维矩阵 $\boldsymbol{A}$ 的 MP 广义逆, 但如前所述, 也存在其他类型的广义逆。事实上, 已经讨论过了 $m\times n$ 维矩阵 $\boldsymbol{A}$ 的 G 逆——$n\times m$ 维矩阵 $\boldsymbol{A}^{\mathrm{G}}$, 它满足第一个 MP 条件, 即式 (1.41)。$\boldsymbol{A}^{\mathrm{G}}$ 也常记为 $\boldsymbol{A}^{\{1\}}$, 表示这个矩阵满足第一个 MP 条件。同理, 任意一个满足第一和第三 MP 条件, 即式 (1.41) 和式 (1.43) 的 $n\times m$ 维矩阵 $\boldsymbol{A}^{\mathrm{L}}$ 也经常记为 $\boldsymbol{A}^{\{1,3\}}$。更一般地, 满足 MP 条件中序号为 i、j 和 k 的子集条件, 这样的矩阵的广义逆, 记作 $\boldsymbol{A}^{\{i,j,k\}}$。例如, 矩阵 $\boldsymbol{A}^{\{1,2,3,4\}}$ 满足所有的 MP 条件, 称为 $\boldsymbol{A}$ 的 MP 逆, 通常用 $\boldsymbol{A}^{+}$ 表示。

任意秩为 r 的 $m\times n$ 矩阵 $\boldsymbol{A}$ (假定 $r<m, r<n$) 可以表示为

$$\boldsymbol{A}=\boldsymbol{P}\begin{bmatrix}\boldsymbol{\varLambda} & 0\\ 0 & 0\end{bmatrix}\boldsymbol{Q}^{\mathrm{T}} \tag{1.76}$$

其中, $\boldsymbol{P}$ 和 $\boldsymbol{Q}$ 分别为 $m\times m$ 和 $n\times n$ 维正交矩阵。$r\times r$ 维对角阵 $\boldsymbol{\varLambda}$ 包含 $\boldsymbol{A}$ 的奇异值。运用矩阵 $\boldsymbol{A}$ 的奇异值分解得到的矩阵 $\boldsymbol{P}$ 和 $\boldsymbol{Q}$, 对于合适的矩阵 $\boldsymbol{K}$、$\boldsymbol{L}$、$\boldsymbol{M}$ 和 $\boldsymbol{N}$, $n\times m$ 维矩阵 $\boldsymbol{B}$ 可表示为

$$\boldsymbol{B}=\boldsymbol{Q}\begin{bmatrix}\boldsymbol{N} & \boldsymbol{K}\\ \boldsymbol{L} & \boldsymbol{M}\end{bmatrix}\boldsymbol{P}^{\mathrm{T}} \tag{1.77}$$

$\boldsymbol{B}$ 若成为 $\boldsymbol{A}^{\{1\}}$, 必须满足第一个 MP 条件 [式 (1.41)]: $\boldsymbol{ABA}=\boldsymbol{A}$。将式 (1.76) 和式 (1.77) 中 $\boldsymbol{A}$ 和 $\boldsymbol{B}$ 的表达式分别代入等式 $\boldsymbol{ABA}=\boldsymbol{A}$ 的两边得

$$\boldsymbol{P}\begin{bmatrix}\boldsymbol{\varLambda} & 0\\ 0 & 0\end{bmatrix}\boldsymbol{Q}^{\mathrm{T}}\boldsymbol{Q}\begin{bmatrix}\boldsymbol{N} & \boldsymbol{K}\\ \boldsymbol{L} & \boldsymbol{M}\end{bmatrix}\boldsymbol{P}^{\mathrm{T}}\boldsymbol{P}\begin{bmatrix}\boldsymbol{\varLambda} & 0\\ 0 & 0\end{bmatrix}\boldsymbol{Q}^{\mathrm{T}}=\boldsymbol{P}\begin{bmatrix}\boldsymbol{\varLambda} & 0\\ 0 & 0\end{bmatrix}\boldsymbol{Q}^{\mathrm{T}} \tag{1.78}$$

注意到 $\boldsymbol{P}$ 和 $\boldsymbol{Q}$ 都是正交矩阵, 式 (1.78) 可简化为

$$\begin{bmatrix}\boldsymbol{\varLambda} & 0\\ 0 & 0\end{bmatrix}\begin{bmatrix}\boldsymbol{N} & \boldsymbol{K}\\ \boldsymbol{L} & \boldsymbol{M}\end{bmatrix}\begin{bmatrix}\boldsymbol{\varLambda} & 0\\ 0 & 0\end{bmatrix}=\begin{bmatrix}\boldsymbol{\varLambda} & 0\\ 0 & 0\end{bmatrix} \tag{1.79}$$

由此可以推出 $\boldsymbol{\varLambda N\varLambda}=\boldsymbol{\varLambda}$ 或者 $\boldsymbol{N}=\boldsymbol{\varLambda}^{-1}$。因此, 给定一个 $m\times n$ 维矩阵 $\boldsymbol{A}$, 其奇异值分解如式 (1.76) 所示, 则 $\boldsymbol{A}^{\{1\}}$ 由下式给出

$$\boldsymbol{A}^{\{1\}}=\boldsymbol{Q}\begin{bmatrix}\boldsymbol{\varLambda}^{-1} & \boldsymbol{K}\\ \boldsymbol{L} & \boldsymbol{M}\end{bmatrix}\boldsymbol{P}^{\mathrm{T}} \tag{1.80}$$

式中, 矩阵 $\boldsymbol{K}$、$\boldsymbol{L}$ 和 $\boldsymbol{M}$ 是任意矩阵。对于不同的 $\boldsymbol{K}$、$\boldsymbol{L}$ 和 $\boldsymbol{M}$, 矩阵 $\boldsymbol{A}$ 有不同的 $\boldsymbol{A}^{\{1\}}$ 广义逆, 因此矩阵 $\boldsymbol{A}$ 的{1} 逆不唯一, 事实上, 一般有无穷多个{1} 逆。

为寻求 $\boldsymbol{A}^{\{1,2\}}$ 的形式, 可以将其写成

$$\boldsymbol{A}^{\{1,2\}}=\boldsymbol{Q}\begin{bmatrix}\boldsymbol{\varLambda}^{-1} & \boldsymbol{K}\\ \boldsymbol{L} & \boldsymbol{M}\end{bmatrix}\boldsymbol{P}^{\mathrm{T}} \tag{1.81}$$

此外还需要其满足第二个 MP 条件 [式 (1.42)], 即 $\boldsymbol{A}^{\{1,2\}}\boldsymbol{A}\boldsymbol{A}^{\{1,2\}}=\boldsymbol{A}^{\{1,2\}}$。

将式 (1.81) 和式 (1.76) 中 $\boldsymbol{A}^{\{1,2\}}$ 和 $\boldsymbol{A}$ 的形式代入 MP 第二条件可得

$$\begin{bmatrix}\boldsymbol{\varLambda}^{-1} & \boldsymbol{K}\\ \boldsymbol{L} & \boldsymbol{L\varLambda K}\end{bmatrix}=\begin{bmatrix}\boldsymbol{\varLambda}^{-1} & \boldsymbol{K}\\ \boldsymbol{L} & \boldsymbol{M}\end{bmatrix} \tag{1.82}$$

式中, $\boldsymbol{M}=\boldsymbol{L\varLambda K}$。

运用关系式 (1.81), $\boldsymbol{A}^{\{1,2\}}$ 的结构可由下式给出

$$\boldsymbol{A}^{\{1,2\}}=\boldsymbol{Q}\begin{bmatrix}\boldsymbol{\varLambda}^{-1} & \boldsymbol{K}\\ \boldsymbol{L} & \boldsymbol{L\varLambda K}\end{bmatrix}\boldsymbol{P}^{\mathrm{T}} \tag{1.83}$$

式中, $\boldsymbol{K}$ 和 $\boldsymbol{L}$ 是任意矩阵。同样, 选择不同的 $\boldsymbol{K}$ 和 $\boldsymbol{L}$, 将得到不同的 $\boldsymbol{A}$ 的 {1,2} 逆。

按式 (1.80) 运用第四个 MP 条件 [式 (1.44)], 可证明每一个 $\boldsymbol{A}$ 的{1,4} 逆具有如下结构:

$$\boldsymbol{A}^{\{1,4\}}=\boldsymbol{Q}\begin{bmatrix}\boldsymbol{\varLambda}^{-1} & \boldsymbol{K}\\ 0 & \boldsymbol{M}\end{bmatrix}\boldsymbol{P}^{\mathrm{T}} \tag{1.84}$$

式中, 矩阵 $\boldsymbol{K}$ 和 $\boldsymbol{M}$ 是任意矩阵。每选一个 $\boldsymbol{K}$ 和 $\boldsymbol{M}$, 就会产生一个 $\boldsymbol{A}$ 的 {1,4} 逆。因此, $\boldsymbol{A}$ 的{1,4} 逆也不唯一。

基于式 (1.84), 然后运用第二个 MP 条件, 可以推出 $\boldsymbol{A}$ 的{1,2,4} 逆具有如下结构

$$\boldsymbol{A}^{\{1,2,4\}}=\boldsymbol{Q}\begin{bmatrix}\boldsymbol{\Lambda}^{-1} & \boldsymbol{K}\\ 0 & 0\end{bmatrix}\boldsymbol{P}^{\mathrm{T}} \tag{1.85}$$

式中, $\boldsymbol{K}$ 是一个任意矩阵。选择不同的 $\boldsymbol{K}$ 将会推出不同的 $\{1,2,4\}$ 逆。因此对于一个给定的矩阵 $\boldsymbol{A}$, 一般有很多个 $\{1,2,4\}$ 逆。

最后, 矩阵 $\boldsymbol{A}$ 的 $\boldsymbol{A}^{\{1,2,3,4\}}$ 逆 (或者称为 MP 逆) 可以基于式 (1.85) 运用第三个 MP 条件 [式 (1.43)] 推导得出

$$\boldsymbol{A}^{\{1,2,3,4\}}=\boldsymbol{Q}\begin{bmatrix}\boldsymbol{\Lambda}^{-1} & 0\\ 0 & 0\end{bmatrix}\boldsymbol{P}^{\mathrm{T}}=\boldsymbol{Q}_1\boldsymbol{\Lambda}^{-1}\boldsymbol{P}_1^{\mathrm{T}} \tag{1.86}$$

相容方程 $\boldsymbol{Ax}=\boldsymbol{b}$ 的广义逆的最小范数解 令 $\boldsymbol{Ax}=\boldsymbol{b}$ 是相容方程集, 若 $\boldsymbol{Y}$ 是矩阵 $\boldsymbol{A}$ 的广义逆, 且满足 $\boldsymbol{Yb}$ 是方程 $\boldsymbol{Ax}=\boldsymbol{b}$ 解, $\boldsymbol{Yb}$ 范数最小, 则 $\boldsymbol{Y}$ 是矩阵 $\boldsymbol{A}$ 的{1,4} 逆。相容方程 $\boldsymbol{Ax}=\boldsymbol{b}$ 的最小范数解可以简单地写成 $\boldsymbol{x}=\boldsymbol{A}^{\{1,4\}}\boldsymbol{b}$。

广义逆的最小二乘范数解 $\boldsymbol{Ax}=\boldsymbol{b}$ 可能是不相容方程, 矩阵 $\boldsymbol{G}$ 使得 $\boldsymbol{Gb}$ 有最小范数, 并且在向量 $\boldsymbol{x}$ 的集合上, $\|\boldsymbol{Ax}-\boldsymbol{b}\|$ 最小。$\boldsymbol{G}$ 是矩阵 $\boldsymbol{A}$ 的 MP 逆。

1.4 约束的本质

1.4.1 约束分类与定义

非自由质点系就是受约束的质点系, 它在空间的位置以及在运动中受到的限制称为约束, 用数学方程表述各质点所受的限制条件称为约束方程。约束方程通常可以在建立此质点系的动力学方程之前写出来。

约束运动的核心问题为在已知系统所受外力的情况下, 求解可以使运动满足约束条件的约束力。在实际的动力学问题中会出现两种不同类型的约束——可积约束和不可积约束。自拉格朗日时期开始, 这种对于约束的分类就成为动力学发展过程中的关键问题。由于带有不可积约束的系统会相对更难处理, 因此为了对其计算, 已发展出了特殊的处理方式。在过去的 200 年里, 已有大量有关这类系统运动方程求解的文献发表, 其中许多的贡献来自物理学家和数学学家, 包括 Lagrange、Euler、Gauss、Volterra、Gibbs、Appell、Boltzman 和 Dirac 等。

在分析力学所研究的非自由质点系中存在着形形色色的约束, 为了认清非自由质点系的特征, 先讨论约束的分类。从约束方程的形式上看, 约束可分为几何约束和运动约束两大类, 它们又都可分为定常约束和非定常约束、双面约束和单面约束、可积分和不可积分约束。从约束方程的实质来看, 约束可分为完整约束和非完整约束两大类, 本书将重点围绕这两种约束来介绍。另外, 为了方便进行动力学分析, 实际约束在一定条件可以进行抽象化得出理想约束的概念, 反之, 不满足这一定条件的约束, 称为非理想约束。

几何约束 在质点系中, 所加约束只能限制各质点在空间的位置或质点系的位形, 这种约束称为几何约束或位置约束。几何约束方程的一般形式是

$$f(\boldsymbol{r}_i, t) = 0, \quad i = 1, 2, \cdots, n \tag{1.87}$$

或

$$f(x_i, y_i, z_i, t) = 0 \tag{1.88}$$

式中,

$$\boldsymbol{r_i} = x_i\boldsymbol{i} + y_i\boldsymbol{j} + z_i\boldsymbol{k}, \quad i = 1, 2, \cdots, n$$

其中, $\boldsymbol{r_i}$ 和 x_i、y_i、z_i 分别是第 i 个质点的矢径和它在直角坐标系中各坐标轴上的投影; n 为该质点系中的质点数。几何约束视不同的情况有不同的分类。

(1) 在几何约束中, 视约束方程是否显含时间参数, 可分为定常几何约束和非定常几何约束。其中, 不显含时间参数 t 的约束称为定常几何约束或稳定几何约束。显含时间参数 t 的约束称为非定常几何约束或非稳定几何约束。

(2) 在几何约束中, 视约束方程是否为等式, 可分为双面几何约束和单面几何约束。其中, 约束方程为等式的几何约束称为双面几何约束或固执几何约束。约束方程为不等式的几何约束称为单面几何约束或非固执几何约束。

运动约束 在质点系中, 所加的约束不仅限制各质点在空间的位置, 还限制它们的速度, 这种约束称为运动约束, 也称速度约束或微分约束。运动约束方程的一般形式为

$$f(\boldsymbol{r}_i, \dot{\boldsymbol{r}}_i, t) = 0, \quad i = 1, 2, \cdots, n \tag{1.89}$$

或

$$f(x_i, y_i, z_i, \dot{x}_i, \dot{y}_i, \dot{z}_i, t) = 0 \tag{1.90}$$

式中

$$\dot{\boldsymbol{r}}_i = \dot{x}_i\boldsymbol{i} + \dot{y}_i\boldsymbol{j} + \dot{z}_i\boldsymbol{k}, \quad i = 1, 2, \cdots, n$$

其中, $\dot{\boldsymbol{r}}_i$ 和 $\dot{x}_i$、$\dot{y}_i$、$\dot{z}_i$ 为第 i 个质点的速度和各速度在直角坐标系中各坐标轴上的投影。在大多数的实际问题中, 运动约束可简化为与各质点速度的线性项有关的形式, 即

$$f = \sum_{i=1}^{n} \boldsymbol{\varphi}_i \cdot \boldsymbol{r}_i + \boldsymbol{A} = 0 \tag{1.91}$$

或

$$f = \sum_{i=1}^{n} (A_i\dot{x}_i + B_i\dot{y}_i + C_i\dot{z}_i) + \boldsymbol{A} = 0 \tag{1.92}$$

其中

$$\boldsymbol{\varphi}_i = (A_i, B_i, C_i) = A_i\boldsymbol{i} + B_i\boldsymbol{j} + C_i\boldsymbol{k} \tag{1.93}$$

式中, $\boldsymbol{\varphi}_i$、A_i、B_i、C_i 和 $\boldsymbol{A}$ 均为各质点速度和位置的函数, 这种约束称为线性的运动约束, 或称为一阶线性约束、Pfaffian 约束。运动约束视不同的情况有不同的分类。

(1) 如果运动约束方程能够变换为某个函数的全微分或满足可积分的条件, 这种约束称为可积分的运动约束, 且可积分的运动约束可以变换为几何约束。

(2) 如果运动约束方程不能化简为某函数的全微分或不满足可积分的条件, 则称为不可积分的运动约束。

(3) 运动约束如同几何约束那样, 视约束方程是否显含时间参数, 有定常运动约束和非定常运动约束之分; 视约束方程是否为等式, 有双面运动约束和单面运动约束之分。

理想约束 理想约束是实际约束在一定条件下抽象化的结果。约束力在质点系的任何虚位移中所做的元功之和等于零, 具有这种性质的约束称为理想约束。

理想约束的条件是从实际约束的主要因素中抽象出来的。值得指出的是, 作为理想约束的物质基础, 如光滑性、刚性、不可伸长 (或缩短) 性等都是一种理想状态, 在现实生活中并不能完全做到。在某些情况下, 这种理想化往往是不允许的。例如, 在某问题中忽略摩擦力将导致系统的理论分析结果不能完整地、甚至不可能表述该系统显示的各种现象的物理特征。对于这种情况, 在分析力学中通常采取这样一种处理方法, 即只把非光滑约束中起限制作用的法向分量视为约束力, 而将起限制作用切向分量——摩擦力视为待求的主动力, 于是这种约束仍然可以视为理想约束。

因此, 理想约束这个概念可以普遍地运用到实际的约束之中。本书中, 如无特别说明, 施加于非自由质点系的约束都是理想约束。

完整约束 对于含 n 个质点的质点系, 用三维坐标 $(x_i, y_i, z_i)(i = 1, 2, \cdots, n)$ 描述, 那么具有式 (1.94) 这种形式的约束

$$f(x_1, y_1, z_1, x_2, \cdots, x_n, y_n, z_n, t) = 0 \tag{1.94}$$

或者说一个约束条件可以简化为这种形式的约束, 都称为一个完整约束。这个完整约束中没有确切的时间参数, 则称为定常约束, 其余的称为非定常约束。显然, 非定常约束更为常见。

单个质点 m 沿直线运动, 比如沿惯性直角坐标系的 X 轴运动, 如图 1.3。可以将其想象为一个圆球在一根笔直的绳子上运动。那么该质点的运动方程通常可以写为

$$m\ddot{x} = F_x(x, \dot{x}, t) \tag{1.95}$$

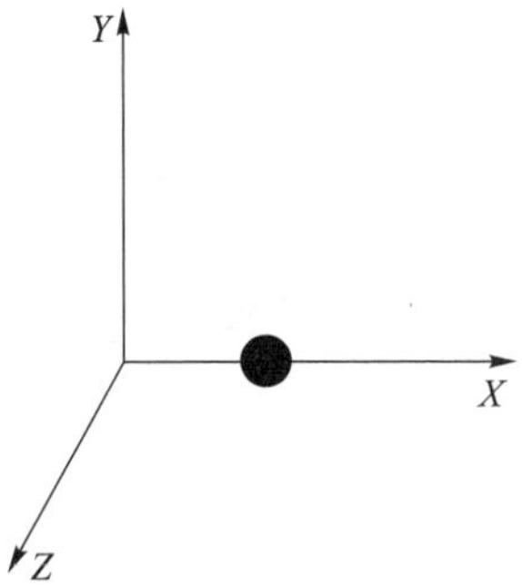

图 1.3 质点在直角坐标系中运动

式中, $x(t)$ 为该质点的位置, 用该质点到一个固定点的距离表示; $F_x(x,\dot{x},t)$ 为作用在质点上的外力。然而, 为了更加全面地描述这个问题, 给出以下三个方程:

$$\begin{cases} m\ddot{x} = F_x(x,\dot{x},y,\dot{y},z,\dot{z},t) \\ m\ddot{y} = F_y(x,\dot{x},y,\dot{y},z,\dot{z},t) \\ m\ddot{z} = F_z(x,\dot{x},y,\dot{y},z,\dot{z},t) \end{cases} \tag{1.96}$$

另外, 增加约束

$$y(t) = 0 \text{ 且 } z(t) = 0 \tag{1.97}$$

如果对约束方程微分, 可以得到 $\dot{y}(t) = \dot{z}(t) = 0$, 再次微分得到 $\ddot{y}(t) = \ddot{z}(t) = 0$。再由式 (1.96) 的最后两个方程, 有 $F_y(t) = F_z(t) = 0$, 因此式 (1.96) 的三个方程简化为一个方程

$$m\ddot{x} = F_x(x,\dot{x},0,0,0,0,t) \tag{1.98}$$

显然上式与开始讨论的式 (1.95) 是一致的。

形如 $z(t) = 0$ 的约束是下式的一种特殊情况, 它的一般形式是

$$f(x,y,z,t) = 0 \tag{1.99}$$

例如, 一个质点的运动轨迹与某个平面是平行的, 可以表示为 $x(t) = y(t) = b(t)$, 这里的 $b(t)$ 是已知的函数。

非完整约束　只要不能被式 (1.94) 表示的约束统称为非完整约束。

例如, 如果一个质点位于水平表面, 那么对于垂直于表面竖直向上的 Z 方向, 有

$$z(t) \geqslant 0 \tag{1.100}$$

这意味着质点不能穿过平面。像这样的不等约束被称为非完整约束。非完整约束同完整约束一样, 也根据其是否取决于时间而被分为定常约束和非定常约束两种。

1.4.2 约束和运动方程的建立

前面介绍了完整约束和非完整约束的概念, 下面对这两种支撑拉格朗日力学体系的约束进行讨论。

为了解完整约束, 下面考虑一个单独的质点和一个简单的定常约束, 它被表示为

$$f(x_1, y_1, z_1) = 0 \tag{1.101}$$

该质点在一个三维空间中, 这一约束代表三维空间中的一个二维表面。当对质点施加如式 (1.101) 的约束时, 意味着质点在时刻 t 的位置 $(x_1(t), y_1(t), z_1(t))$ 必须满足式 (1.101), 因此其必须位于二维表面上, 使 $f = 0$。这样, 质点在空间中可移动的维度由三减小为二, 如图 1.4。

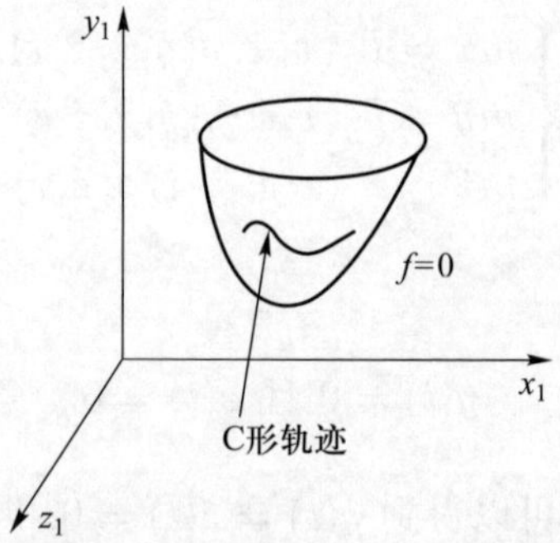

图 1.4 式 (1.101) 所示 $f = 0$ 所代表的二维表面

可以将这种形式推广到更普遍的定常约束

$$f(x_1, y_1, z_1, x_2, \cdots, x_n, y_n, z_n) = 0 \tag{1.102}$$

这意味着, 位于 $3n$ 维空间中的质点一定在位于此空间中 $(3n-1)$ 维的曲面上运动。式 (1.102) 表示的曲面是不变的, 也就是其形状不随时间而变化。可以用相似的方法解释式 (1.94) 代表的非定常约束, 即质点在其约束空间中的一个表面上运动, 但是这个表面会随着时间变化而变形。

如果式 (1.94) 中的函数 f 有一阶偏导数, 那么对其求全微分, 利用链式法则可以得到

$$\sum_{i=1}^{n} \frac{\partial f}{\partial x_i}\mathrm{d}x_i + \sum_{i=1}^{n} \frac{\partial f}{\partial y_i}\mathrm{d}y_i + \sum_{i=1}^{n} \frac{\partial f}{\partial z_i}\mathrm{d}z_i + \frac{\partial f}{\partial t}\mathrm{d}t = 0 \tag{1.103}$$

受到非定常约束系统中的无穷小位移 $\mathrm{d}x_i$、$\mathrm{d}y_i$、$\mathrm{d}z_i$ 必须满足这个关系。注意, 虽然式 (1.94) 将约束施加在质点的有限位移 (即 x_i、y_i 和 z_i) 上, 但式 (1.103) 将限制作用在了无穷小位移上。

式 (1.103) 被表示为 Pfaffian 形式, 它是可积分的, 很显然它的积分形式正是式 (1.94)。将式 (1.94) 对时间求微分, 就可以得到包含速度参数的等价形式

$$\sum_{i=1}^{n}\frac{\partial f}{\partial x_i}\dot{x}_i+\sum_{i=1}^{n}\frac{\partial f}{\partial y_i}\dot{y}_i+\sum_{i=1}^{n}\frac{\partial f}{\partial z_i}\dot{z}_i+\frac{\partial f}{\partial t}=0 \tag{1.104}$$

任意一组满足式 (1.104) 的 $3n$ 个数 $\{\dot{x}_i,\dot{y}_i,\dot{z}_i\}, i=1,2,\cdots,n$, 都被称为一组可行速度, 这些速度不会使系统违反如式 (1.94) 所示的约束。

此外, 虽然在形如式 (1.94) 的完整约束中没有直接出现速度参数, 但实际上约束已经作用在了系统质点的速度上, 这是因为完整约束必须时刻满足约束条件。

当一个质点并非只受一个约束, 而是受到两个独立约束的作用时, 如

$$f(x_1,y_1,z_1)=0 \text{ 且 } g(x_1,y_1,z_1)=0 \tag{1.105}$$

则这个质点被约束在两个表面相交的弧形区域。而对于三个线性独立的约束, 质点则被约束在三个表面的交点上。如果是非定常约束, 它们的相交点则会随时间不停改变。质点的运动并不会受到外力作用的影响, 因此独立约束的个数必须小于质点所处的位形空间的维数。这样质点才会在外力作用下运动。

推而广之有, h 个完整约束可以被一组方程表示

$$f_i(\boldsymbol{x},t)=0,\quad i=1,2,\cdots,h \tag{1.106}$$

式中, $\boldsymbol{x}=[x_1\ x_2\ x_3\cdots x_{3n-1}\ x_{3n}]^{\mathrm{T}}$ 表示质点位置的 $3n$ 维矢量, 其第 j 个元素为 x_j。对式 (1.106) 求全微分, 并利用链式法则, 可得到这些方程的 Pfaffian 表示形式

$$\sum_{j=1}^{3n}d_{ij}(\boldsymbol{x},t)\mathrm{d}x_j+g_i(\boldsymbol{x},t)\mathrm{d}t=0,\quad i=1,2,\cdots,h \tag{1.107}$$

或者是可能速度的等价形式

$$\sum_{j=1}^{3n}d_{ij}(\boldsymbol{x},t)\dot{x}_j+g_i(\boldsymbol{x},t)\mathrm{d}t=0,\quad i=1,2,\cdots,h \tag{1.108}$$

式中

$$d_{ij}(\boldsymbol{x},t)=\frac{\partial f_i(\boldsymbol{x},t)}{\partial x_j} \text{ 且 } g_i(\boldsymbol{x},t)=\frac{\partial f_i(\boldsymbol{x},t)}{\partial t} \tag{1.109}$$

式 (1.108) 和式 (1.109) 明显可积, 它们的积分为式 (1.106)。因此, 当施加 h 个独立的完整约束, 可行位形空间的维数会减小 $(3n-h)$。如式 (1.106) 规定的一样, 这些约束可以被解释为作用在系统有限位移上的限制条件。当然, 约束同样也会像式 (1.107) 与式 (1.108) 规定的一样, 作用在无穷小位移与速度上。

可以看到, 在运动方程的推导的过程中, 有关约束方程的重要概念涉及它是否线性独立以及是否连续。本书介绍的理论需要约束是连续的, 即每个约束之间互不

影响。同样, 一个由式 (1.106) 定义的完整约束, 可以通过对时间的一次微分变为式 (1.107) 的形式。

另外, 还有一类非常重要的非完整等式约束, 可以表示为

$$\sum_{j=1}^{3n} d_{ij}(\boldsymbol{x},t)\mathrm{d}x_j + g_i(\boldsymbol{x},t)\mathrm{d}t = 0, \quad i=1,2,\cdots,r \tag{1.110}$$

该方程不包含任何积分项, 且像式 (1.106) 一样, 将代表位置的 $3n$ 维矢量表示为 $\boldsymbol{x}=[x_1\ x_2\ x_3\cdots x_{3n-1}\ x_{3n}]^{\mathrm{T}}$。

无论 Pfaffian 形式是像具有 h 个方程的式 (1.107) 一样可积, 还是像有 r 个方程的式 (1.110) 一样不可积, 在函数 $d_{ij}(\boldsymbol{x},t)$ 和 $g_i(\boldsymbol{x},t)$ 都足够光滑的条件下, 它们都可以被微分, 从而得到 $m=r+h$ 个方程组

$$\begin{aligned}&\sum_{j=1}^{3n} d_{ij}(\boldsymbol{x},t)\ddot{x}_j + \sum_{j=1}^{3n}\sum_{k=1}^{3n}\frac{\partial d_{ij}(\boldsymbol{x},t)}{\partial x_k}\dot{x}_k\dot{x}_j + \sum_{j=1}^{3n}\frac{\partial d_{ij}(\boldsymbol{x},t)}{\partial t}\dot{x}_j + \\ &\sum_{k=1}^{3n}\frac{\partial g_i(\boldsymbol{x},t)}{\partial x_k}\dot{x}_k + \frac{\partial g_i(\boldsymbol{x},t)}{\partial t} = 0\ (i=1,2,\cdots,m)\end{aligned} \tag{1.111}$$

可以将包含加速度的 m 个方程表示为矩阵形式

$$\boldsymbol{A}(\boldsymbol{x},t)\ddot{x} = \boldsymbol{b}(\boldsymbol{x},\dot{\boldsymbol{x}},t) \tag{1.112}$$

式中, $m\times 3n$ 阶矩阵 $\boldsymbol{A}$ 的第 $(i-j)$ 个元素是 $d_{ij}(\boldsymbol{x},t)$。对于矩阵 $\boldsymbol{b}(\boldsymbol{x},\dot{\boldsymbol{x}},t)$, m 维矢量 $\boldsymbol{b}$ 的第 i 行元素为

$$b_i(\boldsymbol{x},\dot{\boldsymbol{x}},t) = -\sum_{j=1}^{3n}\sum_{k=1}^{3n}\frac{\partial d_{ij}(\boldsymbol{x},t)}{\partial x_k}\dot{x}_k\dot{x}_j - \sum_{j=1}^{3n}\frac{\partial d_{ij}(\boldsymbol{x},t)}{\partial t}\dot{x}_j - \sum_{k=1}^{3n}\frac{\partial g_i(\boldsymbol{x},t)}{\partial x_k}\dot{x}_k - \frac{\partial g_i(\boldsymbol{x},t)}{\partial t} \tag{1.113}$$

其中, 式 (1.112) 中加速度的 $3n$ 维矢量是

$$\ddot{\boldsymbol{x}} = [\ddot{x}_1\ \ddot{x}_2\ \ddot{x}_3\cdots\ddot{x}_{3n-1}\ \ddot{x}_{3n}]^{\mathrm{T}}$$

注意到, 对于完整与非完整的 Pfaffian 等式形式的约束, 矩阵 $\boldsymbol{A}$ 一般都取决于 $\boldsymbol{x}$ 和 t。矢量 $\boldsymbol{b}$ 取决于 $\boldsymbol{x}$, $\dot{\boldsymbol{x}}$ 和 t。大多数的两种分析动力学等式约束由式 (1.106) 和式 (1.110) 表示。因此, 假设有关函数足够光滑的情况下, 两种类型的约束都可以被表示为式 (1.112) 的形式。

用于描述系统位形空间坐标的数目小于独立约束的数目的情况, 其差值被称为系统自由度的数目。由前所述, 可以用式 (1.112) 的形式表示完整和非完整两种约束。设 m 个方程中有 k 个是线性独立的, 则矩阵 $\boldsymbol{A}$ 的秩为 k, 由此可以任意规定式 (1.112) 中 $3n$ 维矢量 $\ddot{\boldsymbol{x}}$ 的 $(3n-k)$ 个元素 $\ddot{x}_i$, 求解 $\ddot{x}_i$ 形式中保留的 k 个方

程。自由度的数目 $d = 3n - k$ 也可以理解为可以被任意估值的 $3n$ 维矢量加速度 $\ddot{\boldsymbol{x}}$ 分量的数目。

为更好地理解式 (1.110) 形式的非完整 Pfaffian 约束, 考虑只有一个约束的简单情况。假设一个质点在三维位形空间中运动, 并受约束

$$\mathrm{d}y = z\mathrm{d}x \tag{1.114}$$

这个约束对质点的小位移进行了限制。由于式 (1.114) 没有积分因子, 因此不能通过积分得到一个作用在有限位移上的约束条件。

这样一个不可积分的约束限制了质点的位形空间, 质点在始终满足这个约束的情况下, 能否到达三维位形空间的任意位置? 换句话说, 能否在满足式 (1.114) 的前提下, 找到由原点到任意点 (x_e, y_e, z_e) 的路径?

问题的回答是肯定的。考虑方程 $y = f(x)$ 和 $z = f'(x)$ 描述的路径, 其中 $f(x)$ 足够光滑。由于 $\mathrm{d}y = f'(x)\mathrm{d}x$, 因此沿该路径就只能始终满足式 (1.114), 现在只有选择满足 $f(0) = 0$、$f'(0) = 0$、$f(x_e) = y_e$ 和 $f'(x_e) = z_e$ 条件的函数 $f(x)$ 才能到达三维位形空间。实际上, 有无穷多个方程满足上述条件。因此, 位形空间的维度不受类似式 (1.114) 的不可积约束的影响。可以证明, 普遍的不可积 Pfaffian 等式约束总可以被还原为式 (1.114) 的形式, 所以对于位形空间的维度的结论是一个普遍结论。

对于 Pfaffian 形式的非完整约束, 当它们存在时的所有可行位形与它们不存在时的是一样的。这是完整约束与 Pfaffian 非完整等式约束间最大的不同。因此, 虽然完整约束减小了可行位形空间的维度, 但 Pfaffian 非完整约束不会对其造成改变。

本书基于的 Udwadia–Kalaba 基本方程对完整和非完整约束有三点重要限制。

(1) 给出的每种关于约束的描述, 方程都必须是连续的; 这些约束是否线性独立则不考虑。

(2) 通过对非完整约束方程 (1.110) 的时间一次微分、完整约束方程 (1.106) 的时间两次微分, 可得到加速度为线性的一组约束方程, 并可以用方程 $\boldsymbol{A}\ddot{\boldsymbol{x}} = \boldsymbol{b}$ 表示, 式中的 $\boldsymbol{A}$、$\boldsymbol{b}$ 在 $\boldsymbol{x}$、$\dot{\boldsymbol{x}}$ 已知时为时间 t 的已知函数。因此, 在以下内容中都假设函数 $d_{ij}(\boldsymbol{x}, t)$ 和 $g_i(\boldsymbol{x}, t)$ 对于这样的微分是足够光滑的。

(3) 如前所述, 完整和非完整等式约束在代入约束系统基本运动方程过程中, 没有很多的区别, 因此可用相同的方法处理这些约束问题, 它们间的区别并不重要。对于定常与非定常约束也是类似的, 在解决约束运动的方法中不需要对其进行区分。

在拉格朗日运动学中, 经常处理形如式 (1.106) 和式 (1.110) 这种类型的约束。下面将会介绍相对于不管能否积分的普遍形式为 $f(\boldsymbol{x}, \dot{\boldsymbol{x}}, t) = 0$ 的约束方程, 本书中介绍的方法适用于更广泛的领域。

1.4.3 约束运动的分析力学描述

下面描述约束运动的核心问题 [3]。对于一个由 n 个质点组成的系统, 设每个质点的初始位置和速度已知, 定义位置矢量为 $\boldsymbol{x}=[x_1\ x_2\cdots x_{3n}]^{\mathrm{T}}$, 那么每个矢量 $\boldsymbol{x}(t_0)$ 和 $\dot{\boldsymbol{x}}(t_0)$ 都由 $3n$ 个分量构成。简单来说, 指定质点的位置分量依次为 x_1、x_2、$x_3\cdots$, 施加在质点上的力是已知的, 并被相似的 $3n$ 维矢量表示为

$$\boldsymbol{F}(t)=[F_1(t)\ F_2(t)\ \cdots\ F_{3n}(t)]^{\mathrm{T}}$$

则系统的无约束运动可由 $3n\times 3$ 阶矩阵表示

$$\boldsymbol{M}\ddot{\boldsymbol{x}}(t)=\boldsymbol{F}(\boldsymbol{x}(t),\dot{\boldsymbol{x}}(t),t) \tag{1.115}$$

$$\ddot{\boldsymbol{x}}(t)=\boldsymbol{M}^{-1}\boldsymbol{F}(\boldsymbol{x}(t),\dot{\boldsymbol{x}}(t),t)=\boldsymbol{a}(t) \tag{1.116}$$

式中, 矩阵 $\boldsymbol{M}$ 为对角矩阵, 表示质量的元素每三个为一组出现在矩阵的对角线上。

无约束时, 利用牛顿定律可以获得系统方程。在任意时间 t, 当给定系统关于时间 t 的外力函数时, 式 (1.115) 描述了无约束系统的加速度。同样, 式 (1.116) 中的 $\boldsymbol{a}(t)$ 是当给定在时刻 t 的 "初始" 位置矢量 $\boldsymbol{x}(t)$ 与速度矢量 $\boldsymbol{x}(t)$ 后, 无约束系统的加速度。

一般用以下连续的约束方程来约束系统:

$$\boldsymbol{D}(\boldsymbol{x}(t),t)\dot{\boldsymbol{x}}=\boldsymbol{g}(\boldsymbol{x}(t),t) \tag{1.117}$$

式中, $\boldsymbol{D}$ 是 $m\times 3n$ 阶矩阵; $\boldsymbol{g}$ 是 $m\times 1$ 阶矢量。质点在时刻 t 的初始位置和速度与约束相匹配, 它们满足约束方程的描述。

因此, 约束运动的核心问题可表述为: 当约束存在时, $\boldsymbol{x}(t)$、$\dot{\boldsymbol{x}}(t)$ 和施加的外力 $\boldsymbol{F}(t)$ 决定系统在 t 时刻的瞬时加速度 $\ddot{\boldsymbol{x}}(t)$。

如前所述, 约束方程 (1.117) 的存在产生了作用于质点的额外约束力, 这使约束系统中质点的运动方程变为

$$\boldsymbol{M}\ddot{\boldsymbol{x}}(t)=\boldsymbol{F}(\boldsymbol{x}(t),\dot{\boldsymbol{x}}(t),t)+\boldsymbol{F}^{\mathrm{c}} \tag{1.118}$$

下面就需要确定约束力矢量 $\boldsymbol{F}^{\mathrm{c}}(t)$, 这是关于约束运动核心问题的另一种阐述方式。

这个约束力矢量必须满足: ①在其本身及给定外力 $\boldsymbol{F}(t)$ 的作用下, 可以使系统满足约束条件; ②必须符合高斯定理和最小约束原理。

将约束方程 (1.117) 对时间微分, 得

$$\boldsymbol{A}(\boldsymbol{x},t)\ddot{\boldsymbol{x}}=\boldsymbol{b}(\boldsymbol{x},\dot{\boldsymbol{x}},t) \tag{1.119}$$

假设以下与式 (1.117) 有关的方程都是充分光滑可导都的, 则这个包含初始时刻 t_0 时质点的初始位置、速度条件的方程可以被用来描述系统的约束。

经推导可发现, 虽然式 (1.119) 中的矢量 $\boldsymbol{b}$ 与式 (1.117) 中的矢量 $\boldsymbol{g}$ 不同, 但两个方程中的矩阵 $\boldsymbol{D}$ 和 $\boldsymbol{A}$ 是一样的。在后续章节, 将会用到一个比约束方程 (1.119) 更具一般性的方程, 即

$$\boldsymbol{A}(\boldsymbol{x}, \dot{\boldsymbol{x}}, t)\ddot{\boldsymbol{x}}(t) = \boldsymbol{b}(\boldsymbol{x}, \dot{\boldsymbol{x}}, t) \tag{1.120}$$

式中, $\boldsymbol{A}$ 是 $m \times 3n$ 阶矩阵。这种约束方程的形式可以理解为 m 个约束方程组的形式

$$\phi_i(\boldsymbol{x}, \dot{\boldsymbol{x}}, t) = 0, \quad i = 1, 2, \cdots, m \tag{1.121}$$

通过对这 m 个方程关于时间微分, 可以得到关于约束方程的更一般的形式, 如式 (1.120)。假设函数 ϕ_i 足够光滑允许这样的微分, 那么式 (1.120) 则是约束方程的标准形式。

第 2 章　模糊控制理论基础

模糊理论 (fuzzy theory) 是指用到了模糊集合的基本概念或连续隶属度函数的理论。它大致可分类为模糊数学、模糊系统、不确定性和信息、模糊决策、模糊逻辑与人工智能这五个分支。各分支并不完全独立, 其间有紧密的联系, 例如模糊控制就会用到模糊数学和模糊逻辑中的概念。从实际应用的观点来看, 模糊理论的应用大部分集中在模糊系统上, 尤其集中在模糊控制领域。其中, 模糊集合理论作为经典集合理论的一种推广, 最初被提出是用于表述元素的隶属性, 但却逐步发展成为一种非常有效的表述系统不确定性的工具。模糊集合理论适用于表述工业控制中的大部分随机现象, 并且表述系统参数的不确定性时更贴合实际。

本章首先从模糊理论出发, 介绍该种理论方法及其应用简史, 并由经典集合过渡到模糊集合, 之后逐节详细介绍模糊集合的基本概念、基本运算、模糊集合的其他运算等, 由此为后续的模糊动力学系统控制及优化打下理论基础。

2.1　模糊理论发展简介

模糊理论是由 Lotfi A. Zadeh 于 1965 年在名为《模糊集合》的开创性文章中提出的 [4]。Zadeh 是一位很有威望的控制论学者, 之前他提出的概念“状态”就形成了现代控制论的基础。在 20 世纪 60 年代初期, 他认为经典控制论过于强调精确性, 反而无法处理复杂的系统。1962 年他指出, “在处理生物系统时, 需要一种彻底不同的数学——关于模糊量的数学, 该数学不能用概率分布来描述” [5]。后来, 他将这些思想正式形成文章《模糊集合 (fuzzy sets)》。

自模糊理论诞生之日起, 就一直处于各派的激烈争论之中。一些学者, 如 Richard Bellman, 认可了这一理论并开始着手在这一新领域进行研究。而其他一些学者则反对这一理论, 认为“模糊化”与基本的科学原则相违背。不过最大的挑战还是来自统计和概率论领域的数学家们, 他们认为概率论已足以描述不确定性, 而且任何模糊理论可以解决的问题, 概率论也都可以解决得一样好或更好。由于模糊理论在初期没有实际应用, 所以它很难击败这种纯哲学观点的质疑。当时几乎世界上所有的大型研究机构都未将模糊理论作为一个重要的研究领域。

尽管模糊理论没有成为主流, 但世界各地仍有许多学者毕生致力于这一新领域的研究。在 20 世纪 60 年代后期, 这些学者提出了许多新的模糊方法, 如模糊算法、模糊决策等。公平地说, 模糊理论成为一个独立的领域, 很大程度上归功于 Zadeh

的贡献及其杰出的研究工作。模糊理论的大多数基本概念都是由 Zadeh 在 20 世纪 60 年代末到 70 年代初提出来的。他在 1965 年提出模糊集合后, 又在 1968 年提出模糊算法的概念 [6], 在 1970 年提出模糊决策 [7], 在 1971 年提出模糊排序 [8]。1973 年, 他发表了另一篇开创性文章《分析复杂系统和决策过程的新方法纲要》, 该文建立了研究模糊控制的基础理论, 在引入语言变量这一概念的基础上, 提出了用模糊 IF – THEN 规则来量化人类知识。

20 世纪 70 年代的一个重大事件就是诞生了处理实际系统的模糊控制器。1975 年, Mamdani 和 Assilian 创立了模糊控制器的基本框架, 实质上就是图 2.1 所示的模糊系统, 通过框图的形式系统而全面地阐述了整个模糊系统。他们的研究成果发表于文章《带有模糊逻辑控制器的语言合成实验》[9], 这是关于模糊理论的另一篇具有开创性的文章, 证明模糊控制器非常易于构造且运作效果较好。1978 年,Holmblad 和 Steragaard 为整个工业过程开发出了第一个模糊控制器——模糊水泥窖控制器。

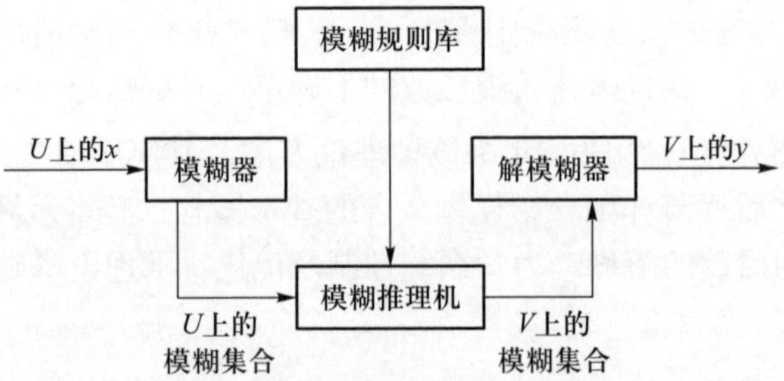

图 2.1　具有模糊器和解模糊器的模糊系统的基本框架

总的说来, 公认的模糊理论的基础创建于 20 世纪 70 年代。随着许多新概念的引进, 模糊理论作为一门新领域的前景已经日益清晰, 像模糊蒸汽机控制器这类最初的应用也已经表明了这一领域的潜力。

通常来说, 一个领域的开拓应该是通过大型研究机构将主要资源放在该领域来实现的, 不幸的是模糊理论的实际情况并非如此。20 世纪 70 年代末到 80 年代初, 模糊理论的许多学者由于无法找到继续研究的支持而转向其他领域。这一阶段研究进展缓慢, 没有提出什么新的概念和方法, 只有模糊控制方面的应用被保存下来。

日本工程师们以其对新技术的敏感, 迅速地发现模糊控制器对许多问题都是易于设计的, 而且操作效果也非常好。因为模糊控制不需要过程的数学模型, 所以可以应用到很多因数学模型未知而无法使用传统控制论的系统中去。1980 年,Sugeno 开创了日本的首次模糊应用——控制一家富士 (Fushi) 电子水净化工厂。1983 年, 他又开始研究模糊机器人, 这种机器人能够根据呼唤命令自动控制汽车的停放 [10]。20 世纪 80 年代初, 来自日立公司的 Yasunobu 和 Miyamoto 开始给仙台地铁开发模糊系统。他们于 1987 年完成该项目, 并创造了世界上最先进的地铁系统。模糊控制的这一应用非常振奋人心, 并引起模糊领域的一场巨变。1987 年 7 月, 第二届国际模糊系统协会年会在东京召开, 会议召开当天正是在仙台地铁开始运行后的第三天, 与会者们梦幻般地经历了一次愉快的旅行。同时, Hirota 还在会议上演示了一种模糊机器人手臂, 它能实时地做二元空间内的打乒乓球的动作。Yamakawa 则证明了模糊系统可以保持倒立摆的平衡 [11]。此前, 模糊理论在日本一直没有盛行起来, 但此后支持模糊理论的浪潮迅速蔓延到工程、政府以及商业团体中。到 20 世纪 90 年代初, 市场上已经出现了大量的模糊消费产品。

日本模糊系统的成功应用震惊了美国和欧洲的主流学者们。一些学者仍对模糊理论持批评态度, 但更多的学者不仅转变了观念, 而且还给予模糊理论发展壮大的机会。1992 年 2 月, 首届 IEEE 模糊系统国际会议在圣地亚哥召开, 这次大会标志着模糊理论已被世界上最大的工程师协会——IEEE 所接受, 而且 IEEE 还于 1993 年创办了 IEEE 模糊系统会刊。

模糊系统与模糊控制在 20 世纪 80 年代末、90 年代初发展迅猛, 尽管很难说有什么突破, 但对于模糊系统与模糊控制中的一些基本问题的研究已经取得了可喜的进步, 例如利用神经网络技术系统地确定隶属度函数并严格分析模糊系统的稳定性。

2.2 由经典集合到模糊集合

设 U 为论域或全集, 它是具有某种特定性质或用途的元素的全体。论域 U 中经典 (清晰) 集合 A 定义为集合中元素的穷举, 称为列举法, 或描述为集合中元素所具有的性质, 称为描述法。列举法仅用于有限集, 所以其使用范围有限; 描述法则比较常用。在描述法中, 集合 A 可以表示为

$$A = \{x \in U | x \text{ 满足某些条件}\} \tag{2.1}$$

还有第三种定义集合 A 的方法——隶属度法。该方法引入了集合 A 的 0-1 隶属度函数, 也可叫作特征函数、差别函数或指示函数, 用 $\mu_A(x)$ 表示, 满足

$$\mu_A(x) = \begin{cases} 1, & x \in A \\ 0, & x \notin A \end{cases} \tag{2.2}$$

集合 A 等价于其隶属度函数 $\mu_A(x)$, 从这个意义上讲, 知道 $\mu_A(x)$ 就等同于知道 A。

例如, 将伯克利 (Berkeley) 市的所有汽车的集合作为论域 U, 就可以根据汽车的特征来定义 U 上的不同集合。图 2.2 给出了可用于定义 U 上集合的两类特征: ① 美国汽车或非美国汽车; ② 气缸数量。例如, 定义 U 上所有具有 4 个气缸的汽车为集合 A, 即

$$A = \{x \in U | x \text{ 具有 4 个气缸}\} \tag{2.3}$$

或

$$\mu_A(x)=\begin{cases}1 & x\in U \text{ 且 } x \text{ 有 4 个气缸}\\ 0 & x\notin U \text{ 且 } x \text{ 没有 4 个气缸}\end{cases} \tag{2.4}$$

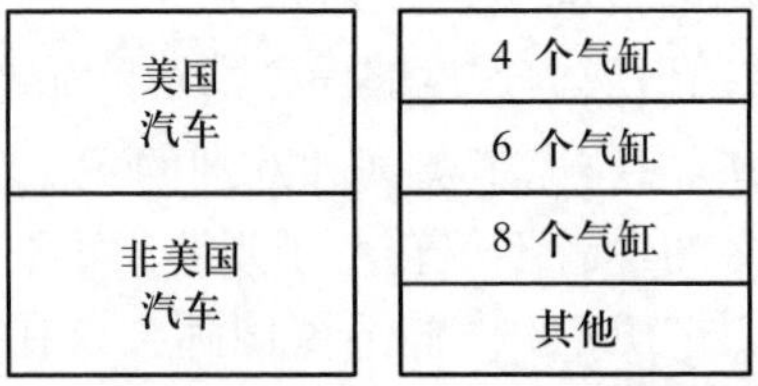

图 2.2 伯克利汽车集合的子集分割图

如果根据汽车是美国汽车还是非美国汽车来定义一个 U 上的集合, 将存在一定困难。一种解决办法是, 如果汽车具有美国汽车制造商的商标, 则认为该汽车是美国汽车; 否则就认为该汽车是非美国汽车。不过, 很多人认为美国汽车与非美国汽车之间的差异并不是那么分明, 因为美国汽车 (如福特、通用和克莱斯勒) 的许多零部件都不是在美国生产的, 而有一些非美国汽车却是在美国制造的。那么, 怎样处理这类问题呢?

从本质上看, 上述事例中的困难说明了某些集合并不具有清晰的边界。经典集合理论中的集合要求具有一个定义得很准确的性质, 因此经典集合无法定义诸如 "伯克利的所有美国汽车" 这样的集合。为了克服经典集合理论的这种局限性, 模糊集合的概念应运而生。这也说明了经典集合的这种局限性是本质上的, 需要一种新理论——模糊集合理论来弥补它的局限性。

论域 U 上的模糊集合是用隶属度函数 $\mu_A(x)$ 来表征的, $\mu_A(x)$ 的取值范围是 $[0,1]$。因此, 模糊集合是经典集合的一种推广, 它允许隶属度函数在区间 $[0,1]$ 内任意取值。换句话说, 经典集合的隶属度函数只允许取两个值——0 或 1, 而模糊集合的隶属度函数则是区间 $[0,1]$ 上的一个连续函数。由定义可以看出, 模糊集合一点都不模糊, 它只是一个带有连续隶属度函数的集合。

U 上的模糊集合 A 可以表示为一组元素与其隶属度值的有序对的集合, 即

$$A=\{(x,\mu_A(x))|x\in U\} \tag{2.5}$$

当 U 连续时 (如 $U=R$), A 一般可以表示为

$$A=\int_U \mu_A(x)/x \tag{2.6}$$

这里的积分符号并不表示积分, 而是表示 U 上隶属度函数为 $\mu_A(x)$ 的所有点 x 的集合。当 U 取离散值时, A 一般可以表示为

$$A=\sum_U \mu_A(x)/x \tag{2.7}$$

这里的求和符号并不表示求和，而是表示 U 上隶属度函数为 $\mu_A(x)$ 的所有点 x 的集合。下面再讨论怎样用模糊集合的概念来定义美国汽车和非美国汽车。

可以根据汽车的零部件在美国制造的百分比，将集合“伯克利的美国汽车”(用 D 表示) 定义为一个模糊集合。具体来说，可用如下的隶属度函数来定义 D:

$$\mu_D(x) = p(x) \tag{2.8}$$

式中，$p(x)$ 是汽车的零部件在美国制造的百分比，它在 0% 至 100% 之间取值。例如，如果某汽车 x_0 有 60% 的零件在美国制造，则可以说汽车 x_0 属于模糊集合 D 的程度为 0.6。

类似地，可以用下面的隶属度函数来定义集合“伯克利的非美国汽车”(用 F 表示):

$$\mu_F(x) = 1 - p(x) \tag{2.9}$$

式中，$p(x)$ 的含义与式 (2.8) 中的 $p(x)$ 相同。这样，如果某汽车 x_0 有 60% 的零件在美国制造，则可以说汽车 x_0 属于模糊集合 F 的程度为 $1 - 0.6 = 0.4$。式 (2.8) 和式 (2.9) 的定义可参见图 2.3 中的例子。显然，一种元素可以以相同或不同的程度属于不同的模糊集合。

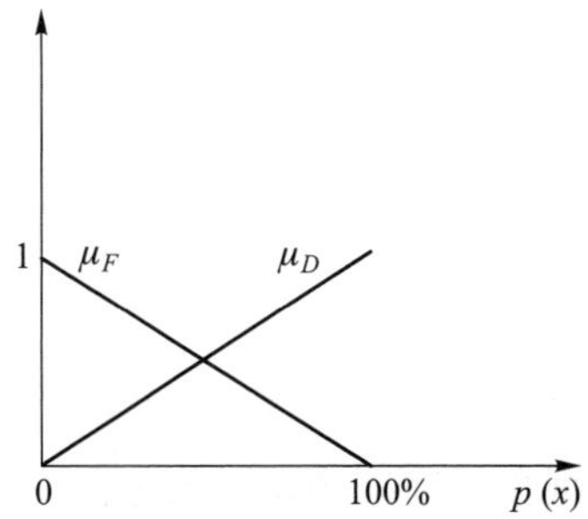

图 2.3 美国汽车的隶属度函数 (μ_D) 和非美国汽车的隶属度函数 (μ_F)

注: μ_D 和 μ_F 根据零部件在美国制造的百分比 $[p(x)]$ 确定

下面考虑另一个模糊集合的例子，从中可以得出一些结论。

令 Z 表示模糊集合“接近于 0 的数”，则 Z 的隶属度函数可能为

$$\mu_Z(x) = e^{-x^2} \tag{2.10}$$

式中，$x \in \mathbf{R}$。这是一个均值为 0，标准差为 1 的高斯函数。根据这一隶属度函数可知，0 和 2 属于模糊集合 Z 的程度分别为 $e^0 = 1$ 和 e^{-4}。也可以将 Z 的隶属度函

数定义为

$$\mu_z(x)=\begin{cases}0 & x<-1\\ x+1 & -1\leqslant x\leqslant 0\\ 1-x & 0\leqslant x<1\\ 0 & x\geqslant 1\end{cases} \tag{2.11}$$

根据此隶属度函数可知, 0 和 2 属于模糊集合 Z 的程度分别为 1 和 0。式 (2.10) 和式 (2.11) 的图形分别见图 2.4 和图 2.5。当然, 还可以选择许多其他的隶属度函数来描述“接近于 0 的数”。

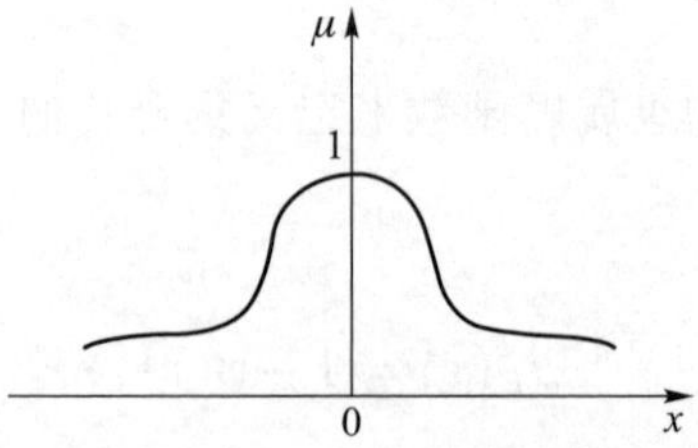

图 2.4　“接近于 0 的数”的隶属度函数的一种可能形式

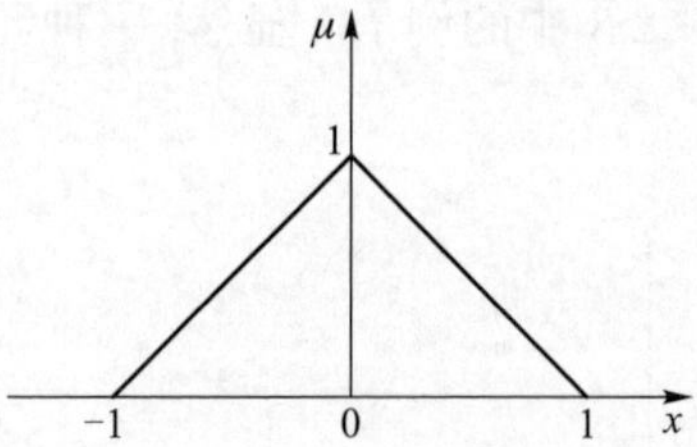

图 2.5　“接近于 0 的数”的隶属度函数的另一种可能的形式

根据这个例子可以得到模糊集合的三条重要结论。

(1) 用模糊集合描述的现象的特征通常是模糊的, 如“接近于 0 的数”就是一个不精确的描述。因此, 可以用不同的隶属度函数来描述同一对象。但隶属度函数本身不是模糊的——它们是精确的数学函数, 一旦隶属度函数表征了模糊的性质, 如用隶属度函数所描述的式 (2.10) 或式 (2.11) 表征了“接近于 0 的数”, 则一切都将不再模糊了。因此, 用隶属度函数表征一个模糊描述后, 实质上就将模糊描述的模糊消除了。一种常见的对模糊集合理论误解就是, 认为模糊集合理论试图使世界模糊化, 实际上恰恰相反, 模糊集合消除了世界的模糊。

(2) 紧跟前一结论的另一个重要问题是怎样确定隶属度函数。隶属度函数有各种各样的选择, 怎样从中进行选择呢? 从概念上讲, 有两种确定隶属度函数的方法。第一种方法是利用人类专家的知识。由于模糊集合通常用于描述人类知识, 所以隶属度函数也就代表了部分人类知识。通常, 这种方法仅能够给出隶属度函数的一个粗略的公式, 还必须对其进行“微调”。第二种方法是从各种传感器中收集数据来确定隶属度函数。具体地讲, 首先要指定隶属度函数的结构, 然后根据数据对隶属度函数的参数进行“微调”。

(3) 尽管式 (2.10) 和式 (2.11) 都用来描述“接近于 0 的数”, 但它们是不同的模糊集合。因此, 严格地讲, 应采用不同的说明性短语来表达模糊集合式 (2.10) 和式 (2.11)。例如, 用 $\mu_{Z_1}(x)$ 表示式 (2.10), 用 $\mu_{Z_2}(x)$ 表示式 (2.11)。一个模糊集合与其隶属度函数应具有一一对应的关系。也就是说, 当给出一个模糊集合时, 它也仅能表达一个模糊集合。在此意义上, 模糊集合与其隶属度函数是等价的。

2.3 模糊集合基本概念

模糊集合的许多概念和术语都是由经典 (清晰) 集合的基本概念推广来的, 但有一些概念是模糊集合体系所独有的, 如支撑集 (support)、中心 (center)、高度 (height)、标准模糊集 (normal fuzzy set)、α-截集 (α-cut) 及凸模糊集 (convex fuzzy set), 其定义如下。

支撑集 论域 U 上模糊集 A 的支撑集是一个清晰集, 它包含了 U 中所有在 A 上具有非零隶属度值的元素, 即

$$\mathrm{supp}(A) = \{x \in U | \mu_A(x) > 0\} \tag{2.12}$$

式中, $\mathrm{supp}(A)$ 表示模糊集 A 的支撑集。如果一个模糊集的支撑集是空集, 则称该模糊集为空模糊集。如果模糊集合的支撑集仅包含 U 中的一个点, 则称该模糊集为模糊单值。

模糊集中心 如果模糊集的隶属度函数达到其最大值所对应的所有点的均值是有限值, 则将该均值定义为模糊集的中心; 如果该均值为正无穷大或负无穷大, 则将该模糊集的中心定义为最小点或最大点的值。

模糊集高度 任意点所达到的最大隶属度值。例如, 图 2.4 和图 2.5 中所有模糊集的高度都等于 1。

标准模糊集 如果一个模糊集的高度等于 1, 则称之为标准模糊集。因此图 2.4 和图 2.5 中的所有模糊集都是标准模糊集。

α-截集 一个模糊集 A 的 α-截集是一个清晰集 A_α, 包含了 U 中所有隶属于 A 的隶属度值大于等于 α 的元素, 即

$$A_\alpha = \{x \in U | \mu_A(x) \geqslant \alpha\} \tag{2.13}$$

例如, 当 $\alpha = 0.3$ 时, 模糊集 (2.11)(见图 2.5) 的 α-截集就是清晰集 $[-0.7, 0.7]$; 而当 $\alpha = 0.9$ 时, 式 (2.11) 表达的模糊集的 α-截集就是 $[-0.1, 0.1]$。

凸模糊集 当论域 U 为 n 维欧氏空间 $\mathbf{R}^n$ 时, 凸集的概念可以推广至模糊集合。对于任意 α, 当且仅当模糊集 A 在区间 $(0, 1]$ 上的 α-截集 A_α 为凸集时, 模糊集 A 是凸模糊集。

引理 2.1 对任意 $x_1, x_2 \in \mathbf{R}^n$ 和任意 $\lambda \in [0,1]$, 当且仅当式 (2.14) 成立时, 称 $\mathbf{R}^n$ 上的模糊集合 A 是凸模糊集。

$$\mu_A\left[\lambda x_1 + (1-\lambda)x_2\right] \geqslant \min\left[\mu_A\left(x_1\right), \mu_A\left(x_2\right)\right] \tag{2.14}$$

证明 首先, 假设 A 是凸模糊集, 证明式 (2.14) 是成立的。

令 x_1、x_2 为 $\mathbf{R}^n$ 上的任意点, 为不失一般性, 假设 $\mu_A\left(x_1\right) \leqslant \mu_A\left(x_2\right)$, 因为 $\mu_A(x_1) = 0$ 时式 (2.14) 必定成立, 所以令 $\mu_A(x_1) = \alpha > 0$。由 A 的 α–截集 A_α 是凸集的性质和 $x_1, x_2 \in A_\alpha$ (因为 $\mu_A(x_2) \geqslant \mu_A(x_1) = \alpha$) 可得, 对所有 $\lambda \in [0,1]$ 有 $\lambda x_1 + (1-\lambda)x_2 \in A_\alpha$。因此

$$\mu_A\left[\lambda x_1 + (1-\lambda)x_2\right] \geqslant \alpha = \mu_A\left(x_1\right) = \min\left[\mu_A\left(x_1\right), \mu_A\left(x_2\right)\right]$$

反过来, 证明在式 (2.14) 成立的条件下, A 为凸模糊集。

令 α 为 $(0,1]$ 上的任意点, 如果 A_α 是空集, 则 A 为凸模糊集 (因为空集是凸集)。如果 A_α 是非空的, 则存在 $x_1 \in \mathbf{R}^n$, 使得 $\mu_A(x_1) = \alpha$ (根据 A_α 的定义)。令 x_2 为 A_α 中的任一元素, 则有 $\mu_A(x_2) \geqslant \alpha = \mu_A(x_1)$。因为根据假设, 式 (2.14) 是成立的, 所以对所有 $\lambda \in [0,1]$ 有

$$\mu_A\left[\lambda x_1 + (1-\lambda)x_2\right] \geqslant \min\left[\mu_A\left(x_1\right), \mu_A\left(x_2\right)\right] = \mu_A\left(x_1\right) = \alpha$$

这表明 $\lambda x_1 + (1-\lambda)x_2 \in A_\alpha$, 所以 A_α 是凸集。因为 α 是 $(0,1]$ 上的任意点, 所以由 A_α 是凸集可知 A 为凸模糊集。

2.4 模糊集合基本运算

两个模糊集合 A 和 B 的运算, 包括等价 (equality)、包含 (containment)、补集 (complement)、并集 (union) 和交集 (intersection) 的定义如下。

模糊集的等价 对任意 $x \in U$, 当且仅当 $\mu_A(x) = \mu_B(x)$ 时, 称 A 和 B 是等价的。

模糊集的包含 对任意 $x \in U$, 当且仅当 $\mu_A(x) \leqslant \mu_B(x)$ 时, 称 B 包含 A, 记为 $A \subset B$。

模糊集的补集 集合 A 的补集为 U 上的模糊集合, 记为 $\overline{A}$, 其隶属度函数为

$$\mu_{\overline{A}}(x) = 1 - \mu_A(x) \tag{2.15}$$

模糊集的并集 U 上模糊集 A 和 B 的并集也是模糊集, 记为 $A \cup B$, 其隶属度函数为

$$\mu_{A\cup B}(x) = \max[\mu_A(x), \mu_B(x)] \tag{2.16}$$

模糊集的交集 U 上模糊集 A 和 B 的交集也是模糊集, 记为 $A\cap B$, 其隶属度函数为

$$\mu_{A\cap B}(x)=\min[\mu_A(x),\mu_B(x)] \tag{2.17}$$

定义并集的一种直观的方式是, A 和 B 的并集是包含 A 和 B 的“最小”的模糊集合。更准确地说, 如果 C 是任意一个包含 A 和 B 的模糊集, 则它也包含 A 和 B 的并集。现证明这一直观的定义与式 (2.16) 等价。

证明 首先由 $\max[\mu_A,\mu_B]\geqslant\mu_A$ 和 $\max[\mu_A,\mu_B]\geqslant\mu_B$ 可知, 式 (2.16) 中定义的 $A\cup B$ 包含了 A 和 B。而且, 若 C 是任意一个包含 A 和 B 的模糊集, 则有 $\mu_C\geqslant\mu_A,\mu_C\geqslant\mu_B$。从而有 $\mu_C\geqslant\max[\mu_A,\mu_B]=\mu_{A\cup B}$。这样就证明了式 (2.16) 中定义的 $A\cup B$ 是包含 A 和 B 的“最小”模糊集。同理可证, 式 (2.17) 中定义的交集是 A 和 B 所包含的“最大”模糊集。

例如, 考虑式 (2.8) 和式 (2.9) 所定义的两个模糊集合 D 和 F (见图 2.3), 定义 F 的补集 $\overline{F}$ 的隶属度函数 (见图 2.6) 为

$$\mu_{\overline{F}}(x)=1-\mu_F(x)=1-p(x) \tag{2.18}$$

比较式 (2.18) 和式 (2.9), 可以看出, $\overline{F}=D$。这说明, 如果一辆汽车不是非美国汽车 (F 的补集) 就是美国汽车。或者更准确地说, 一辆汽车越不是非美国汽车, 就越是美国汽车。

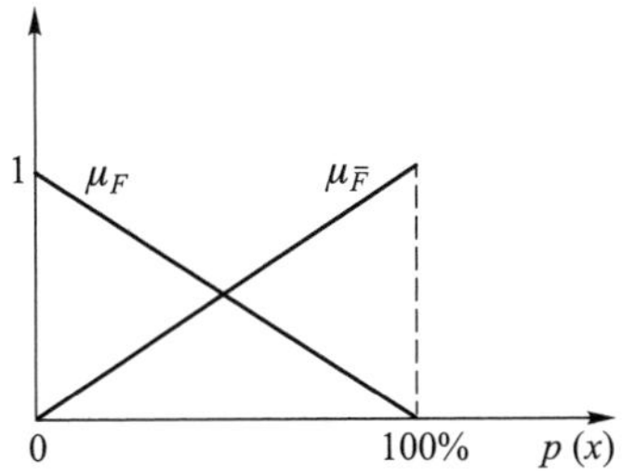

图 2.6 $\overline{F}$ 和 F 的隶属度函数

F 和 D 的并集 $F\cup D$ (见图 2.7) 可定义为

$$\mu_{F\cup D}(x)=\max[\mu_F,\mu_D]=\begin{cases}\mu_F(x) & 0\leqslant p(x)\leqslant 0.5\\ \mu_D(x) & 0.5\leqslant p(x)\leqslant 1\end{cases} \tag{2.19}$$

F 和 D 的交集 $F\cap D$ (见图 2.8) 可定义为

$$\mu_{F\cap D}(x)=\max[\mu_F,\mu_D]=\begin{cases}\mu_D(x) & 0\leqslant p(x)\leqslant 0.5\\ \mu_F(x) & 0.5\leqslant p(x)\leqslant 1\end{cases} \tag{2.20}$$

对于式 (2.15)、式 (2.16) 和式 (2.17) 中所定义的补、并、交运算来说, 许多在经典集合中成立的基本性质 (并不是全部) 是可以扩展到模糊集合中来的, 下面的引理可以说明这一问题。

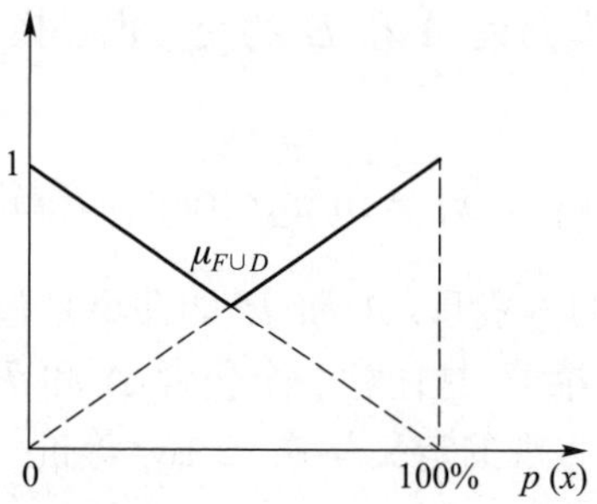

图 2.7　$F \cup D$ 的隶属度函数

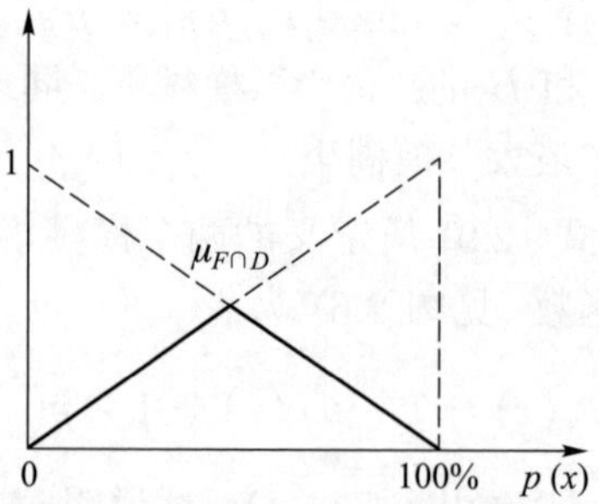

图 2.8　$F \cap D$ 的隶属度函数

引理 2.2　假设 A 和 B 是模糊集合, 则有

$$\overline{A \cup B} = \overline{A} \cap \overline{B} \tag{2.21}$$

$$\overline{A \cap B} = \overline{A} \cup \overline{B} \tag{2.22}$$

以上两式也被称为德 · 摩根定律。

证明　现在证明式 (2.21) 成立。首先证明式 (2.23) 成立。

$$1 - \max\left[\mu_A, \mu_B\right] = \min\left[1 - \mu_A, 1 - \mu_B\right] \tag{2.23}$$

考虑两种可能情况:$\mu_A \geqslant \mu_B$ 和 $\mu_A < \mu_B$。若 $\mu_A \geqslant \mu_B$, 则有

$$1 - \mu_A \leqslant 1 - \mu_B$$

从而有

$$1 - \max[\mu_A, \mu_B] = 1 - \mu_A = \min[1 - \mu_A, 1 - \mu_B]$$

即式 (2.23) 成立。若 $\mu_A < \mu_B$, 则有

$$1 - \mu_A > 1 - \mu_B$$

进而有

$$1 - \max[\mu_A, \mu_B] = 1 - \mu_B = \min[1 - \mu_A, 1 - \mu_B]$$

即式 (2.23) 成立。因此, 式 (2.23) 是成立的。由定义式 (2.15) ~ 式 (2.17) 及两个模糊集等价的定义可知, 式 (2.23) 和式 (2.21) 成立是等价的。

式 (2.22) 可采用相同的方法证明。

2.5 模糊集合其他运算

2.4 节已经介绍了以下基本算子 (operator), 即模糊集的补集、并集和交集:

$$\mu_A(x) = 1 - \mu_A(x) \tag{2.24}$$

$$\mu_{A\cup B}(x) = \max[\mu_A(x), \mu_B(x)] \tag{2.25}$$

$$\mu_{A\cap B}(x) = \min[\mu_A(x), \mu_B(x)] \tag{2.26}$$

同时指出, 式 (2.25) 中所定义的模糊集合 $A \cup B$ 是包含 A 和 B 的最大模糊集合, 式 (2.26) 中所定义的模糊集合 $A \cap B$ 是 A 和 B 所包含的最小模糊集合。可以看出, 式 (2.24) ~ 式 (2.26) 中所定义的只是模糊集合的几种算子, 应该还存在其他的算子。例如, 可以将 $A \cup B$ 定义为任意一个包含 A 和 B 的模糊集 (并不一定是最小的模糊集)。因此, 本节将介绍关于模糊集的补集、并集和交集的其他类型的算子, 并从几个补集、并集和交集应满足的公理出发, 列举一些满足这些公理的特定公式。

2.5.1 模糊补

令映射 $c : [0,1] \to [0,1]$ 表示由模糊集 A 的隶属度函数向其补集的隶属度函数转换的映射, 即

$$c[\mu_A(x)] = \mu_{\overline{A}}(x) \tag{2.27}$$

根据式 (2.24), 有

$$c[\mu_A(x)] = 1 - \mu_A(x)$$

为使函数 c 适合于计算模糊补的隶属度函数 (等价于模糊补), 它至少需满足以下两个必要条件。

公理 2.1 $c(0) = 1, c(1) = 0$ (有界性)。

公理 2.2 当 $a, b \in [0,1]$ 时, 如果 $a < b$, 则有 $c(a) \geqslant c(b)$ (非增性)。其中, a、b 表示某个模糊集合的隶属度函数, 即

$$a = \mu_A(x), b = \mu_B(x)$$

公理 2.1 表明, 如果一个元素隶属于一个模糊集合的隶属度为 0 (或 1), 则它隶属于这个模糊集的补集的隶属度就为 1 (或 0)。公理 2.2 表明, 一个模糊集合的

隶属度值的上升必将导致其补集的隶属度值的下降或不变。显然, 违背其中任何一个必要条件的函数都不能用作模糊补算子。

定义 2.1 任意满足公理 2.1 和公理 2.2 的函数 $c:[0,1]\to[0,1]$, 都叫作模糊补集。

Sugeno 模糊补 [12] 定义为

$$c_\lambda(a)=\frac{1-a}{1+\lambda a} \tag{2.28}$$

它是一类模糊补。其中, $\lambda\in(0,\infty)$, 对于每个 λ 值, 都可以得到一个特定的模糊补。很容易证明式 (2.28) 满足公理 2.1 和公理 2.2。

Yager 模糊补 [13] 定义为

$$c_\omega(a)=(1-a^\omega)^{1/\omega} \tag{2.29}$$

它是另一类模糊补。其中, $\omega\in(0,\infty)$, 对于每个 ω 值, 都可以得到一个特定的模糊补。很容易证明式 (2.29) 满足公理 2.1 和公理 2.2。

2.5.2 模糊并

令 $s:[0,1]\times[0,1]\to[0,1]$, 表示由模糊集 A 和 B 的隶属度函数到 A 和 B 的并集的隶属度函数的映射, 即

$$s\left[\mu_A(x),\mu_B(x)\right]=\mu_{A\cup B}(x) \tag{2.30}$$

根据式 (2.25) 可得

$$s\left[\mu_A(x),\mu_B(x)\right]=\max\left[\mu_A(x),\mu_B(x)\right]$$

为使函数 s 成为适合于计算模糊并的隶属度函数, 它至少需满足以下四个必要条件。

公理 2.3 $s(1,1)=1, s(0,a)=s(a,0)=a$ (有界性)。

公理 2.4 $s(a,b)=s(b,a)$ (交换性)。

公理 2.5 如果 $a\leqslant a'$ 且 $b\leqslant b'$, 则 $s(a,b)\leqslant s(a',b')$ (非减性)。

公理 2.6 $s[s(a,b),c]=s[a,s(b,c)]$ (结合性)。

公理 2.3 是模糊并集函数在边界处的特性; 公理 2.4 保证运算结果与模糊集的顺序无关; 公理 2.5 给出了模糊并的通用必要条件; 公理 2.6 则把模糊并运算扩展至两个模糊集合以上。

定义 2.2 任意一个满足公理 2.3 ~ 公理 2.6 的函数 $s:[0,1]\times[0,1]\to[0,1]$ 都称为 s–范数 (s-Norm)

很容易证明式 (2.25) 中的基本模糊并 max 是一个 s–范数, 现给出其他三种 s–范数。

Dombi 的 s–范数 [14]:

$$s_\lambda(a,b)=\frac{1}{1+\left[\left(\frac{1}{a}-1\right)^{-\lambda}+\left(\frac{1}{b}-1\right)^{-\lambda}\right]^{-1/\lambda}} \tag{2.31}$$

式中, 参数 $\lambda\in(0,\infty)$。

Dubois-Prade 的 s–范数 [15]:

$$s_\alpha(a,b)=\frac{a+b-ab-\min(a,b,1-\alpha)}{\max(1-a,1-b,\alpha)} \tag{2.32}$$

式中, 参数 $\alpha\in[0,1]$。

Yager 的 s–范数 [13]

$$s_\omega(a,b)=\min\left[1,(a^\omega+b^\omega)^{1/\omega}\right] \tag{2.33}$$

式中, 参数 $\omega\in(0,\infty)$。

只要参数选定, 式 (2.31) ~ 式 (2.33) 都定义了一个特定的 s–范数。可以证明式 (2.31) ~ 式 (2.33) 满足公理 2.3~ 公理 2.6。从不同角度推广经典集合的并集运算, 就可以得到这些 s–范数。

还有许多其他的 s–范数, 列出部分供参考。

直和:

$$s_{\mathrm{ds}}(a,b)=\begin{cases}a & b=0\\ b & a=0\\ 1 & \text{其他}\end{cases} \tag{2.34}$$

爱因斯坦和:

$$s_{\mathrm{es}}(a,b)=\frac{a+b}{1+ab} \tag{2.35}$$

代数和:

$$s_{\mathrm{as}}(a,b)=a+b-ab \tag{2.36}$$

为什么会有这么多的 s–范数呢? 其原因是当隶属度值为 0 或 1 时, 这些 s–范数在理论上完全一样, 即它们全部都是非模糊并集的扩展, 但在实践上一些 s–范数在某些应用中可能比其他 s–范数更有效。

例如, 考虑之前所定义的模糊集合 D 和 F, 如果用 Yager 的 s–范数 [式 (2.33)] 计算模糊并的隶属度函数, 则模糊集 $D\cup F$ 的隶属度函数为

$$\mu_{D\cup F}(x)=s_\omega\left[\mu_D(x),\mu_F(x)\right]=\min\left(1,\{[p(x)]^\omega+[1-p(x)]^\omega\}^{1/\omega}\right) \tag{2.37}$$

用代数和 [式 (2.36)] 计算模糊并的隶属度函数, 则模糊集 $D\cup F$ 的隶属度函数为

$$\begin{aligned}\mu_{D\cup F}(x)&=s_{\mathrm{as}}\left[\mu_D(x),\mu_F(x)\right]=p(x)+[1-p(x)]-p(x)[1-p(x)]\\&=1-p(x)+[p(x)]^2\end{aligned}\tag{2.38}$$

定理 2.1 对任意的一个 s–范数, 即对任意一个满足公理 2.3 ~ 公理 2.6 的函数 $s:[0,1]\times[0,1]\rightarrow[0,1]$ 来说, 当 $a,b\in[0,1]$ 时, 下面的不等式成立:

$$\max(a,b)\leqslant s(a,b)\leqslant s_{\mathrm{ds}}(a,b)\tag{2.39}$$

证明 首先, 证明 $\max(a,b)\leqslant s(a,b)$。由公理 2.5 的非减性条件和公理 2.3 的有界性条件可得

$$s(a,b)\geqslant s(a,0)=a\tag{2.40}$$

再由公理 2.4 的交换条件, 可得

$$s(a,b)=s(b,a)\geqslant s(b,0)=b\tag{2.41}$$

合并式 (2.40) 和式 (2.41) 可得 $\max(a,b)\leqslant s(a,b)$。

其次, 证明 $s(a,b)\leqslant s_{\mathrm{ds}}(a,b)$。如果 $b=0$, 则由公理 2.3, 可知

$$s(a,b)=s(a,0)=a$$

从而有

$$s(a,b)=s_{\mathrm{ds}}(a,b)$$

由公理 2.4 的交换条件, 如果 $a=0$, 有

$$s(a,b)=s_{\mathrm{ds}}(a,b)$$

如果 $a\neq0$,$b\neq0$, 则有

$$s_{\mathrm{ds}}(a,b)=1\geqslant s(a,b)\tag{2.42}$$

因此, 对于所有 $a,b\in[0,1]$, 都有 $s(a,b)\leqslant s_{\mathrm{ds}}(a,b)$。

最后, 证明 Dombi 的 s–范数 $s_\lambda(a,b)$ 的一条有趣性质。在 λ 趋于无穷小时, $s_\lambda(a,b)$ 收敛于基本的模糊并集 $\max(a,b)$, 而在 λ 趋于零时, $s_\lambda(a,b)$ 收敛于直和 $s_{\mathrm{ds}}(a,b)$。因此, Dombi 的 s–范数覆盖了 s–范数的整个空间。

定理 2.2 令 $s_\lambda(a,b)$ 为式 (2.31) 所定义的 s–范数, $s_{\mathrm{ds}}(a,b)$ 为式 (2.34) 所定义的 s–范数, 则有

$$\lim_{\lambda\to\infty}s_\lambda(a,b)=\max(a,b)\tag{2.43}$$

$$\lim_{\lambda\to0}s_\lambda(a,b)=s_{\mathrm{ds}}(a,b)\tag{2.44}$$

证明 首先证明式 (2.43) 是成立的。如果 $a=b\neq 0$, 则由式 (2.31) 可得

$$\lim_{\lambda\to\infty} s_\lambda(a,b)=\lim_{\lambda\to\infty}\left\{1/\left[1+2^{-1/\lambda}\left(\frac{1}{a}-1\right)\right]\right\}=a=\max(a,b) \tag{2.45}$$

如果 $a\neq b$, 并不失一般性的假设 $a<b$ (由公理 2.4), 令

$$z=\left(\frac{1}{a}-1\right)^{-\lambda}+\left(\frac{1}{b}-1\right)^{-\lambda} \tag{2.46}$$

则根据罗必塔法则, 得

$$\begin{aligned}\lim_{\lambda\to\infty}\ln(z)&=\lim_{\lambda\to\infty}-\frac{\ln\left[\left(\frac{1}{a}-1\right)^{-\lambda}+\left(\frac{1}{b}-1\right)^{-\lambda}\right]}{\lambda}\\&=\lim_{\lambda\to\infty}-\frac{\left(\frac{1}{a}-1\right)^{-\lambda}\ln\left(\frac{1}{a}-1\right)+\left(\frac{1}{b}-1\right)^{-\lambda}\ln\left(\frac{1}{b}-1\right)}{\left(\frac{1}{a}-1\right)^{-\lambda}+\left(\frac{1}{b}-1\right)^{-\lambda}}\\&=\ln\left(\frac{1}{b}-1\right)\end{aligned} \tag{2.47}$$

由此可得

$$\begin{aligned}\lim_{\lambda\to\infty}z&=\frac{1}{b}-1\\\lim_{\lambda\to\infty}s_\lambda(a,b)&=\lim_{\lambda\to\infty}\frac{1}{1+z}=b=\max(a,b)\end{aligned} \tag{2.48}$$

若 $a=0$, $b\neq 0$, 则有

$$s_\lambda(a,b)=\frac{1}{\left[1+\left(\frac{1}{b}-1\right)^{-\lambda\frac{-1}{\lambda}}\right]}=b=s_{\mathrm{ds}}(a,b) \tag{2.49}$$

若 $b=0$, $a\neq 0$, 则根据交换性, 有

$$s_\lambda(a,b)=a=s_{\mathrm{ds}}(a,b) \tag{2.50}$$

若 $a\neq 0$, $b\neq 0$, 则有

$$\lim_{\lambda\to 0}s_\lambda(a,b)=\lim_{\lambda\to 0}1/\left(1+2^{-1/\lambda}\right)=1=s_{\mathrm{ds}}(a,b) \tag{2.51}$$

最后, 若 $a=b=0$, 则有

$$\lim_{\lambda\to 0}s_\lambda(a,b)=\lim_{\lambda\to 0}1/\left[1+0^{-1/\lambda}\right]=0=s_{\mathrm{ds}}(a,b) \tag{2.52}$$

同理可证, 当 λ 趋于无穷大时, Yager 的 s−范数即式 (2.33) 收敛于基本模糊并集 $\max(a,b)$; 当 λ 趋于 0 时, Yager 的 s−范数收敛于直和 $s_{\mathrm{ds}}(a,b)$。

2.5.3 模糊交——t–范数

令映射 $t:[0,1]\times[0,1]\to[0,1]$, 表示由模糊集 A 和 B 的隶属度函数向 A 和 B 的交集的隶属度函数转换的一个函数, 即

$$t\left[\mu_A(x),\mu_B(x)\right]=\mu_{A\cap B}(x) \tag{2.53}$$

根据之前公式可得

$$t\left[\mu_A(x),\mu_B(x)\right]=\min\left[\mu_A(x),\mu_B(x)\right] \tag{2.54}$$

为使函数 t 适合于计算模糊交的隶属度函数, 它至少应该满足以下的四个必要条件。

公理 2.7 $t(0,0)=0, t(a,1)=t(1,a)=a$ (有界性)。

公理 2.8 $t(a,b)=t(b,a)$ (交换性)。

公理 2.9 如果 $a\leqslant a'$ 且 $b\leqslant b'$, 则 $t(a,b)\leqslant t(a',b')$ (非减性)。

公理 2.10 $t[t(a,b),c]=t[a,t(b,c)]$ (结合性)。

定义 2.3 任意一个满足公理 2.7 ~ 公理 2.10 的函数 $t:[0,1]\times[0,1]\to[0,1]$ 都叫作 t–范数。

可以证明, 式 (2.54) 中的基本模糊交算子 min 是 t–范数。对于任意一个 t–范数, 一定有一个与之相关的 s–范数, 反之亦然。因此, 与 Dombi 的 s–范数, Dubois-Prade 的 s–范数和 Yager 的 s–范数相对应的 t–范数有 Dombi 的 t–范数, Dubois-Prade 的 t–范数和 Yager 的 t–范数, 它们的定义如下。

Dombi 的 t–范数 [14]:

$$t_\lambda(a,b)=\frac{1}{1+\left[\left(\dfrac{1}{a}-1\right)^{\lambda}+\left(\dfrac{1}{b}-1\right)^{\lambda}\right]^{1/\lambda}} \tag{2.55}$$

式中, $\lambda\in(0,\infty)$。

Dubois-Prade 的 t–范数 [15]:

$$t_\alpha(a,b)=\frac{ab}{\max(a,b,\alpha)} \tag{2.56}$$

式中, $\alpha\in[0,1]$。

Yager 的 t–范数 [13]:

$$t_\omega(a,b)=1-\min\left[1,\left[(1-a)^w+(1-b)^w\right]^{1/w}\right] \tag{2.57}$$

式中, $w\in(0,\infty)$。

只要参数选定, 式 (2.55) ~ 式 (2.57) 都可以定义一个特定的 t–范数。可以证明, 式 (2.55) ~ 式 (2.57) 满足公理 2.7 ~ 公理 2.10。

与式 (2.34) ～ 式 (2.36) 中的 s-范数相对应的 t-范数有以下几种形式。

直积:

$$t_{\mathrm{dp}}(a,b)=\begin{cases}a & b=1\\ b & a=1\\ 0 & 其他\end{cases}$$

爱因斯坦积:

$$t_{\mathrm{ep}}(a,b)=\frac{ab}{2-(a+b-ab)}$$

代数积:

$$t_{\mathrm{ap}}(a,b)=ab$$

类比定理 2.1 及其证明可得如下不等式成立:

$$\begin{aligned}t_{\mathrm{dp}}(a,b)&\leqslant t(a,b)\\&\leqslant \min(a,b)\end{aligned}$$

2.5.4 平均算子

对于任意模糊集 A 和 B 的隶属度值 $a=\mu_A(x)$ 和 $b=\mu_B(x)$, 由定理 2.1 可知, $A\cup B$ (由任意 s-范数定义) 的隶属度值在区间 $[\max(a,b),\ s_{\mathrm{ds}}(a,b)]$ 上。同理可知, 交集 $A\cap B$ (由任意 t-范数定义) 的隶属度值在区间 $[t_{\mathrm{dp}}(a,b),\ \min(a,b)]$ 上。因此, 并集算子和交集算子并不能覆盖 $\min(a,b)$ 和 $\max(a,b)$ 之间的区间, 这里将覆盖区间 $[\min(a,b),\max(a,b)]$ 的算子叫作平均算子。与 s-范数和 t-范数类似, 平均算子也是一个由 $[0,1]\times[0,1]$ 到 $[0,1]$ 的函数。

以下给出四个定义:

最大-最小平均 (max-min averages) 定义为

$$v_\lambda(a,b)=\lambda\max(a,b)+(1-\lambda)\min(a,b) \tag{2.58}$$

式中, $\lambda\in[0,1]$。

广义均值 (generalized means) 定义为

$$v_\alpha(a,b)=\left(\frac{a^\alpha+b^\alpha}{2}\right)^{1/\alpha} \tag{2.59}$$

式中, $\alpha\in R(\alpha\neq 0)$。

模糊与 (fuzzy and) 定义为

$$v_p(a,b)=p\min(a,b)+\frac{(1-p)(a+b)}{2} \tag{2.60}$$

式中, $p\in[0,1]$。

模糊或 (fuzzy or) 定义为

$$v_\gamma(a,b)=\gamma\max(a,b)+\frac{(1-\gamma)(a+b)}{2} \tag{2.61}$$

式中, $\gamma\in[0,1]$。

显然, 当参数 λ 由 0 变至 1 时, 最大–最小均值覆盖了整个 $[\min(a,b),\max(a,b)]$ 区间; “模糊与” 覆盖了由 $\min(a,b)$ 至 $(a+b)/2$ 的整个闭区间; “模糊或” 覆盖了从 $(a+b)/2$ 至 $\max(a,b)$ 的整个闭区间。也可以证明, 当 α 从 $-\infty$ 变化至 ∞ 时, 广义均值覆盖了由 $\min(a,b)$ 至 $\max(a,b)$ 的整个闭区间。

第 3 章　拉格朗日方程

拉格朗日 (Lagrange) 方程是动力学的基本方程, Udwadia–Kalaba 理论 (简称 U–K 理论) 也是在此基础上发展而来的, 因此本章将详细介绍该方程的相关内容。首先阐述虚位移和虚功原理, 它们是分析力学的重要概念和原理, 由拉格朗日于 1764 年建立。从虚位移原理可以得到受理想约束的质点系不含约束力的平衡方程。其次介绍拉格朗日方程和拉格朗日乘子, 它们将有虚功原理得到的质点系平衡方程和由动静法 (达朗贝尔原理) 建立的质点系动力学方程结合起来, 得到不含约束力的质点系动力学方程, 即动力学普遍方程。拉格朗日方程及建立在此基础上的理论称为拉格朗日力学。再次介绍了广义坐标下的约束, 涉及完整约束和非完整约束以及受约束机械系统的显性运动方程。最后阐述如何建立受约束质点系统的拉格朗日动力学模型。

3.1　虚位移

一般来说, 物体受力产生运动, 并经过一定时间产生实际的位移。但物体上有作用力时也可能会保持静止, 这是因为物体受到的作用力相互抵消或作用力与物体受到的约束作用相互抵消。虽然宏观上物体保持了静止, 但在微观上, 物体受力点或约束点是有微小变形和运动的, 如不考虑时间, 则称物体上这些保持时间不变的微小位移为虚位移。下面从约束的角度导出虚位移的数学表达式。

在分析力学中等式约束可以分为完整型和非完整型两类。假设在笛卡儿参考坐标系中, 一个含有 n 个质点的系统受到 h 个完整约束

$$f_i(\boldsymbol{x},t)=0,\quad i=1,2,\cdots,h \tag{3.1}$$

和 r 个非完整约束

$$\sum_{j=1}^{j=3n} d_{ij}(\boldsymbol{x},t)\dot{x}_j+g_i(\boldsymbol{x},t)=0,\quad i=1,2,\cdots,r \tag{3.2}$$

式中, $3n$ 维矢量 $\boldsymbol{x}=[x_1\ x_2\ \cdots\ x_{3n-1}\ x_{3n}]^{\mathrm{T}}$, 每个分量 x_i 描述每个质点的位置。将式 (3.1) 中的有限个约束进行微分可得

$$\sum_{j=1}^{j=3n}\frac{\partial f_i(\boldsymbol{x},t)}{\partial x_i}\dot{x}_j+\frac{\partial f_i(\boldsymbol{x},t)}{\partial t}=0,\quad i=1,2,\cdots,h \tag{3.3}$$

由于式 (3.2) 和式 (3.3) 的形式相同, 所以可将它们联立组成 $m=h+r$ 个方程

$$\sum_{j=1}^{j=3n} d_{ij}(\boldsymbol{x},t)\dot{x}_j+g_i(\boldsymbol{x},t)=0,\quad i=1,2,\cdots,m \tag{3.4}$$

或者, 写成

$$\boldsymbol{D}(\boldsymbol{x},t)\dot{\boldsymbol{x}}=\boldsymbol{g} \tag{3.5}$$

式中, $d_{ij}(\boldsymbol{x},t)$ 是 $m\times 3n$ 矩阵 $\boldsymbol{D}$ 的第 i 行、第 j 列元素; $-g_i(\boldsymbol{x},t)$ 是向量 $\boldsymbol{g}$ 的第 i 行元素; $\dot{\boldsymbol{x}}(t)=[\dot{x}_1\ \dot{x}_2\ \cdots\ \dot{x}_{3n-1}\ \dot{x}_{3n}]^{\mathrm{T}}$。式 (3.4) 可以用无穷小位移表示为

$$\sum_{j=1}^{j=3n} d_{ij}(\boldsymbol{x},t)\mathrm{d}x_j+g_i(\boldsymbol{x},t)\mathrm{d}t=0,\quad i=1,2,\cdots,m \tag{3.6}$$

假设在式 (3.6) 的 m 个方程中, 有 $k(k<3n)$ 个方程是线性不相关的, 也就是矩阵 $\boldsymbol{D}$ 的秩为 k。

将式 (3.5) 对时间进行求导可以得到

$$\boldsymbol{A}(\boldsymbol{x},t)\ddot{\boldsymbol{x}}=\boldsymbol{b}(\boldsymbol{x},\dot{\boldsymbol{x}},t) \tag{3.7}$$

式中, $m\times 3n$ 矩阵 $\boldsymbol{A}$ 和 $\boldsymbol{D}$ 是相同的, 即

$$\boldsymbol{A}(\boldsymbol{x},t)=\boldsymbol{D}(\boldsymbol{x},t) \tag{3.8}$$

在任意时刻 t, 任意给定系统的位置 $\boldsymbol{x}(t)$, 如果速度 $\dot{\boldsymbol{x}}(t)$ 满足式 (3.4) 中 m 个方程, 那么称这个 $3n$ 速度向量 $\dot{\boldsymbol{x}}(t)$ 为可能速度。对于系统在任意时刻 t 的位置 $\boldsymbol{x}(t)$, 存在着无穷多个这样的可能速度向量, 但只有一个是机械系统的实际运动速度。

或者, 可以定义一个可能的无穷小位移 $\mathrm{d}\boldsymbol{x}(t)=\dot{\boldsymbol{x}}\mathrm{d}t$, 其 $3n$ 个分量满足约束方程 (3.6)。

在某一时刻 t, 给定系统的位置矢量为 $\boldsymbol{x}(t)$, 考虑在这一时刻下两个不同的可能速度向量 $\dot{\boldsymbol{x}}_1(t)$ 和 $\dot{\boldsymbol{x}}_2(t)$。由于这两个可能速度向量的 $3n$ 个分量必须都满足式 (3.4), 所以它们的差值 $\Delta\dot{\boldsymbol{x}}(t)=\dot{\boldsymbol{x}}_1(t)-\dot{\boldsymbol{x}}_2(t)$ 应满足齐次方程

$$\sum_{j=1}^{j=3n} d_{ij}(\boldsymbol{x},t)\Delta\dot{x}_j=0,\quad i=1,2,\cdots,m \tag{3.9}$$

式中, 向量 $\Delta\dot{\boldsymbol{x}}(t)$ 的第 j 个分量为

$$\boldsymbol{\Delta}\dot{x}_j=\dot{x}_{1j}-\dot{x}_{2j}=\frac{\mathrm{d}(x_{1j}-x_{2j})}{\mathrm{d}t}=\frac{\delta x_j}{\mathrm{d}t} \tag{3.10}$$

将式 (3.10) 代入式 (3.9) 中, 并在等式左右两端同乘以 $\mathrm{d}t$ 得到

$$\sum_{j=1}^{j=3n} d_{ij}(\boldsymbol{x},t)\delta x_j=0,\quad i=1,2,\cdots,m \tag{3.11}$$

称 $3n$ 向量 $\delta\boldsymbol{x}=\mathrm{d}(\boldsymbol{x}_1-\boldsymbol{x}_2)=\Delta\dot{\boldsymbol{x}}\mathrm{d}t$ 为虚位移矢量。

需注意的是, 虚位移仅仅是系统在时刻 t 时的两个可能位移的差值, 这两个可能位移都来自系统的相同位置矢量 $\boldsymbol{x}(t)$。由于机械系统的实际位移也是一个可能位移, 所以在时刻 t 时的虚位移也可以定义为在该时刻的任意虚位移和实际位移的差值, 本书中将会经常利用这一重要思想。

一般来说, 对于任意 $3n$ 维矢量 $\delta\boldsymbol{x}$, 只要其所有分量满足齐次方程

$$\sum_{j=1}^{j=3n} d_{ij}(\boldsymbol{x},t)\delta x_j=0,\quad i=1,2,\cdots,m \tag{3.12}$$

或等价地说, 对于任意 $3n$ 维矢量 $\delta\boldsymbol{x}$, 考虑式 (3.8), 只要其满足矩阵方程

$$\boldsymbol{D}\delta\boldsymbol{x}=\boldsymbol{A}\delta\boldsymbol{x}=0 \tag{3.13}$$

则称之为虚位移矢量。由式 (3.9) 可知, $\Delta\dot{\boldsymbol{x}}(t)$ 也是一个虚位移矢量。

式 (3.4) 中的 m 个约束对虚位移矢量的影响体现在式 (3.12) 中, 这些关系表明, 在约束存在的情况下, 虚位移矢量 $\delta\boldsymbol{x}$ 的 $3n$ 个分量不能任意选择, 这些分量必须满足式 (3.12)。另一方面, 当系统不受任何约束时, 虚位移矢量的分量不需要满足任何关系, 因而可以任意选择。

由于缺少了 $g_i(\boldsymbol{x},t)\mathrm{d}t$ 这一项, 式 (3.12) 在定义虚位移时和式 (3.6) 有所不同。对于完整约束来说, $g_i(\boldsymbol{x},t)\mathrm{d}t$ 即为 $\dfrac{\partial f_i(\boldsymbol{x},t)}{\partial t}\mathrm{d}t$, 这是因为虚位移是指在冻结约束下的可能位移。确切地说, 当时间 t 固定时, 在描述有限个约束方程 (3.1) 时, 这些约束就会冻结。当对函数 $f_i(\boldsymbol{x},t)$ 进行微分时, $\dfrac{\partial f_i(\boldsymbol{x},t)}{\partial t}$ 这一项不会出现, 所以式 (3.3) 中的 h 个方程就会变成式 (3.12) 的形式。对于式 (3.6) 中的不可积的 Pfaffian 约束, 冻结意味着消除 $g_i(\boldsymbol{x},t)\mathrm{d}t$ 项并且固定系数 $d_{ij}(\boldsymbol{x},t)$ 中的时间 t。同理, 式 (3.2) 中的 r 个方程也和式 (3.12) 的形式一致。

3.2 拉格朗日方程

假设一个含有 n 个质点的系统受到已知的 $3n$ 矢量外力 $\boldsymbol{F}$ 的作用, 矢量 $\boldsymbol{F}$ 可以用一个与 $\boldsymbol{x}$、$\dot{\boldsymbol{x}}$、t 有关的已知函数来表述。当系统不受任何约束时, 可以得到在任意时刻 t 时, 该不受约束的系统的运动方程为

$$\boldsymbol{M}(t)\boldsymbol{a}=\boldsymbol{F}(t) \tag{3.14}$$

式中, $3n\times 3n$ 质量矩阵 $\boldsymbol{M}$ 是一个对角矩阵, 对角线上的元素即为质点的质量, 并且三个为一组。但是当系统受到式 (3.4) 所示的 m 个约束时, 系统的加速度 $\boldsymbol{a}$ 可能与约束不相容。如果不受约束系统的加速度矢量 $\boldsymbol{a}$ 不能满足式 (3.7) 时, 就需要在该系统中施加一个额外的约束力 $\boldsymbol{F}^{\mathrm{c}}$

$$\boldsymbol{M}\ddot{\boldsymbol{x}}=\boldsymbol{F}+\boldsymbol{F}^{\mathrm{c}} \tag{3.15}$$

和约束力 $\boldsymbol{F}^{\mathrm{c}}$ 不同的是, 矢量 $\boldsymbol{F}$ 是一个预分配的矢量, 通常称之为外力。

假定在某一时刻 t, 系统的每个质点的位置和速度已知, 且它们与约束相容, 现在考虑如何确定系统在后续时间的运动, 即找出在 t 时刻系统每个质点的加速度。

如果关于约束力 $\boldsymbol{F}^{\mathrm{c}}$ 的性质无法提供更多的信息, 即无法确定每一时刻下的 $3n$ 矢量 $\ddot{\boldsymbol{x}}$ 和 $\boldsymbol{F}^{\mathrm{c}}$, 问题就会变得不确定。因为这里涉及 $6n$ 个未知量, 但只有 k 个不相关的方程 [见式 (3.4)] 且 $(k<3n)$, 以及额外的 $3n$ 个方程 [见式 (3.15)], 未知量的个数超出了标量方程的个数即 $6n>(3n+k)$, 所以使得问题的解不确定。

因此, 要使分析动力学的基本问题是确定的, 就需要额外的 $6n-(3n+k)=3n-k=d$ 个不相关的关系式, 而获得这些关系式的其中一种方式就是考虑理想约束。事实证明, 这类约束在很多实际情况下都很重要, 并且有具体、广泛的适用性, 下面就给出理想约束的定义。

如果系统的约束力 $\boldsymbol{F}^{\mathrm{c}}$ 在任意虚位移 $\delta\boldsymbol{x}$ 上所做的功为零, 即

$$\delta\boldsymbol{x}^{\mathrm{T}}\boldsymbol{F}^{\mathrm{c}}=(\boldsymbol{F}^{\mathrm{c}})^{\mathrm{T}}\delta\boldsymbol{x}=0 \tag{3.16}$$

则这种约束称为理想约束。这种关系也可以看作是一种定义约束力性质的关系。这既是对 Johann Bernoulli 最先提出的静态下的虚功原理的广义化, 也是对单刚体达朗贝尔原理的广义化。

一般情况下, 当系统存在“单边 (one-sided)”约束时, 需要考虑如下不等式: $\delta\boldsymbol{x}^{\mathrm{T}}\boldsymbol{F}^{\mathrm{c}}\geqslant 0$。在本书中, 不考虑“单边”约束, 所以仅需考虑式 (3.16)。可利用式 (3.16) 来获得 d 个不相关的方程, 从而使得力学基本问题的解是确定的。

如前所述, 虚位移满足方程 $\boldsymbol{A}\delta\boldsymbol{x}=0$。由于这些方程中有 k 个方程是不相关的, 所以可以用 $\delta\boldsymbol{x}$ 中剩余的 $3n-k=d$ 个分量来表述这 k 个分量。因此, 式 (3.16) 中矢量 $\delta\boldsymbol{x}$ 的 k 个分量可以用 d 个剩余的分量来表述, 那么它们是不相关的。由于式 (3.16) 对所有的广义虚位移矢量都必须满足, 因此将式 (3.16) 中这 d 个独立分量的系数均设为 0, 从而得到额外所需的 d 个方程使问题的解确定。

将式 (3.15) 中的约束力 $\boldsymbol{F}^{\mathrm{c}}$ 代入式 (3.16) 可得

$$\delta\boldsymbol{x}^{\mathrm{T}}(\boldsymbol{M}\ddot{\boldsymbol{x}}-\boldsymbol{F})=0 \tag{3.17}$$

它对所有的 $\delta\boldsymbol{x}$ 都有 $\boldsymbol{A}\delta\boldsymbol{x}=0$, 这就是分析力学的基本方程。也就是说, 一个处于运动中的系统在任意时刻下对于所有的广义虚位移 $\delta\boldsymbol{x}$, 标量 $\delta\boldsymbol{x}^{\mathrm{T}}(\boldsymbol{M}\ddot{\boldsymbol{x}}-\boldsymbol{F})$ 等于 0。它的重要意义最先由拉格朗日发现, 并于 1760 年左右提出这个方程 [16]。

需注意的是, 方程 $\boldsymbol{A}\delta\boldsymbol{x}=0$ 意味着虚位移矢量 $\delta\boldsymbol{x}$ 的分量不能随意地相互独立地分配, 它们必须满足关系式 $\boldsymbol{A}\delta\boldsymbol{x}=0$。

然而, 如果所有的约束消失, 那么虚位移矢量需要满足关系式 $\boldsymbol{A}\delta\boldsymbol{x}=0$ 的要求也将不存在, 对所有的矢量 $\delta\boldsymbol{x}$, 式 (3.17) 可以表示成

$$\delta\boldsymbol{x}^{\mathrm{T}}(\boldsymbol{M}\ddot{\boldsymbol{x}}-\boldsymbol{F})=0 \tag{3.18}$$

这时, 矢量 $\delta\boldsymbol{x}$ 的分量可以相互独立地选取。所以, 可以选取除了第 j 个分量外的所有分量均为零。那么这将要求式 (3.18) 满足 $\boldsymbol{M}\ddot{\boldsymbol{x}}-\boldsymbol{F}=0$, 也就是说, 加速度 $\ddot{\boldsymbol{x}}=\boldsymbol{M}^{-1}\boldsymbol{F}$, 对应式 (3.14) 中所述的不受约束系统的加速度。

当系统不受任何约束时, 虚位移矢量的所有分量可以相互独立地选取。在后面的内容中将用到这一重要思想。当这种情况发生时, 通常说这些分量是相互独立的。

例如, 已知一个质量为 m 的质点, 其在三维空间中的位置用笛卡儿坐标 (x,y,z) 来表示。假设这个质点分别受到 X、Y、Z 三个方向的有效力 F_x、F_y、F_z, 且受到如下约束:

$$\dot{y}=z\dot{x}+\dot{z} \tag{3.19}$$

$$\dot{y}=z^2\dot{x} \tag{3.20}$$

下面导出在这些约束存在下的系统运动方程。

将约束方程式 (3.19) 和式 (3.20) 写成 Pfaffian 形式

$$\mathrm{d}y=z\mathrm{d}x+\mathrm{d}z \tag{3.21}$$

$$\mathrm{d}y=z^2\mathrm{d}x \tag{3.22}$$

考虑满足下列条件

$$\boldsymbol{A}\boldsymbol{u}=\begin{bmatrix} z & -1 & 1 \\ z^2 & -1 & 0 \end{bmatrix}\boldsymbol{u}=0 \tag{3.23}$$

或

$$\left.\begin{aligned} zu_1-u_2+u_3=0 \\ z^2u_1-u_2+0u_3=0 \end{aligned}\right\} \tag{3.24}$$

的任意向量, 即虚位移 $\boldsymbol{u}=[u_1\ u_2\ u_3]^{\mathrm{T}}$, 这两个方程与虚位移向量 $\boldsymbol{u}$ 的三个分量相关。因此这三个分量不是相互独立的。或者说, 给定独立变量 u_3 时, 总是可以根据下列方程解出另外两个相关变量 u_1 和 u_2

$$\boldsymbol{A}_1\begin{bmatrix} u_1 \\ u_2 \end{bmatrix}=\begin{bmatrix} z & -1 \\ z^2 & -1 \end{bmatrix}\begin{bmatrix} u_1 \\ u_2 \end{bmatrix}=u_3\begin{bmatrix} -1 \\ 0 \end{bmatrix} \tag{3.25}$$

在这里需要注意的是矩阵 $\boldsymbol{A}_1$ 是非奇异的 (当 $z=0$ 和 $z=1$ 时除外)。因此, 可以认为向量 $\boldsymbol{u}$ 由分量 u_1 和 u_2 组成, 这两个分量的取值依赖于分量 u_3。而分量 u_3 的值可以任意选择。

当约束存在时, 在任意时刻 t, 系统所受的约束力必须满足式 (3.16), 因而可以得到

$$F_x^{\mathrm{c}}u_1+F_y^{\mathrm{c}}u_2+F_z^{\mathrm{c}}u_3=0 \tag{3.26}$$

在这里, 所有的矢量 $\boldsymbol{u}$ 必须满足式 (3.23)。

将式 (3.24) 中的第一个方程两端同时乘以标量 $-\lambda_1$, 第二个方程两端同时乘以标量 $-\lambda_2$。然后将这两个方程和式 (3.26) 相加, 可以得到

$$F_x^{\mathrm{c}}u_1 + F_y^{\mathrm{c}}u_2 + F_z^{\mathrm{c}}u_3 - \lambda_1(zu_1 - u_2 + u_3) - \lambda_2(z^2u_1 - u_2 + 0u_3) = 0$$

或者

$$(F_x^{\mathrm{c}} - \lambda_1 z - \lambda_2 z^2)u_1 + (F_y^{\mathrm{c}} + \lambda_1 + \lambda_2)u_2 + (F_z^{\mathrm{c}} - \lambda_1 - 0\lambda_2)u_3 = 0 \tag{3.27}$$

现在通过选取合适的乘子 λ_1 和 λ_2 使得式 (3.27) 的前两项消除, 需求解如下两个方程:

$$\lambda_1 z + \lambda_2 z^2 = F_x^{\mathrm{c}} \tag{3.28a}$$

和

$$-\lambda_1 - \lambda_2 = F_x^{\mathrm{c}} \tag{3.28b}$$

或

$$\boldsymbol{A}_1^{\mathrm{T}}\begin{bmatrix}\lambda_1\\ \lambda_2\end{bmatrix} = \begin{bmatrix} z & z^2 \\ -1 & -1 \end{bmatrix}\begin{bmatrix}\lambda_1\\ \lambda_2\end{bmatrix} = \begin{bmatrix}F_x^{\mathrm{c}}\\ F_y^{\mathrm{c}}\end{bmatrix} \tag{3.29}$$

前面已经指出, 当 z 的取值不是 0 和 1 时, 矩阵 $\boldsymbol{A}_1^{\mathrm{T}}$ 和 $\boldsymbol{A}_1$ 的行列式均不为 0。因此, 至少在原理上, 可以从式 (3.29) 确定出满足式 (3.28) 的 λ_1 和 λ_2 的值。于是, 将式 (3.27) 的前两项设为 0 后, 该方程可以简化为

$$(F_z^{\mathrm{c}} - \lambda_1 - 0\lambda_2)u_3 = 0 \tag{3.30}$$

但是所有的虚位移矢量 $\boldsymbol{u}$ 必须都满足式 (3.27)。

如前所述, 分量 u_3 可以任意选择, 所以式 (3.30) 应在 u_3 取任意值的情况下都成立, 由此可以得到

$$(F_z^{\mathrm{c}} - \lambda_1 - 0\lambda_2) = 0 \tag{3.31}$$

虽然分量 u_1、u_2 和 u_3 不是相互独立的, 但是通过适当选取乘子 λ_1 和 λ_2 的值, 可以让式 (3.27) 的前两项等于 0. 此外, 由于式 (3.27) 必须在任意时刻下均成立, 所以这些乘子的取值是随时间变化的, 即它们均是时间 t 的函数。

式 (3.28) 和式 (3.31) 也可以表示成如下形式:

$$\begin{bmatrix}F_x^{\mathrm{c}}\\ F_y^{\mathrm{c}}\\ F_z^{\mathrm{c}}\end{bmatrix} = \begin{bmatrix} z & z^2 \\ -1 & -1 \\ 1 & 0 \end{bmatrix}\begin{bmatrix}\lambda_1(t)\\ \lambda_2(t)\end{bmatrix} = \boldsymbol{A}^{\mathrm{T}}\begin{bmatrix}\lambda_1(t)\\ \lambda_2(t)\end{bmatrix} \tag{3.32}$$

根据式 (3.15), 可以得到受约束系统的运动方程为

$$\begin{bmatrix} m & 0 & 0 \\ 0 & m & 0 \\ 0 & 0 & m \end{bmatrix} \begin{bmatrix} \ddot{x} \\ \ddot{y} \\ \ddot{z} \end{bmatrix} = \begin{bmatrix} F_x \\ F_y \\ F_z \end{bmatrix} + \begin{bmatrix} F_x^{\mathrm{c}} \\ F_y^{\mathrm{c}} \\ F_z^{\mathrm{c}} \end{bmatrix} = \begin{bmatrix} F_x \\ F_y \\ F_z \end{bmatrix} + \boldsymbol{A}^{\mathrm{T}} \begin{bmatrix} \lambda_1 \\ \lambda_2 \end{bmatrix} \tag{3.33}$$

考虑约束方程

$$\dot{y} = z\dot{x} + \dot{z} \tag{3.34a}$$

$$\dot{y} = z^2\dot{x} \tag{3.34b}$$

联立式 (3.33) 和式 (3.34), 得到一个包含五个方程的方程组。在该方程组中, 有五个未知量 x、y、z、λ_1 和 λ_2。这种处理方法是由拉格朗日最先提出的, 因此把 λ_1 和 λ_2 称为拉格朗日乘子。

式 (3.33) 的提出具有重要意义, 即通过引入辅助向量 $\boldsymbol{\lambda}$ 就能够表示出系统所受的约束力。由于约束方程 (3.34) 是非线性的, 所以系统方程的求解仍然不容易。

3.3 拉格朗日乘子

将上述例子广义化, 并且通过引入拉格朗日乘子

$$\boldsymbol{\lambda}(t) = [\lambda_1(t), \lambda_2(t), \cdots, \lambda_m(t)]^{\mathrm{T}}$$

可以写出受到 m 个线性不相关约束, 则系统的运动方程可写为

$$\boldsymbol{M}\ddot{\boldsymbol{x}} = \boldsymbol{F} + \boldsymbol{A}^{\mathrm{T}}\boldsymbol{\lambda} \tag{3.35}$$

系统需满足约束方程 (注意 $\boldsymbol{A} = \boldsymbol{D}$)

$$\boldsymbol{A}\dot{\boldsymbol{x}} = \boldsymbol{g} \tag{3.36}$$

式中, m 维矢量拉格朗日乘子 $\boldsymbol{\lambda}(t)$ 和 $3n$ 维位置矢量 $\boldsymbol{x}$ 可以通过式 (3.35) 和式 (3.36) 中的 $(3n+m)$ 个方程来确定。除了这两个方程组, 还需一组初始条件 $\boldsymbol{x}(t_0)$ 和 $\dot{\boldsymbol{x}}(t_0)$, 这些初始条件必须满足约束方程 (3.36)。

例如, 已知一个质点受到 F_x、F_y、F_z 三个方向的外部作用力, 同时该质点被约束在如下表面运动

$$f(x, y, z) = 0 \tag{3.37}$$

那么这个表面将对该质点产生一个附加的作用力, 且这个作用力垂直于该表面, 在给定的外力和这个作用力的共同作用下, 质点的运动被限制在该表面上, 也可以称这个附加的作用力就是约束力。

对式 (3.37) 进行微分得到

$$\frac{\partial f}{\partial x}\mathrm{d}x+\frac{\partial f}{\partial y}\mathrm{d}y+\frac{\partial f}{\partial z}\mathrm{d}z=0 \tag{3.38}$$

在 3.2 节中, 式 (3.16) 给出了广义化的达朗贝尔原理, 即在该质点的任何虚位移中, 约束力所做的虚功的和等于零。下面利用此广义化的达朗贝尔原理来确定本例中的拉格朗日乘子。

根据虚位移的定义, 从式 (3.38) 可知, 矢量 $\boldsymbol{u}=[\mathrm{d}x\ \mathrm{d}y\ \mathrm{d}z]^{\mathrm{T}}$ 即为虚位移矢量。因此, 对于所有的矢量 $\boldsymbol{u}$ 满足式 (3.38) 时, 根据式 (3.16) 知, 约束力的三个分量 $F_x^{\mathrm{c}},F_y^{\mathrm{c}},F_z^{\mathrm{c}}$ 需要满足方程:

$$F_x^{\mathrm{c}}\mathrm{d}x+F_y^{\mathrm{c}}\mathrm{d}y+F_z^{\mathrm{c}}\mathrm{d}z=0 \tag{3.39}$$

从式 (3.38) 和式 (3.39) 可以得到

$$\frac{F_x^{\mathrm{c}}}{\dfrac{\partial f}{\partial x}}=\frac{F_y^{\mathrm{c}}}{\dfrac{\partial f}{\partial y}}=\frac{F_z^{\mathrm{c}}}{\dfrac{\partial f}{\partial z}}=\lambda \tag{3.40}$$

也就是说, 受约束的系统的运动方程可以表示为

$$\begin{cases} m\ddot{x}=F_x+F_x^{\mathrm{c}}=F_x+\lambda\dfrac{\partial f}{\partial x} \\ m\ddot{y}=F_y+F_y^{\mathrm{c}}=F_y+\lambda\dfrac{\partial f}{\partial y} \\ m\ddot{z}=F_z+F_z^{\mathrm{c}}=F_z+\lambda\dfrac{\partial f}{\partial z} \end{cases} \tag{3.41}$$

通过联立式 (3.38) 和式 (3.41), 可以确定这四个量 x、y、z、λ。

如前所述, m 维矢量拉格朗日乘子的确定通常是比较困难的, 并且取决于具体问题。当约束为不可积分约束时, 它们的确定绝不是个简单或常规的事。然而, 将基本运动方程

$$\boldsymbol{M}\ddot{\boldsymbol{x}}=\boldsymbol{F}+\boldsymbol{M}^{1/2}(\boldsymbol{A}\boldsymbol{M}^{-1/2})^{+}(\boldsymbol{b}-\boldsymbol{A}\boldsymbol{a}) \tag{3.42}$$

与式 (3.15) 和式 (3.35) 相比较, 可以得到约束力的明确形式

$$\boldsymbol{F}^{\mathrm{c}}=\boldsymbol{A}^{\mathrm{T}}\boldsymbol{\lambda}=\boldsymbol{M}^{1/2}(\boldsymbol{A}\boldsymbol{M}^{-1/2})^{+}(\boldsymbol{b}-\boldsymbol{A}\boldsymbol{a})=\boldsymbol{A}^{\mathrm{T}}(\boldsymbol{A}\boldsymbol{M}^{-1}\boldsymbol{A}^{\mathrm{T}})^{+}(\boldsymbol{b}-\boldsymbol{A}\boldsymbol{a}) \tag{3.43}$$

更进一步看, 在拉格朗日方程中通常假设矩阵 $\boldsymbol{A}$ 的秩为 m, 即 m 个约束方程是线性不相关的, 则矩阵 $\boldsymbol{A}\boldsymbol{A}^{\mathrm{T}}$ 的秩也为 m, 且是非奇异的。在式 (3.43) 两端先左乘 $\boldsymbol{A}$, 再左乘 $(\boldsymbol{A}\boldsymbol{A}^{\mathrm{T}})^{-1}$, 可以得到

$$\boldsymbol{\lambda}=(\boldsymbol{A}\boldsymbol{M}^{-1}\boldsymbol{A}^{\mathrm{T}})^{-1}(\boldsymbol{b}-\boldsymbol{A}\boldsymbol{a}) \tag{3.44}$$

因此, 利用基本方程可以求得拉格朗日乘子矢量 $\boldsymbol{\lambda}$ 的显式方程。

由于矩阵 $\boldsymbol{A}$ 的秩为 m, 矩阵 $(\boldsymbol{A}\boldsymbol{M}^{-1}\boldsymbol{A}^{\mathrm{T}})$ 的秩也为 m, 因而

$$(\boldsymbol{A}\boldsymbol{M}^{-1}\boldsymbol{A}^{\mathrm{T}})^{+} = (\boldsymbol{A}\boldsymbol{M}^{-1}\boldsymbol{A}^{\mathrm{T}})^{-1}$$

此外, 在这种情况下, 该矢量是唯一的。

3.4 广义坐标下的约束

3.4.1 广义坐标下的完整约束

在引入广义坐标的概念之前, 首先考虑一个含有 n 个质点的系统, 该系统有 h 个完整约束

$$\mathrm{d}f_i(\boldsymbol{x}, t) = 0, \quad i = 1, 2, \cdots, h \tag{3.45}$$

式中, $3n$ 维矢量 $\boldsymbol{x}(t)$ 表示在任意时刻 t 时系统中 n 个质点在笛卡儿惯性直角参考坐标系下的位置。对式 (3.45) 进行积分可以得到

$$f_i(\boldsymbol{x}, t) = \alpha_i, \quad i = 1, 2, \cdots, h \tag{3.46}$$

式中, α_i 是常数。为了简化, 假定 h 个方程 f_i 是不相关的。

理论上, 可以用剩下的 $3n-h$ 个分量来表示矢量 $\boldsymbol{x}$ 中的 h 个分量, 并且把这 $3n-h$ 个分量视为独立变量来定义在时刻 t 时系统的位置。然而, 实际并不需要采用笛卡儿坐标来表示这 $3n-h$ 个独立分量。矢量 $\boldsymbol{x}$ 的 $3n$ 个笛卡儿坐标可以用 $d = 3n-h$ 个独立参数 q_1、q_2、q_3、$\cdots$、q_{3n-h} 和时间 t 所构成的函数来表示, 即

$$x_i = x_i(q_1, q_2, q_3, \cdots, q_{3n-h}, t), \quad i = 1, 2, \cdots, 3n \tag{3.47}$$

更准确地说, 可以选取 $3n$ 个参数 q_i, $i = 1, 2, \cdots, 3n$, 使得

$$q_r = g_r(\boldsymbol{x}, t), \quad r = 1, 2, \cdots, 3n-h \tag{3.48}$$

以及

$$q_r = f_{r-(3n-h)}(\boldsymbol{x}, t), \quad r = 3n-h+1, \cdots, 3n \tag{3.49}$$

前 $3n-h$ 个 q 参数是与 $\boldsymbol{x}$ 和 t 有关的适当选取的函数, 而后 h 个 q 参数是由约束方程得到的函数。如果考虑在时刻 t 时在给定空间下的某点 x_i 的任意小的邻域内, 若使从坐标 x_i 到坐标 q 的转化是一对一的, 即式 (3.50) 所表示的雅可比行列式非零

$$J = \frac{\partial(g_1, g_2, \cdots, g_{3n-h}, f_1, \cdots, f_h)}{\partial(x_1, x_2, \cdots, x_{3n})} \tag{3.50}$$

可以通过求解式 (3.48) 和式 (3.49), 得到以坐标 q 和时间 t 来表示坐标 x_i 的函数。但是用新的变量可以将约束方程简写成如下形式:

$$q_r = \alpha_{r-(3n-h)}, \quad r = 3n-h+1, \cdots, 3n \tag{3.51}$$

式中, α_i 为常数。最后这 h 个 q 的分量的值是定值, 前 $3n-h$ 个 q 的分量的值决定了系统的结构。于是, 坐标 x_i 可以用这 $3n-h$ 个坐标 $q_1, q_2, q_3, \cdots, q_{3n-h}$ 所构成的函数来表示, 从而得到式 (3.47)。

当参数 $q_1, q_2, q_3, \cdots, q_{3n-h}$ 的值给定时, 把 x_i 的值代入约束方程 (3.46), 后者就变成恒等式, 约束方程自动满足。

能够涵盖完整系统所有可能位置的参数 q_i 的最小数目与系统的自由度数 d (等于 $3n-h$) 一致, 参数 $q_1, q_2, q_3, \cdots, q_{3n-h}$ 称为系统的独立广义坐标。

例如, 已知一个质量为 m 的单摆通过一根长度为 L 的不可拉伸的绳子悬挂在 XY 平面 (参见图 3.1)。单摆的位置用笛卡儿坐标 $2n$ 矢量 $[x\ y]^{\mathrm{T}}$ 表示。系统受到完整约束 $x^2 + y^2 = L^2$。由于单摆始终在 XY 平面内运动, 所以独立坐标数为 $2n - h = 2 \times 1 - 1 = 1$。

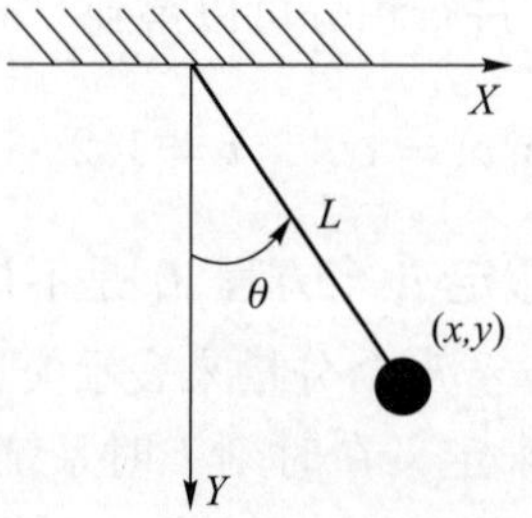

图 3.1　XY 平面运动的单摆

可以用一个广义坐标 θ 来表示两个笛卡儿坐标, 即

$$x = L\sin\theta, \quad y = L\cos\theta \tag{3.52}$$

将这些关系式代入到约束方程 $x^2 + y^2 = L^2$ 中去, 会发现约束方程恒成立。也就是说, 约束方程会自动满足、不再需要, 因此仅需要一个广义坐标 θ 就可以确定单摆在给定约束下的位置。更准确地说, 使用了两个广义坐标 $q_1 = \theta$、$q_2 = L$。读者可以验证, 通过式 (3.52) 得到的雅可比行列式 J 为

$$\det\begin{bmatrix} L\cos\theta & \sin\theta \\ -L\sin\theta & \cos\theta \end{bmatrix} = L \neq 0 \tag{3.53}$$

该式给出了坐标系 (x, y) 到坐标系 (q_1, q_2) 的一对一映射关系。由于坐标 q_2 是一个常数, 所以系统的结构完全是由坐标 q_1 来确定。

再例如, 已知如图 3.2 所示的在 XY 平面内运动的双摆。长度为 L_2 和 L_1 的两个刚性无质量杆分别连接两个质量块, 以及质量块 m_1 和悬挂点。系统的位

置用四矢量笛卡儿坐标 $[x_1\ y_1\ x_2\ y_2]^{\mathrm{T}}$ 表示。这四个坐标分量满足两个约束方程 $x_1^2+y_1^2=L_1^2$ 和 $(x_1-x_2)^2+(y_1-y_2)^2=L_2^2$。

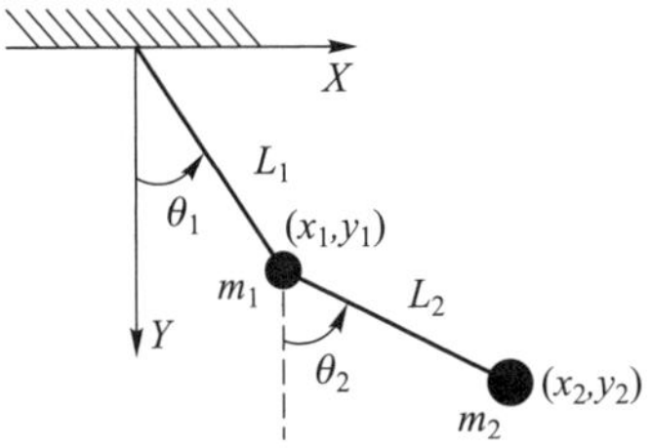

图 3.2　*XY* 平面内运动的双摆

由于在四个笛卡儿坐标 x_1、y_1、x_2、y_2 中有两个线性独立的约束关系, 所以独立坐标的个数为 2。可以使用广义坐标 θ_1 和 θ_2 来确定系统的结构。注意, 式 (3.47) 可以写成如下形式:

$$x_1=L_1\sin\theta_1, y_1=L_1\cos\theta_1 \tag{3.54}$$

$$x_2-x_1=L_2\sin\theta_2, y_2-y_1=L_2\cos\theta_2 \tag{3.55}$$

利用这两个独立的广义坐标, 将关系式 (3.54) 和式 (3.55) 代入两个约束方程中会发现约束方程恒成立。因此, 如果用这两个广义坐标去分析问题, 那么两个约束关系式可以自动满足。也就是说, 可以不需要再考虑这些约束了, 因为它们可以自动满足。

如果定义广义坐标矢量 $\boldsymbol{\theta}=[\theta_1\ \theta_2]$, 那么就不需要再考虑附加的约束条件。也就是说, 该矢量的分量 $\delta\boldsymbol{\theta}=[\delta\theta_1\ \delta\theta_2]$ 可以独立变化。因此, 每一个矢量 $\delta\boldsymbol{\theta}$ 都可以满足虚位移矢量的要求。

如前所述, 不管选取多少个广义坐标, 只要能确定多余的坐标个数, 也可以使用这些多余坐标来描述具体问题。比如, 我们可以使用三个坐标 θ_1、x_2、y_2。这时, 就需要一个附加的约束条件 $(L_1\sin\theta_1-x_2)^2+(L_1\cos\theta_1-y_2)^2=L_2^2$ 才能完整地描述该系统。这个约束方程包含了三个坐标, 而不仅仅只有 x_2 和 y_2。

当然也可以使用 x_1、y_1、x_2、y_2 作为一组坐标, 这组坐标超过了所需最少坐标数两个。这时, 就需要两个附加的约束方程 $x_1^2+y_1^2=L_1^2$ 和 $(x_1-x_2)^2+(y_1-y_2)^2=L_2^2$ 才能完整地描述该系统。

综上所述, 当系统受到 h 个独立的完整约束时, 可以用余下的 $3n-h$ 个坐标来表示 h 个笛卡儿坐标。事实上, 可以选用 $3n-h$ 个广义坐标, 利用这些相互独立的广义坐标来描述问题, 就不再需要任何指定的约束方程, 原因是这些约束方程恒成立。$3n-h$ 是能够确定系统结构的最少坐标数, 如果想用比该最少坐标数多 u 个的坐标来描述系统时, 这时就需要添加 u 个附加的关系式 (完整约束) 才能完整地描述系统的结构。

对于一个给定的受完整约束的动力学系统, 可以用不同的方式来描述它, 这些描述方式与想要选取的广义坐标的数目有关。如果使用最少坐标数 $3n-h$ 并适当地选取广义坐标, 那么就不再需要指定任何 h 个约束, 因为这些约束是可以自动满足的。由于这些坐标是相互独立的, 以 $3n-h$ 个广义坐标描述的问题在本质上就等价于“不受约束”问题。如果选取 u 个多余坐标 (比最少坐标数多 u 个, 也就是总的坐标数为 $3n-h+u$) 来描述系统时, 就需要指定和这些多余坐标相关的 u 个关系式。由此, 就得到一个完整约束系统, 其中完整约束的个数为 u。

3.4.2 广义坐标下的非完整约束

现在假设一个含有 n 个质点的系统除了受到 h 个独立的完整约束外, 还受到 r 个非完整约束。由前面所述可知, 对于 h 个完整约束, 可以使用 $3n-h$ 个广义坐标使得这 h 个约束方程恒成立。于是, 可以给出如下方程形式的广义坐标:

$$x_i = x_i(q_1, q_2, q_3, \cdots, q_{3n-h}, t), \quad i = 1, 2, \cdots, 3n \tag{3.56}$$

和前面一样, 假设将 $3n-h$ 个 q_i 坐标转换为 $3n$ 个 x_i 坐标的方程是可逆的, 也就是说, 在任意一点 x_i 的微小邻域内, 这种映射都是一一对应的。根据式 (3.56) 可得

$$\dot{x}_i = \sum_{j=1}^{j=3n-h} \frac{\partial x_i}{\partial q_j}\dot{q}_j + \frac{\partial x_i}{\partial t}, \quad i = 1, 2, \cdots, 3n \tag{3.57}$$

由于 r 个非完整方程不可积分, 因而无法处理更多的坐标。但在这 r 个方程中,

$$\sum_{j=1}^{j=3n} d_{ij}(\boldsymbol{x}, t)\dot{x}_j + g_i(\boldsymbol{x}, t) = 0, \quad i = 1, 2, \cdots, r \tag{3.58}$$

可以将式 (3.56) 和式 (3.57) 中的 x_i 和 $\dot{x}_i$ 分别代入, 得到

$$\sum_{j=1}^{j=3n-h} \hat{d}_{ij}(\boldsymbol{q}, t)\dot{q}_j + \hat{g}_i(\boldsymbol{q}, t) = 0, \quad i = 1, 2, \cdots, r \tag{3.59}$$

由于非完整约束的存在, q_i 坐标是相关的, 并且必须满足式 (3.59)。将 $3n-h$ 虚位移矢量定义为矢量 $\delta\boldsymbol{q}$, 其分量为 δq_j, 如前所述, 这些分量需要满足方程

$$\sum_{j=1}^{j=3n-h} \hat{d}_{ij}(\boldsymbol{q}, t)\delta q_j = 0, \quad i = 1, 2, \cdots, r \tag{3.60}$$

或

$$\widehat{\boldsymbol{D}}(\boldsymbol{q}, t)\delta\boldsymbol{q} = 0 \tag{3.61}$$

式中, $\hat{d}_{ij}(\boldsymbol{q}, t)$ 是 $r \times (3n-h)$ 矩阵 $\widehat{\boldsymbol{D}}$ 的第 i 行、第 j 列元素。

由此可见, 对于一个受到 n 个独立完整约束和 r 个非完整约束的系统, 用来描述该系统所需坐标的最少数是 $3n-h$。这些广义坐标之间相互不独立, 而是通过式 (3.59) 所示的 r 个非完整约束联系在一起。

由于式 (3.59) 也可以表述为

$$\widehat{\boldsymbol{D}}(\boldsymbol{q},t)\dot{\boldsymbol{q}}=\hat{\boldsymbol{g}}(\boldsymbol{q},t) \tag{3.62}$$

式中, $-\hat{g}_i(\boldsymbol{q},t)$ 是 $3n-h$ 维矢量 $\hat{\boldsymbol{g}}(\boldsymbol{q},t)$ 的第 i 个分量, 将该方程对时间进行一次微分可得

$$\widehat{\boldsymbol{A}}(\boldsymbol{q},t)\ddot{\boldsymbol{q}}=\hat{\boldsymbol{b}}(\boldsymbol{q},\dot{\boldsymbol{q}},t) \tag{3.63}$$

式中, 定义 $\widehat{\boldsymbol{A}}(\boldsymbol{q},t)=\widehat{\boldsymbol{D}}(\boldsymbol{q},t)$, 以便将约束用标准形式表示。

定义一个虚位移矢量 $\delta\boldsymbol{q}$, 那么式 (3.61) 可以表示为

$$\widehat{\boldsymbol{A}}(\boldsymbol{q},t)\delta\boldsymbol{q}=0 \tag{3.64}$$

可以给出一个更为一般形式的约束方程, 即

$$\widehat{\boldsymbol{A}}(\boldsymbol{q},\dot{\boldsymbol{q}},t)\ddot{\boldsymbol{q}}=\hat{\boldsymbol{b}}(\boldsymbol{q},\dot{\boldsymbol{q}},t) \tag{3.65}$$

式 (3.61) 虚位移矢量仍然可以定义成下面形式:

$$\widehat{\boldsymbol{A}}(\boldsymbol{q},\dot{\boldsymbol{q}},t)\delta\boldsymbol{q}=0 \tag{3.66}$$

总之, 对于非完整约束, 不能像对完整约束那样通过选择一组合适的广义坐标使得这些约束自动满足, 因而这些非完整约束始终会发生作用。当然, 为了完整地描述该系统, 可以像之前那样, 通过选择一组合适的广义坐标来消除所有的 h 个独立的完整约束; 或者也可以选择 u 个多余的坐标 (比最少坐标数 $3n-h$ 多 u 个), 并添加 u 个适当的完整约束形式的关系式 (在下文中, 为了方便起见, 将这些方程中的变量 d_{ij}、$\boldsymbol{D}$、$\boldsymbol{A}$、$\boldsymbol{g}$ 和 $\boldsymbol{b}$ 上的 ^ 符号都省略)

$$f_i(q_1,q_2,\cdots,q_{3n-h+u},t)=0,\quad i=1,2,\cdots,u \tag{3.67}$$

例如, 已知图 3.2 所示的双摆系统, 现在给出以独立坐标 θ_1 和 θ_2 以及它们的微分所表示的系统的动能。

根据坐标关系式

$$x_1=L_1\sin\theta_1 \text{ 和 } y_1=L_1\cos\theta_1$$

可以得到

$$\dot{x}_1=L_1\dot{\theta}_1\cos\theta_1 \text{ 和 } \dot{y}_1=-L_1\dot{\theta}_1\sin\theta_1$$

然后可以求出质量 m_1 的动能为

$$\frac{1}{2}m_1(\dot{x}_1^2+\dot{y}_1^2)=\frac{1}{2}m_1L_1^2\dot{\theta}_1^2$$

同理, 根据坐标关系式

$$x_2 = x_1 + L_2 \sin\theta_2 \text{ 和 } y_2 = y_1 + L_2 \cos\theta_2$$

可以得到

$$\dot{x}_2 = \dot{x}_1 + L_2\dot{\theta}_2 \cos\theta_2 \text{ 和 } \dot{y}_2 = \dot{y}_1 - L_2\dot{\theta}_2 \sin\theta_2$$

由此可以求出质量 m_2 的动能为

$$\frac{1}{2}m_2(\dot{x}_2^2+\dot{y}_2^2) = \frac{1}{2}m_2(L_1\dot{\theta}_1\cos\theta_1 + L_2\dot{\theta}_2\cos\theta_2)^2 + \frac{1}{2}m_2(L_1\dot{\theta}_1\sin\theta_1 + L_2\dot{\theta}_2\sin\theta_2)^2$$

进一步简化为

$$\frac{1}{2}m_2(L_1^2\dot{\theta}_1^2 + L_2^2\dot{\theta}_2^2) + m_2L_1L_2\dot{\theta}_1\dot{\theta}_2\cos(\theta_1-\theta_2)$$

因此, 这两个质量的总的动能为

$$T = \frac{1}{2}(m_1+m_2)L_1^2\dot{\theta}_1^2 + m_2L_1L_2\dot{\theta}_1\dot{\theta}_2\cos(\theta_1-\theta_2) + \frac{1}{2}m_2L_2^2\dot{\theta}_2^2 \tag{3.68}$$

3.5 拉格朗日动力学模型

不受约束系统的运动方程可以用广义坐标建立其拉格朗日动力学模型。当用广义坐标来描述一个含有 n 个质点的无约束系统的位置时, 无约束所代表的含义是, 与这些坐标相对应的虚位移是相互独立的, 即这些坐标可被视为彼此独立。基于广义坐标和无约束的含义, 下面来介绍无约束系统的拉格朗日动力学模型。

如用 $3n$ 维矢量 $\boldsymbol{x}(t)$ 来描述在笛卡儿惯性参考系下 n 个质点的位置, 则可以用广义坐标 $q_1, q_2, q_3, \cdots, q_s$ 来描述不受约束系统, 其中广义坐标矢量 $\boldsymbol{q}$ 的拉格朗日分量 q_i 可以转换成笛卡儿坐标分量 x_i, 转换方程如下:

$$x_i = x_i(q_1, q_2, q_3, \cdots, q_s, t), \quad i = 1, 2, \cdots, 3n \tag{3.69}$$

根据虚功原理可知

$$\delta\boldsymbol{x}^{\mathrm{T}}(\boldsymbol{M}\ddot{\boldsymbol{x}} - \boldsymbol{F}) = \sum_{i=1}^{3n}(m_i\ddot{x}_i - F_i)\delta x_i = 0 \tag{3.70}$$

该式对于所有的虚位移矢量 $\delta\boldsymbol{x}$ 均成立。结合式 (3.69), 虚位移分量 δx_i 可分解为

$$\delta x_i = \sum_{j=1}^{j=s}\frac{\partial x_i}{\partial q_j}\delta q_j \tag{3.71}$$

则式 (3.70) 可以写成

$$\sum_{j=1}^{j=s}\frac{\partial x_i}{\partial q_j}\delta q_j\sum_{i=1}^{3n}(m_i\ddot{x}_i - F_i) = \sum_{j=1}^{s}\left[\sum_{i=l}^{3n}(m_i\ddot{x}_i - F_i)\frac{\partial x_i}{\partial q_j}\right]\delta q_j = 0 \tag{3.72}$$

与每一个广义坐标 q_j 相对应, 都会有一个广义力 Q_j。通过笛卡儿坐标和广义坐标的坐标变换可得

$$Q_j = \sum_{i=1}^{3n} F_i \frac{\partial x_i}{\partial q_j} \tag{3.73}$$

关于质点系统的动能 $T = \dfrac{1}{2}\sum_{i=1}^{3n} m_i \dot{x}_i^2$, 对广义坐标求导可得

$$\sum_{i=1}^{3n} m_i \ddot{x}_i \frac{\partial x_i}{\partial q_j} = \frac{\mathrm{d}}{\mathrm{d}t}\left(\frac{\partial T}{\partial \dot{q}_j}\right) - \frac{\partial T}{\partial q_j} \tag{3.74}$$

将式 (3.73) 和式 (3.74) 代入式 (3.72) 中可得

$$\sum_{j=l}^{s}\left[\frac{\mathrm{d}}{\mathrm{d}t}\left(\frac{\partial T}{\partial \dot{q}_j}\right) - \frac{\partial T}{\partial q_j} - Q_j\right]\delta q_j = 0 \tag{3.75}$$

如果 s 等于描述系统问题的广义坐标的最少数并且系统没有非完整约束, 那么适当选择一组 $3n-h$ 个广义坐标, 约束方程会自动满足。因此, 虚位移矢量 $\delta\boldsymbol{q}$ 的所有分量是相互独立的。根据式 (3.75) 可得

$$\frac{\mathrm{d}}{\mathrm{d}t}\left(\frac{\partial T}{\partial \dot{q}_j}\right) - \frac{\partial T}{\partial q_j} - Q_j = 0, \quad j = 1, 2, \cdots, s \tag{3.76}$$

广义力 Q_j 有两种形式, 均具有特殊的意义。一种来源于"势函数", 另一种来源于"耗散函数", 下面将讨论这两种函数。

可将广义力 Q_j 表示成如下形式:

$$Q_j = -\frac{\partial V}{\partial q_j} + \frac{\mathrm{d}}{\mathrm{d}t}\left(\frac{\partial V}{\partial \dot{q}_j}\right) + Q_j^{\mathrm{nc}} = Q_j^{\mathrm{c}} + Q_j^{\mathrm{nc}}, \quad j = 1, 2, \cdots, s \tag{3.77}$$

式中, 变量 V 是与 $q_1, q_2, \cdots, q_s$ 和 $\dot{q}_1, \dot{q}_2, \cdots, \dot{q}_s$ 有关的给定函数, 称之为系统的广义势能函数。如果 V 仅仅是与广义坐标 $q_1, q_2, \cdots, q_s$ 有关的函数时, 称之为广义坐标 $q_1, q_2, \cdots, q_s$ 下的系统的势能。通常称 Q_j^{c} 为总广义力 Q_j 的保守部分, Q_j^{nc} 为总广义力 Q_j 的非保守部分。将 Q_j 的表达式 (3.77) 代入式 (3.73) 中可得

$$\frac{\mathrm{d}}{\mathrm{d}t}\left(\frac{\partial L}{\partial \dot{q}_j}\right) - \frac{\partial L}{\partial q_j} - Q_j^{\mathrm{nc}} = 0, \quad j = 1, 2, \cdots, s \tag{3.78}$$

其中, 将变量 $(T-V)$ 定义为 L, 即系统的"拉格朗日量"或"动势"。Q_j^{nc} 通常是外部作用力或者是那些不能从广义势能中产生的力。

第二组力通常是由摩擦或黏度所产生的, 比较容易识别。假设系统中的每个质点均受到与其对应速度分量成比例的阻力的作用, 即

$$F_i = -c_i \dot{x}_i, \quad i = 1, 2, \cdots, 3n \tag{3.79}$$

式中, δx_i 可根据式 (3.71) 用广义坐标来表示。

上式右边最后一个表达式可以写成

$$\sum_{i=1}^{3n} F_i \delta x_i = -\sum_{j=1}^{j=s}\left[\sum_{i=1}^{3n} c_i \dot{x}_i \frac{\partial \dot{x}_i}{\partial \dot{q}_j}\right]\delta q_j = -\sum_{j=1}^{j=s} Q_j \delta q_j \tag{3.80}$$

于是, 与这样一组力相对应的广义力为

$$Q_j = -\sum_{i=1}^{3n} c_i \dot{x}_i \frac{\partial \dot{x}_i}{\partial \dot{q}_j}, \quad j = 1, 2, \cdots, s \tag{3.81}$$

现在考虑方程

$$R_{\mathrm{D}} = \frac{1}{2}\sum_{i=1}^{3n} c_i \dot{x}_i^2 \tag{3.82}$$

式中, c_i 均为常数; R_{D} 称为耗散函数。将 R_{D} 对 $\dot{q}_j$ 作偏微分可得

$$\frac{\partial R_{\mathrm{D}}}{\partial \dot{q}_j} = \sum_{i=1}^{3n} c_i \dot{x}_i \frac{\partial \dot{x}_i}{\partial \dot{q}_j} = -Q_j \tag{3.83}$$

其中, 最后一个等式即为式 (3.81)。因此, 当以式 (3.79) 所描述的耗散力存在时, 拉格朗日方程可以表述成如下形式:

$$\frac{\mathrm{d}}{\mathrm{d}t}\left(\frac{\partial L}{\partial \dot{q}_j}\right) - \frac{\partial L}{\partial q_j} + \frac{\partial R_D}{\partial \dot{q}_j} - Q_j^{\mathrm{nc}} = 0, \quad j = 1, 2, \cdots, s \tag{3.84}$$

上面所讨论的情况是系统的广义坐标是相互独立的, 即虚位移矢量的所有分量是相互独立的。但是, 在一般情况下, 当选择 s 个广义坐标时, 这些坐标之间可能并不一定相互独立。这时, 如何来完成对系统的描述呢? 下面先从一个简单的例子谈起。

例如, 针对图 3.2 所示的双摆系统, 下面将介绍如何在不同组坐标系下得到不受约束系统的运动方程。

(1) 选取图 3.2 中所示的广义坐标 θ_1 和 θ_2, 则重力所作的虚功可表示为

$$m_1 g \delta y_1 + m_2 g \delta y_2$$

由于

$$y_1 = L_1 \cos\theta_1, y_2 = L_1 \cos\theta_1 + L_2 \cos\theta_2$$

所以

$$\delta y_1 = -L_1 \sin\theta_1 \delta\theta_1, \delta y_2 = -(L_1 \sin\theta_1 \delta\theta_1 + L_2 \sin\theta_2 \delta\theta_2)$$

将这些式子代入到虚功表达式中可得

$$\begin{aligned} Q_1 \delta\theta_1 + Q_2 \delta\theta_2 &= -[m_1 g L_1 \sin\theta_1 \delta\theta_1 + m_2 g(L_1 \sin\theta_1 \delta\theta_1 + L_2 \sin\theta_2 \delta\theta_2)] \\ &= -(m_1 + m_2) g L_1 \sin\theta_1 \delta\theta_1 - m_2 g L_2 \sin\theta_2 \delta\theta_2 \end{aligned} \tag{3.85}$$

由此得

$$Q_1 = -(m_1 + m_2)gL_1 \sin\theta_1, \quad Q_2 = -m_2 g L_2 \sin\theta_2$$

则系统的动能可表示为

$$T = \frac{1}{2}(m_1 + m_2)L_1^2\dot{\theta}_1^2 + m_2 L_1 L_2 \dot{\theta}_1 \dot{\theta}_2 \cos(\theta_1 - \theta_2) + \frac{1}{2}m_2 L_2^2 \dot{\theta}_2^2 \tag{3.86}$$

对广义坐标 θ_1 求导可得到第一个拉格朗日方程

$$\frac{\mathrm{d}}{\mathrm{d}t}\left(\frac{\partial T}{\partial \dot{\theta}_1}\right) - \frac{\partial T}{\partial \theta_1} = Q_1 \tag{3.87}$$

即

$$\begin{aligned}&\frac{\mathrm{d}}{\mathrm{d}t}[(m_1 + m_2)L_1^2\dot{\theta}_1 + m_2 L_1 L_2 \dot{\theta}_2 \cos(\theta_1 - \theta_2)]+\\&m_2 L_1 L_2 \dot{\theta}_1 \dot{\theta}_2 \sin(\theta_1 - \theta_2) = -(m_1 + m_2)gL_1 \sin\theta_1\end{aligned} \tag{3.88}$$

对广义坐标 θ_2 求导可得到第二个拉格朗日方程

$$\frac{\mathrm{d}}{\mathrm{d}t}\left(\frac{\partial T}{\partial \dot{\theta}_2}\right) - \frac{\partial T}{\partial \theta_2} = Q_2 \tag{3.89}$$

即

$$\frac{\mathrm{d}}{\mathrm{d}t}[m_2 L_2^2 \dot{\theta}_2 + m_2 L_1 L_2 \dot{\theta}_1 \cos(\theta_1 - \theta_2)] - m_2 L_1 L_2 \dot{\theta}_2 \sin(\theta_1 - \theta_2) = -m_2 g L_2 \sin\theta_2 \tag{3.90}$$

将式 (3.88) 和式 (3.90) 左端各项对时间进行微分, 可以得到系统的运动方程, 即两个和 $\ddot{\theta}_1$、$\ddot{\theta}_2$ 相关的方程。

通过选择这组广义坐标, 两个距离约束已经自动满足, 而这组坐标是相互独立的, 所以式 (3.88) 和式 (3.90) 即为不受约束系统的运动方程。

可以看出, 通过对时间的微分, 就能得到一个包含两个方程的系统。这两个方程均和变量 $\ddot{\theta}_1$、$\ddot{\theta}_2$ 呈线性关系, 并且可以用代数求解。

(2) 选取 θ_1、x_2、y_2 作为广义坐标。此时, 虚功可以表示为

$$Q_1\delta\theta_1 + Q_2\delta\theta_2 + Q_3\delta y_2 = -m_1 g L_1 \sin\theta_1 \delta\theta_1 + m_2 g \delta y_2 \tag{3.91}$$

式中

$$Q_1 = -m_1 g L_1 \sin\theta_1, Q_2 = 0, Q_3 = m_2 g$$

注意: 为了从式 (3.91) 中得到这三个方程, 假设三个虚位移是相互独立的, 也就是说三个广义坐标 θ_1、x_2、y_2 是相互独立的。同理, 系统的动能可表示为

$$T = \frac{1}{2}(m_1 L_1 \dot{\theta}_1^2 + m_2 \dot{x}_2^2 + m_2 \dot{y}_2^2) \tag{3.92}$$

从物理意义上来讲, 假设这三个坐标之间是相互独立的, 也就是假设质量 m_1 和 m_2 之间没有约束, 即杆 L_2 不存在。与这三个广义坐标表述的不受约束系统相对应的三个拉格朗日方程为

$$m_1L_1^2\ddot{\theta}_1 = -m_1gL_1\sin\theta_1 \tag{3.93}$$

$$m_2\ddot{x}_2 = 0 \tag{3.94}$$

$$m_2\ddot{y}_2 = m_2g \tag{3.95}$$

这些即为不受约束系统方程。

虽然假设三个广义坐标 θ_1、x_2、y_2 是相互独立的, 但事实上, 它们并不是相互独立的, 其中一个是多余的。因此, 需要附加一个约束方程来描述系统真实的约束运动, 即

$$(x_2 - L_1\sin\theta_1)^2 + (y_2 - L_1\cos\theta_1)^2 = L_2^2 \tag{3.96}$$

由此, 不受约束系统方程式 (3.93)~ 式 (3.95) 以及约束方程式 (3.96) 就共同完成了对以三个坐标 θ_1、x_2、y_2 所表示的动力学系统的运动描述。

可以看出, 式 (3.92) 中动能的表述比式 (3.86) 简单得多。事实上, 只要假设越多的坐标是相互独立的, 那个不受约束系统的动能的确定就会越简单。

(3) 选取 x_1、y_1、x_2、y_2 作为广义坐标。为了得到系统的无约束运动方程, 假设这四个坐标是相互独立的, 于是有

$$Q_1\delta x_1 + Q_2\delta y_1 + Q_3\delta x_2 + Q_4\delta y_2 = m_1g\delta y_1 + m_2g\delta y_2 \tag{3.97}$$

其中

$$Q_1 = Q_3 = 0, Q_2 = m_1g, Q_4 = m_2g$$

系统的动能可简单地表示为

$$T = \frac{1}{2}m_1(\dot{x}_1^2 + \dot{y}_1^2) + \frac{1}{2}m_2(\dot{x}_2^2 + \dot{y}_2^2)$$

由于假设四个坐标是相互独立的, 系统的动能更容易表达, 与式 (3.86) 相比也更简单。

对于这个不受约束系统, 拉格朗日方程可表示为

$$m_1\ddot{x}_1 = 0 \tag{3.98}$$

$$m_1\ddot{y}_1 = m_1g \tag{3.99}$$

$$m_2\ddot{x}_2 = 0 \tag{3.100}$$

$$m_2\ddot{y}_2 = m_2g \tag{3.101}$$

用这些方程来描述不受约束系统的同时, 需要附加两个约束方程

$$x_1^2 + y_1^2 = L_1^2 \tag{3.102}$$

$$(x_2 - x_1) + (y_2 - y_1) = L_2^2 \tag{3.103}$$

至此, 对于给定系统的动力学描述可以通过下面两个条件得到

(1) 对于由两个质点组成的无约束系统, 在空间仅受到给定外力 (在本例中为重力) 作用下做自由运动, 它们所组成的运动方程可以用式 (3.98)~ 式 (3.101) 来描述。

(2) 对于由两个质点组成的约束系统, 附加的约束可以用式 (3.102) 和式 (3.103) 来描述。

根据以上例子可以总结出一个非常重要的特征: 选取不同方式的广义坐标可以用不同的与不受约束系统相对应的方程组, 以及不同的与施加在这个不受约束系统上的约束相对应的方程组来描述同一个系统。一般来说, 随着描述不受约束系统的坐标数的增加, 也就说, 假设越多的坐标是相互独立的, 那么这个系统的无约束运动方程就越容易表达, 通过比较式 (3.88)、式 (3.90) 与式 (3.98)~ 式 (3.101) 即可看出。然而, 这些方程越简单, 就需要增加更多的约束方程来完成对整个系统的描述。这也会使得广义逆的分析确定更加繁琐, 而广义逆是得到最终约束系统的运动方程所必需的。

当选取 s 个广义坐标时, 由于

$$T=\frac{1}{2}\sum_{i=1}^{3n}m_i\dot{x}_i^2,\text{ 其中 }\dot{x}_i=x_i(q_1,q_2,\cdots,q_s,t),\quad i=1,2,\cdots,n \tag{3.104}$$

用 $\boldsymbol{q}$ 和 $\dot{\boldsymbol{q}}$ 代替 $\dot{\boldsymbol{x}}$ 可得

$$T=T_1+T_2+T_0 \tag{3.105}$$

式中

$$T_2=\frac{1}{2}\sum_{i=1}^{s}\sum_{j=1}^{s}\rho_{ij}\dot{q}_i\dot{q}_j,T_1=\sum_{i=1}^{s}\mu_i\dot{q}_i,T_0=v_0 \tag{3.106}$$

这里有

$$\rho_{ij}=\rho_{ji}=\sum_{r=1}^{3n}m_r\frac{\partial x_r}{\partial q_i}\frac{\partial x_r}{\partial q_j}=\rho_{ij}(\boldsymbol{q},t) \tag{3.107}$$

$$\mu_i=\sum_{r=1}^{3n}m_r\frac{\partial x_r}{\partial q_i}\frac{\partial x_r}{\partial t}=\mu_i(\boldsymbol{q},t) \tag{3.108}$$

$$v_0=\frac{1}{2}\sum_{r=1}^{3n}m_r\left(\frac{\partial x_r}{\partial t}\right)^2=v_0(\boldsymbol{q},t) \tag{3.109}$$

假设这 s 个广义坐标是 $q_1,q_2,\cdots,q_s$ 相互独立的, 则这个不受约束系统的运动方程可以表示为

$$\boldsymbol{M}(\boldsymbol{q},t)\ddot{\boldsymbol{q}}=\boldsymbol{F}(\boldsymbol{q},\dot{\boldsymbol{q}},t) \tag{3.110}$$

式中, $\boldsymbol{M}$ 是一个 $s\times s$ 的对称矩阵 $(s\leqslant 3n)$, 其第 i 行第 j 列元素为 $\rho_{ij}(\boldsymbol{q},t)$; $\boldsymbol{F}$ 是一个 s 维矢量, 其分量是一个和 $\boldsymbol{q}$、$\dot{\boldsymbol{q}}$ 以及时间 t 有关的函数。可以看出, 与不受约束系统相对应的式 (3.110) 中的矩阵 $\boldsymbol{M}$ 总是正定的。根据式 (3.104), $\boldsymbol{T}$ 总是正定的。同时, 通过适当的缩放, 式 (3.105) 中的二次项总是可以起主导作用, 从而使得 $\boldsymbol{T}_2$ 是正定的。

一般情况下, 根据选择的广义坐标, 对于系统的描述也将包括 u 个完整约束

$$f_i(\boldsymbol{q},t)=0,\quad i=1,2,\cdots,u \tag{3.111}$$

和 r 个非完整约束

$$\sum_{j=1}^{s} d_{ij}(\boldsymbol{q},t)\dot{q}_j+g_i(\boldsymbol{q},t)=0,\quad i=1,2,\cdots,r \tag{3.112}$$

因此, 式 (3.110)～ 式 (3.112) 以拉格朗日坐标 q_i, $i=1,2,\cdots,s$; $s=3n-h+u$ 的形式描述了这个受约束系统。式 (3.110) 是从拉格朗日方程得到的, 它是不受约束系统的运动方程, 其确定是以假设这 s 个坐标是相互独立为前提的。式 (3.111) 和式 (3.112) 提供了增加的完整约束和非完整约束来描述系统的特性, 共有 $w=u+r$ 个方程。

将式 (3.111) 二次微分和式 (3.112) 一次微分, 可以得到标准形式的约束方程

$$\boldsymbol{A}(\boldsymbol{q},t)\ddot{\boldsymbol{q}}=\boldsymbol{b}(\boldsymbol{q},\dot{\boldsymbol{q}},t) \tag{3.113}$$

式中, $\boldsymbol{A}$ 是一个 $w\times s$ 矩阵, 其第 i 行第 j 列元素为 $d_{ij}(\boldsymbol{q},t)$, 且假设矩阵 $\boldsymbol{A}$ 的秩小于 $3n$。所以, 当选取 s 个广义坐标 $q_i(i=1,2,\cdots,s)$ 时, 再次得到一个通用的形式, 包括式 (3.110) 所描述的无约束运动方程和式 (3.113) 所描述的约束方程。

以上介绍了使用拉格朗日方程进行一般情况的质点系统动力学建模过程, 一些特殊情况的基本方程还可以参考文献 [17,18], 现总结如下。

(1) 可以使用广义坐标来描述一个含有 n 个质点的系统的结构。描述系统结构所需的最少坐标数是 $3n-h$, 其中 h 是独立完整约束的数目。如果使用这个最少坐标数并选取合适的坐标的话, 所有的完整约束都将会自动满足。这时不再需要指定任何完整约束, 因为在这些坐标的选取下, 完整约束可以自动满足。

(2) 也可以使用多于最少坐标数的坐标, 这时则需要增加几个额外的约束关系。这些约束关系实质上是完整约束。对于不可积分约束, 不能够通过坐标变换来消除它们, 它们是额外施加进去的以完成对系统的描述。

(3) 当广义坐标确定之后, 就可以使用拉格朗日方程来得到系统的无约束运动方程。假设这些坐标之间都是相互独立的, 利用这些坐标可以写出系统的动能, 并找出与每个坐标相对应的广义力。根据拉格朗日方程, 可以确定矩阵 $\boldsymbol{M}$ 和矢量 $\boldsymbol{F}$, 进而确定无约束加速度 $\boldsymbol{a}=\boldsymbol{M}^{-1}\boldsymbol{F}$。

第 4 章 Udwadia – Kalaba 方程

第 3 章介绍了拉格朗日 (Lagrange) 动力学的基础知识, 本章将详细阐述 Udwadia – Kalaba (U – K) 动力学方程。首先从分析力学领域最为重要的定理——高斯定理开始。高斯定理提出质点系真实运动的加速度是所有符合约束的可能加速度中约束函数极小值者, 并从系统加速度函数最小值的角度, 对约束系统运动的本质特性进行了描述。其次, 以此为基础, 详细介绍 U – K 动力学基本方程的推导过程。特别指出的是, 该动力学方程适用于所有的完整/非完整、定常/非定常、理想/非理想约束, 这是相比拉格朗日方程的优势之一。然后, 将给出 U – K 方程的完整证明与严格验证, 并介绍了求解使系统运动满足约束条件的约束力方法。最后, 介绍了 U – K 动力学扩展方程, 此方程对质量矩阵奇异的情况同样适用。

4.1 U – K 方程产生背景

自 1788 年拉格朗日建立分析力学 [16] 以来, 对于相互约束的复杂机械系统进行动力学建模就成为分析动力学领域的核心研究内容。许多数学家和物理学家在此问题上开展了大量的研究。由于拉格朗日提出的处理约束运动的 Lagrange 乘子法需要针对具体问题确定 Lagrange 乘子, 而且对于拥有大自由度和不可积分约束的系统, 它们的 Lagrange 乘子难以获得, 因此派生出很多不同的方法用来处理约束系统。Gauss[19] 提出一种处理约束运动问题的理论, 即通过最小化系统质点的加速度函数, 来清晰地描述约束运动的本质。Gibbs 和 Appell 提出 Gibbs – Appell 方程 [20-21], 但是该方程需要明确具体的准坐标, 且同样具有对大自由度和非完整约束系统难以处理的问题。Dirac[22] 使用 "Poisson brackets" 发展出了针对奇异哈密顿 (Hamiltonian) 系统获取 Lagrange 乘子的方法。

直到 1992 年, 南加州大学的 Udwadia 等在该领域进行长期研究后, 拓展了达朗贝尔原理和拉格朗日方程, 提出了 Udwadia – Kalaba 方程 [1,3] (U – K 方程), 该方程可应用于可积分和不可积分约束系统。同时, Udwadia 和 Kalaba[17,23] 发现, 以往有关分析力学的研究大都基于达朗贝尔原理, 即假定系统受到理想约束的作用, 所以约束力做的虚功为零。虽然达朗贝尔原理适用于大多数情况, 但并不适用于有非理想约束的情况, 因此 Udwadia 和 Kalaba 针对约束系统提出了可能不满足达朗贝尔原理 的基本运动方程。此后, Udwadia 和 Phohomsiri[18] 又在 U – K 方程的基础上提出新的运动方程来解决奇异质量矩阵问题。

4.2 高斯定理

假设一个系统由 n 个质点组成，质点的质量分别为 $m_1, m_2, \cdots, m_n$，在三维惯性参考系中，令三维矢量 $\boldsymbol{X}_i = [x_i, y_i, z_i]^{\mathrm{T}}$ 代表第 i 个质点的位置，当第 i 个质点受到给定外力 $\boldsymbol{F}_i(t)$ 的作用且不受约束时，它的加速度可以由三维矢量 $a_i = \dfrac{1}{m_i}\boldsymbol{F}_i(t)$ 给出。显然，向量 $\boldsymbol{a}_i$ 的三个组成部分与该质点在参考系中三个相互正交方向上的加速度一一对应，而 $\boldsymbol{F}_i$ 的三个组成部分也与该质点在三个方向上的受力相对应。

虽然这些质点间可能因为存在相互作用而被约束，比如某些质点被要求在构型空间确定的表面运动，又或者是某些质点要满足非完整 Pfaffian 约束。但在本书中，讨论的是在给定外力与约束的条件下，假设质点的速度与位置已知，确定在任意 t 时刻质点的实际加速度值。所以，当质点系统不受约束时，它的运动方程为

$$\boldsymbol{M}\boldsymbol{a} = \boldsymbol{F}(\boldsymbol{X}(t), \dot{\boldsymbol{X}}(t), t) \tag{4.1}$$

式中，$3n$ 维矢量 $\boldsymbol{F}$ 表示给定的外力，它由作用在每个质点上的已知外力 $\boldsymbol{F}_i(t)$ 叠加得到，即 $\boldsymbol{F}(t) = [F_1^{\mathrm{T}}\ F_2^{\mathrm{T}}\ \cdots\ F_n^{\mathrm{T}}]^{\mathrm{T}}$。$3n$ 维矢量 $\boldsymbol{a}$ 由每个质点相对应的加速度矢量 $\boldsymbol{a}_i$ 叠加得到，即 $\boldsymbol{a}(t) = [\boldsymbol{a}_1^{\mathrm{T}}\ \boldsymbol{a}_2^{\mathrm{T}}\ \cdots\ \boldsymbol{a}_n^{\mathrm{T}}]^{\mathrm{T}}$。质量矩阵 $\boldsymbol{M}$ 为 $3n \times 3n$ 阶的对角矩阵，即 $\boldsymbol{M} = \mathrm{diag}(m_1, m_1, m_1, m_2, m_2, m_2, \cdots, m_n, m_n, m_n)$。由此，可以得到表示位置的 $3n$ 维矢量 $\boldsymbol{X}(t) = [\boldsymbol{X}_1^{\mathrm{T}}\ \boldsymbol{X}_2^{\mathrm{T}}\ \cdots\ \boldsymbol{X}_n^{\mathrm{T}}]^{\mathrm{T}}$。同时可以看出，力 $\boldsymbol{F}_i$ 是 $\boldsymbol{X}$、$\dot{\boldsymbol{X}}$ 和 t 的已知函数。

但在约束存在的情况下，t 时刻质点的加速度与 $\boldsymbol{a}(t)$ 并不相同。因此我们定义当约束存在时，质点的加速度为 $3n$ 维矢量 $\ddot{\boldsymbol{X}}(t)$。类似地，通过叠加每个质点相对应的加速度，可以得到 $\ddot{\boldsymbol{X}}(t)$，即 $\ddot{\boldsymbol{X}}(t) = [\ddot{\boldsymbol{X}}_1^{\mathrm{T}}\ \ddot{\boldsymbol{X}}_2^{\mathrm{T}}\ \cdots\ \ddot{\boldsymbol{X}}_n^{\mathrm{T}}]^{\mathrm{T}}$。

假设在 t 时刻 $\boldsymbol{X}$ 和 $\dot{\boldsymbol{X}}$ 是已知的，且矢量 $\boldsymbol{X}$ 和 $\dot{\boldsymbol{X}}$ 均满足给定的约束，则此时刻的外力 $\boldsymbol{F}(t)$ 也完全已知。而对于矩阵 $\boldsymbol{M}$，其对角线元素均为正数，显然该矩阵正定。据此，高斯定理指出，在 t 时刻，某一系统的真实加速度是满足约束条件的所有可能加速度中，可以使下式取得极小值者：

$$G(\ddot{\boldsymbol{X}}) = (\ddot{\boldsymbol{X}} - \boldsymbol{a})^{\mathrm{T}}\boldsymbol{M}(\ddot{\boldsymbol{X}} - \boldsymbol{a}) = (\boldsymbol{M}^{1/2}\ddot{\boldsymbol{X}} - \boldsymbol{M}^{1/2}\boldsymbol{a})^{\mathrm{T}}(\boldsymbol{M}^{1/2}\ddot{\boldsymbol{X}} - \boldsymbol{M}^{1/2}\boldsymbol{a}) \tag{4.2}$$

由上式表示的标量为“Gaussian”，简称 G。1829 年，高斯 (Gauss) 在一篇短文中介绍了这个方程，它反映了力学的基本原理，适用于机械系统中可能受到的任何形式的运动学约束。

定义 $\Delta\ddot{\boldsymbol{X}} = \ddot{\boldsymbol{X}} - \boldsymbol{a}$，$\Delta\ddot{\boldsymbol{X}}$ 代表受约束系统中原有的加速度值与不考虑约束时加速度值的偏差。从这个角度看，G 的值可被理解为是矢量 $\Delta\ddot{\boldsymbol{X}}$ 长度的平方。显然，当约束不存在，即 $\ddot{\boldsymbol{X}} = \boldsymbol{a}$ 时，$G(\ddot{\boldsymbol{X}})$ 取到最小值。也就是说，当系统不被约束时，加速度偏差可以写成 $\Delta\ddot{\boldsymbol{X}} = 0$。

在本章中，所涉及的约束均可被表示为系统质点间加速度的线性等式关系。这

种线性等式关系可以由下面的标准形式表示

$$\boldsymbol{A}(\boldsymbol{X},\dot{\boldsymbol{X}},t)\ddot{\boldsymbol{X}}=\boldsymbol{b}(\boldsymbol{X},\dot{\boldsymbol{X}},t) \tag{4.3}$$

式中, $\boldsymbol{A}$ 是 $m\times 3n$ 维的矩阵; $\boldsymbol{b}$ 是 m 维矢量。并且上式中包含的方程彼此不需要线性无关。

矩阵 $\boldsymbol{A}$ 中的元素可以是 $\boldsymbol{X}$、t 或 $\dot{\boldsymbol{X}}$ 的函数。因此, 相比较以下两种方式得到的约束方程, 上式更具有一般性:

(1) 将 Pfaffian非完整约束对时间微分而得到的约束方程;

(2) 将完整约束对时间两次微分而得到的约束方程。

这个更加普遍的约束方程式 (4.3) 也可以被认为是对 m 个约束 $\varphi_i(\boldsymbol{X},\dot{\boldsymbol{X}},t)=0\ (i=1,2,\cdots,m)$ 微分而获得。因此本书中讨论的约束可以包含拉格朗日动力学中的所有常规问题。

4.3 U – K 基本方程

当存在式 (4.3) 所表述的约束时, 在任意时刻 t, 系统中 n 个质点的 $3n$ 维加速度矢量可由下式给出

$$\ddot{\boldsymbol{X}}=\boldsymbol{a}+\boldsymbol{M}^{-1/2}(\boldsymbol{A}\boldsymbol{M}^{-1/2})^{+}(\boldsymbol{b}-\boldsymbol{A}\boldsymbol{a}) \tag{4.4}$$

式中, $\boldsymbol{A}\boldsymbol{M}^{-1/2}$ 称为约束矩阵 $(\boldsymbol{A}\boldsymbol{M}^{-1/2})^{+}$ 为约束矩阵 $\boldsymbol{A}\boldsymbol{M}^{-1/2}$ 的唯一 MP 逆矩阵。

证明 关于上式的证明并不复杂, 现分两步进行说明。第一步, 推导出式 (4.4) 给出的加速度满足约束方程 (4.3)。第二步, 证明满足约束方程 (4.3) 的加速度矢量 [式 (4.4)] 可以使式 (4.2) 即 G 取得最小值且为唯一解。

第一步证明:

式 (4.3) 可表示为

$$\boldsymbol{A}\boldsymbol{M}^{-1/2}(\boldsymbol{M}^{1/2}\ddot{\boldsymbol{X}})=\boldsymbol{A}\boldsymbol{M}^{-1/2}(y)=\boldsymbol{b} \tag{4.5}$$

为了使此方程连续, 即为了使 $\ddot{\boldsymbol{X}}$ 为该方程的解, 可要求

$$\boldsymbol{A}\boldsymbol{M}^{-1/2}(\boldsymbol{A}\boldsymbol{M}^{-1/2})^{+}\boldsymbol{b}=\boldsymbol{b} \tag{4.6}$$

再将式 (4.4) 中给出的 $\ddot{\boldsymbol{X}}$ 代入式 (4.3) 的左边, 有

$$\begin{aligned}\boldsymbol{A}\ddot{\boldsymbol{X}}&=\boldsymbol{A}\boldsymbol{a}+\boldsymbol{A}\boldsymbol{M}^{-1/2}(\boldsymbol{A}\boldsymbol{M}^{-1/2})^{+}(\boldsymbol{b}-\boldsymbol{A}\boldsymbol{a})\\&=[\boldsymbol{I}-\boldsymbol{A}\boldsymbol{M}^{-1/2}(\boldsymbol{A}\boldsymbol{M}^{-1/2})^{+}]\boldsymbol{A}\boldsymbol{a}+\boldsymbol{A}\boldsymbol{M}^{-1/2}(\boldsymbol{A}\boldsymbol{M}^{-1/2})^{+}\boldsymbol{b}\\&=[\boldsymbol{I}-\boldsymbol{A}\boldsymbol{M}^{-1/2}(\boldsymbol{A}\boldsymbol{M}^{-1/2})^{+}]\boldsymbol{A}\boldsymbol{M}^{-1/2}\boldsymbol{M}^{1/2}\boldsymbol{a}+\boldsymbol{A}\boldsymbol{M}^{-1/2}(\boldsymbol{A}\boldsymbol{M}^{-1/2})^{+}\boldsymbol{b}\end{aligned} \tag{4.7}$$

通过 MP 逆矩阵算法, 上式右边第一项消为零, 得

$$\boldsymbol{A}\ddot{\boldsymbol{X}} = \boldsymbol{A}\boldsymbol{M}^{-1/2}(\boldsymbol{A}\boldsymbol{M}^{-1/2})^{+}\boldsymbol{b} = \boldsymbol{b} \tag{4.8}$$

由此证明式 (4.4) 定义的加速度 $\ddot{\boldsymbol{X}}$ 满足约束方程 (4.3)。

第二步证明:

考虑一个与式 (4.4) 给出的 $\ddot{\boldsymbol{X}}$ 所不同的加速度矢量 $\ddot{\boldsymbol{u}}$, 令矢量 $\ddot{\boldsymbol{u}} = \ddot{\boldsymbol{X}} + \boldsymbol{V}$ 其中 $\boldsymbol{V}$ 为一任意矢量, 并使 $\ddot{\boldsymbol{u}}$ 在时刻 t 时满足约束方程 (4.3), 可以证明对于任意矢量 $\boldsymbol{V} \neq 0, G(\ddot{\boldsymbol{u}}) > G(\ddot{\boldsymbol{X}})$。

因为 $\boldsymbol{A}\ddot{\boldsymbol{u}} = \boldsymbol{A}(\ddot{\boldsymbol{X}} + \boldsymbol{V}) = \boldsymbol{A}\ddot{\boldsymbol{X}} + \boldsymbol{A}\boldsymbol{V} = \boldsymbol{b}$, 且 $\boldsymbol{A}\ddot{\boldsymbol{X}} = \boldsymbol{b}$。由此可知 $\boldsymbol{A}\boldsymbol{V} = 0$, 所以 $\boldsymbol{A}\boldsymbol{V} = \boldsymbol{A}\boldsymbol{M}^{-1/2}(\boldsymbol{M}^{1/2}\boldsymbol{V}) = 0$, 即

$$(\boldsymbol{M}^{1/2}\boldsymbol{V})^{\mathrm{T}}(\boldsymbol{A}\boldsymbol{M}^{-1/2})^{+} = 0 \tag{4.9}$$

又因为 $\ddot{\boldsymbol{u}} = \ddot{\boldsymbol{X}} + \boldsymbol{V}$ 且 $\ddot{\boldsymbol{X}}$ 满足式 (4.4), 得到如下关系:

$$\begin{aligned}
G(\ddot{\boldsymbol{u}}) &= [(\boldsymbol{A}\boldsymbol{M}^{-1/2})^{+}(\boldsymbol{b} - \boldsymbol{A}\boldsymbol{a}) + \boldsymbol{M}^{1/2}\boldsymbol{V}]^{\mathrm{T}}[(\boldsymbol{A}\boldsymbol{M}^{-1/2})^{+}(\boldsymbol{b} - \boldsymbol{A}\boldsymbol{a}) + \boldsymbol{M}^{1/2}\boldsymbol{V}] \\
&= [(\boldsymbol{A}\boldsymbol{M}^{-1/2})^{+}(\boldsymbol{b} - \boldsymbol{A}\boldsymbol{a})]^{\mathrm{T}}[(\boldsymbol{A}\boldsymbol{M}^{-1/2})^{+}(\boldsymbol{b} - \boldsymbol{A}\boldsymbol{a})] + \\
&\quad [(\boldsymbol{A}\boldsymbol{M}^{-1/2})^{+}(\boldsymbol{b} - \boldsymbol{A}\boldsymbol{a})]^{\mathrm{T}}\boldsymbol{M}^{1/2}\boldsymbol{V} + (\boldsymbol{M}^{1/2}\boldsymbol{V})^{\mathrm{T}}[(\boldsymbol{A}\boldsymbol{M}^{-1/2})^{+}(\boldsymbol{b} - \boldsymbol{A}\boldsymbol{a})] + \\
&\quad (\boldsymbol{M}^{1/2}\boldsymbol{V})^{\mathrm{T}}(\boldsymbol{M}^{1/2}\boldsymbol{V})
\end{aligned} \tag{4.10}$$

注意到在等式最后, 右边第一项即为 $G(\ddot{\boldsymbol{X}})$, 由方程 (4.9) 知第二项为零, 且第二项为第三项的转置, 因此得到

$$G(\ddot{\boldsymbol{u}}) = G(\ddot{\boldsymbol{X}}) + (\boldsymbol{M}^{1/2}\boldsymbol{V})^{\mathrm{T}}(\boldsymbol{M}^{1/2}\boldsymbol{V}) \tag{4.11}$$

由于矩阵 $\boldsymbol{M}$ 正定, 所以当 $\boldsymbol{V} \neq 0$ 时, 方程右边第二项恒为正, 因此 $G(\ddot{\boldsymbol{u}}) > G(\ddot{\boldsymbol{X}})$, 也就证明了当且仅当 $\ddot{\boldsymbol{u}} = \ddot{\boldsymbol{X}}$ 时, G 取最小值。

由于上述对于矢量 $\boldsymbol{V}$ 的取值没有做任何假设, 所以式 (4.4) 中得到的加速度 $\ddot{\boldsymbol{X}}$ 使标量 G 为全局最小值, 且式 (4.4) 给出的加速度 $\ddot{\boldsymbol{X}}$ 是高斯最小值问题的唯一解。

例题 4.1 设某一质点在水平面内移动, 并受到外力 $F_x(t)$ 和 $F_y(t)$ 的作用。该质点被约束在与 X 轴成固定角度 α 的斜直线上, 给出描述此约束系统的运动。

解 首先, 可以写出该质点无约束时的运动

$$\begin{bmatrix} m & 0 \\ 0 & m \end{bmatrix} \boldsymbol{a} = \begin{bmatrix} F_x(t) \\ F_y(t) \end{bmatrix} \tag{4.12}$$

根据约束条件, 约束方程可以写成 $y = x\tan\alpha$, 表示为二阶形式为 $\ddot{y} = \ddot{x}\tan\alpha$。因此矩阵 $\boldsymbol{A} = [-\tan\alpha \ 1]$, $\boldsymbol{b} = 0$。由式 (4.12) 得无约束系统的加速度为

$$\boldsymbol{a} = \begin{bmatrix} \dfrac{F_x(t)}{m} & \dfrac{F_y(t)}{m} \end{bmatrix}^{\mathrm{T}}$$

接着通过式 (4.4) 得到有约束时系统的运动方程

$$\begin{bmatrix} \ddot{x} \\ \ddot{y} \end{bmatrix} = \begin{bmatrix} \dfrac{F_x(t)}{m} \\ \dfrac{F_y(t)}{m} \end{bmatrix} - \boldsymbol{M}^{-1/2}(\boldsymbol{AM}^{-1/2})^{+}[-\tan\alpha\ 1] \begin{bmatrix} \dfrac{F_x(t)}{m} \\ \dfrac{F_y(t)}{m} \end{bmatrix} \tag{4.13}$$

式中, $\boldsymbol{AM}^{-1/2} = [-m^{-1/2}\tan\alpha - m^{-1/2}]$, 所以其 MP 逆矩阵为 $(\boldsymbol{AM}^{-1/2})^{+} = \dfrac{1}{m^{-1}\tan^2\alpha + m^{-1}} \begin{bmatrix} -m^{-1/2}\tan\alpha \\ m^{-1/2} \end{bmatrix}$。由此式 (4.13) 可以写为

$$\begin{aligned} \begin{bmatrix} \ddot{x} \\ \ddot{y} \end{bmatrix} = & \begin{bmatrix} \dfrac{F_x(t)}{m} \\ \dfrac{F_y(t)}{m} \end{bmatrix} - \begin{bmatrix} m^{-1/2} & 0 \\ 0 & m^{-1/2} \end{bmatrix} \\ & \frac{m}{\tan^2\alpha + 1} \begin{bmatrix} -m^{-1/2}\tan\alpha \\ m^{-1/2} \end{bmatrix} \left[-\frac{F_x(t)}{m}\tan\alpha + \frac{F_y(t)}{m} \right] \end{aligned} \tag{4.14}$$

或

$$\begin{bmatrix} m\ddot{x} \\ m\ddot{y} \end{bmatrix} = \begin{bmatrix} F_x(t) \\ F_y(t) \end{bmatrix} + \frac{F_x(t)\tan\alpha - F_y(t)}{\tan^2\alpha + 1} \begin{bmatrix} -\tan\alpha \\ 1 \end{bmatrix} \tag{4.15}$$

此问题的约束 $y = x\tan\alpha$ 可根据 Pfaffian公式表示为 $-(\tan\alpha)\mathrm{d}x + 1\mathrm{d}y = 0$, 这样式 (4.15) 可被表达为

$$\begin{bmatrix} m\ddot{x} \\ m\ddot{y} \end{bmatrix} = \begin{bmatrix} F_x(t) \\ F_y(t) \end{bmatrix} + \lambda(t) \begin{bmatrix} -\tan\alpha \\ 1 \end{bmatrix} \tag{4.16}$$

式中, 乘子 $\lambda(t)$ 为

$$\lambda(t) = \frac{F_x(t)\tan\alpha - F_y(t)}{\tan^2\alpha + 1} \tag{4.17}$$

式 (4.16) 右侧与 $\lambda(t)$ 相乘的矢量各部分与 Pfaffian形式的约束方程中的 $\mathrm{d}x$、$\mathrm{d}y$ 相对应。

考虑一个特例, 当一质点位于垂直线上, 并受到重力的作用, 则 $F_x(t) = 0$、$F_y(t) = -mg$。因此式 (4.15) 在本例中可以写为

$$\begin{bmatrix} m\ddot{x} \\ m\ddot{y} \end{bmatrix} = \begin{bmatrix} 0 \\ -mg \end{bmatrix} + mg \begin{bmatrix} -\sin\alpha\cos\alpha \\ \cos^2\alpha \end{bmatrix} \tag{4.18}$$

或者可以写为

$$\begin{cases} \ddot{x} = -g\sin\alpha\cos\alpha \\ \ddot{y} = -g\sin\alpha\sin\alpha \end{cases} \tag{4.19}$$

虽然上述方程的代数推导过程较为乏味, 但当得到矩阵 $\boldsymbol{A}$ 和 $\boldsymbol{M}$ 以及矢量 $\boldsymbol{a}$ 和 $\boldsymbol{b}$ 后, 方程就变得十分理想。这种简单的例题用矢量力学的知识也很容易解决, 但对于较复杂的问题, 单纯使用拉格朗日力学就会变得就难以处理。

例题 4.2 将上一个例题推广到更加普遍的情况。考虑一个质点, 令其在重力场中沿 $f(x,y)=0$ 的曲线运动, 设重力作用于 Y 轴的负方向, 写出该质点的运动方程。

解 将约束方程 $f(x,y)=0$ 微分两次后得到

$$f_x\ddot{x}+f_y\ddot{y}=-\dot{x}(f_{xx}\dot{x}+f_{xy}\dot{y})-\dot{y}(f_{yx}\dot{x}+f_{yy}\dot{y}) \tag{4.20}$$

因此

$$\boldsymbol{A}=[f_x\ f_y],\boldsymbol{b}=[-(f_{xx}\dot{x}^2+2f_{xy}\dot{x}\dot{y}+f_{yy}\dot{y}^2)],\boldsymbol{a}=[0\ g]^{\mathrm{T}} \tag{4.21}$$

接着, 设该质点质量为 m, 则系统的质量矩阵为 $\boldsymbol{M}=\mathrm{diag}(m,m)$。因此我们得到

$$\begin{aligned}\boldsymbol{AM}^{-1/2}&=[m^{-1/2}f_x\ m^{-1/2}f_y]\\(\boldsymbol{AM}^{-1/2})^+&=\frac{1}{m^{-1}f_x^2+m^{-1}f_y^2}\begin{bmatrix}m^{-1/2}f_x\\m^{-1/2}f_y\end{bmatrix}\\\boldsymbol{b}-\boldsymbol{Aa}&=-(f_{xx}\dot{x}^2+2f_{xy}\dot{x}\dot{y}+f_{yy}\dot{y}^2)-[f_x\ f_y]\begin{bmatrix}0\\-g\end{bmatrix}\\&=-(f_{xx}\dot{x}^2+2f_{xy}\dot{x}\dot{y}+f_{yy}\dot{y}^2)+gf_y\end{aligned} \tag{4.22}$$

因此, 运动方程 (4.4) 可写为

$$\begin{aligned}\begin{bmatrix}\ddot{x}\\\ddot{y}\end{bmatrix}=&\begin{bmatrix}0\\-g\end{bmatrix}-\begin{bmatrix}m^{-1/2}&0\\0&m^{-1/2}\end{bmatrix}\frac{1}{m^{-1}f_x^2+m^{-1}f_y^2}\\&\begin{bmatrix}m^{-1/2}f_x\\m^{-1/2}f_y\end{bmatrix}[-(f_{xx}\dot{x}^2+2f_{xy}\dot{x}\dot{y}+f_{yy}\dot{y}^2)+gf_y]\end{aligned} \tag{4.23}$$

或者表述为

$$\begin{bmatrix}\ddot{x}\\\ddot{y}\end{bmatrix}=\begin{bmatrix}0\\-g\end{bmatrix}+\frac{[-(f_{xx}\dot{x}^2+2f_{xy}\dot{x}\dot{y}+f_{yy}\dot{y}^2)+gf_y]}{f_x^2+f_y^2}\begin{bmatrix}f_x\\f_y\end{bmatrix} \tag{4.24}$$

同样, 约束方程可以被写成为 Pfaffian的形式 $f_x\mathrm{d}x+f_y\mathrm{d}y=0$, 因此式 (4.24) 可被重新写为如下形式:

$$\begin{bmatrix}m\ddot{x}\\m\ddot{y}\end{bmatrix}=\begin{bmatrix}0\\-mg\end{bmatrix}+\lambda(t)\begin{bmatrix}f_x\\f_y\end{bmatrix} \tag{4.25}$$

式中, 乘子 $\lambda(t)$ 为

$$\lambda(t)=m\frac{[-(f_{xx}\dot{x}^2+2f_{xy}\dot{x}\dot{y}+f_{yy}\dot{y}^2)+gf_y]}{f_x^2+f_y^2} \tag{4.26}$$

式 (4.25) 中与 $\lambda(t)$ 相乘的矢量即为 Pfaffian形式的约束方程中 $\mathrm{d}x$ 和 $\mathrm{d}y$ 的系数。

例题 4.3 考虑一个在 XY 平面中运动的钟摆系统, 如图 4.1 所示, 摆锤质量 m, 摆锤与固定点 (原点) 的距离为 L 且连接线的质量不计。试写出该系统的运动方程并求解作用于摆锤的约束力大小。

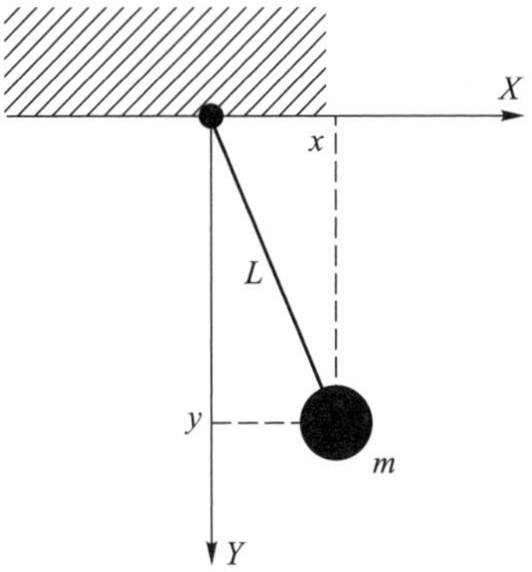

图 4.1 钟摆系统

解 该系统的无约束运动方程为

$$\begin{bmatrix} m & 0 \\ 0 & m \end{bmatrix} \boldsymbol{a} = \begin{bmatrix} 0 \\ mg \end{bmatrix} \tag{4.27}$$

因此式 (4.27) 中的 $\boldsymbol{a} = [0\ g]^{\mathrm{T}}$。再将其约束方程 $x^2 + y^2 = L^2$ 对时间两次微分, 得

$$[x(t)y(t)] \begin{bmatrix} \ddot{x} \\ \ddot{y} \end{bmatrix} = [-(\dot{x}^2 + \dot{y}^2)] \tag{4.28}$$

根据式 (4.3), 我们得到 $\boldsymbol{A} = [x(t)\ y(t)], \boldsymbol{b} = [-(\dot{x}^2 + \dot{y}^2)]$。再由式 (4.4) 可知, 系统运动方程为

$$\begin{bmatrix} \ddot{x} \\ \ddot{y} \end{bmatrix} = \begin{bmatrix} 0 \\ g \end{bmatrix} + \boldsymbol{M}^{-1/2}(\boldsymbol{A}\boldsymbol{M}^{-1/2})^{+} \left(\boldsymbol{b} - \boldsymbol{A} \begin{bmatrix} 0 \\ g \end{bmatrix} \right) \tag{4.29}$$

式中

$$\boldsymbol{A}\boldsymbol{M}^{-1/2} = [m^{-1/2}x \quad m^{-1/2}y] \tag{4.30}$$

所以其 MP 逆为

$$(\boldsymbol{A}\boldsymbol{M}^{-1/2})^{+} = \frac{1}{m^{-1}x^2 + m^{-1}y^2} \begin{bmatrix} m^{-1/2}x \\ m^{-1/2}y \end{bmatrix} \tag{4.31}$$

由此得

$$\begin{bmatrix} \ddot{x} \\ \ddot{y} \end{bmatrix} = \begin{bmatrix} 0 \\ g \end{bmatrix} + \begin{bmatrix} m^{-1/2} & 0 \\ 0 & m^{-1/2} \end{bmatrix} \frac{m}{m^{-1}x^2 + m^{-1}y^2} \begin{bmatrix} m^{-1/2}x \\ m^{-1/2}y \end{bmatrix} [-(\dot{x}^2 + \dot{y}^2) - gy] \tag{4.32}$$

运动方程则变为

$$\begin{bmatrix}\ddot{x}\\\ddot{y}\end{bmatrix}=\begin{bmatrix}0\\g\end{bmatrix}-\frac{\dot{x}^2+\dot{y}^2+gy}{x^2+y^2}\begin{bmatrix}x\\y\end{bmatrix}\tag{4.33}$$

将约束方程代入到上式, 且方程两边同乘 m, 得

$$\begin{bmatrix}m&0\\0&m\end{bmatrix}\begin{bmatrix}\ddot{x}\\\ddot{y}\end{bmatrix}=\begin{bmatrix}0\\mg\end{bmatrix}-m\frac{\dot{x}^2+\dot{y}^2+gy}{L^2}\begin{bmatrix}x\\y\end{bmatrix}\tag{4.34}$$

约束方程 $x^2+y^2=L^2$ 的 Pfaffian 形式为 $x\mathrm{d}x+y\mathrm{d}y=0$, 乘子 $\lambda(t)$ 为

$$\lambda(t)=-m\frac{\dot{x}^2+\dot{y}^2+gy}{L^2}\tag{4.35}$$

比较式 (4.27) 和式 (4.34), 式 (4.34) 表示系统的约束运动, 而式 (4.27) 表示系统的无约束运动。系统的加速度也因为式 (4.34) 右侧的附加项作用, 由 $\boldsymbol{a}$ 变为 $\ddot{\boldsymbol{X}}$。该附加项即为由于约束而产生的力 $\boldsymbol{F}^{(\mathrm{c})}$, 这个力与重力的合力使摆锤与固定点距离保持不变, 完成预想的运动的轨迹。该“约束力”可由下面方程给出

$$\begin{bmatrix}F_x^{\mathrm{c}}\\F_y^{\mathrm{c}}\end{bmatrix}=-m\frac{\dot{x}^2+\dot{y}^2+gy}{L^2}\begin{bmatrix}x\\y\end{bmatrix}=\lambda(t)\begin{bmatrix}x\\y\end{bmatrix}\tag{4.36}$$

由上式可以得出, 约束力在 X 和 Y 方向的分量都取决于 g。

根据以上的推导和实例可以看出, 当矩阵 $\boldsymbol{M}=m\boldsymbol{I}$ 时, 计算过程可以被进一步简化, 即

$$\boldsymbol{M}^{-1/2}(\boldsymbol{A}\boldsymbol{M}^{-1/2})^{+}=m^{-1/2}\boldsymbol{I}(m^{-1/2}\boldsymbol{A}\boldsymbol{I})^{+}=\boldsymbol{A}^{+}\tag{4.37}$$

因此, 当矩阵 $\boldsymbol{M}=m\boldsymbol{I}$ 时, 基本方程 (4.4) 可简化为

$$\ddot{\boldsymbol{X}}=\boldsymbol{a}+\boldsymbol{A}^{+}(\boldsymbol{b}-\boldsymbol{A}\boldsymbol{a})\tag{4.38}$$

也就是说, 当矩阵 $\boldsymbol{M}=m\boldsymbol{I}$, 且在求得了单个质点的约束时, 可以利用上式对质点的约束运动有更加清晰简洁的描述。不仅如此, 式 (4.38) 还可以推广到更一般的情况, 即当系统中存在 n 个质点且质量彼此不同时, 可以通过对加速度矢量进行适当的“缩放”, 从而得到形如式 (4.38) 的离散机械系统的运动方程。

例题 4.4 如图 4.2 所示, 设质量为 m 的质点, 在半径为 r 的圆环上运动且不受外力的作用, 试写出该约束系统的运动方程。

解 矩阵 $\boldsymbol{M}$ 可以写为 $\mathrm{diag}(m,m)$, 且矢量 $\boldsymbol{a}=0$。系统唯一的约束方程为 $x^2+y^2=r^2$。对其两次微分后得到 $x\ddot{x}+y\ddot{y}=-(\dot{x}^2+\dot{y}^2)=-v^2$。其中, v 为质点运动的速度。所以有 $\boldsymbol{A}=[x\ y],\boldsymbol{b}=[-(\dot{x}^2+\dot{y}^2)]$。

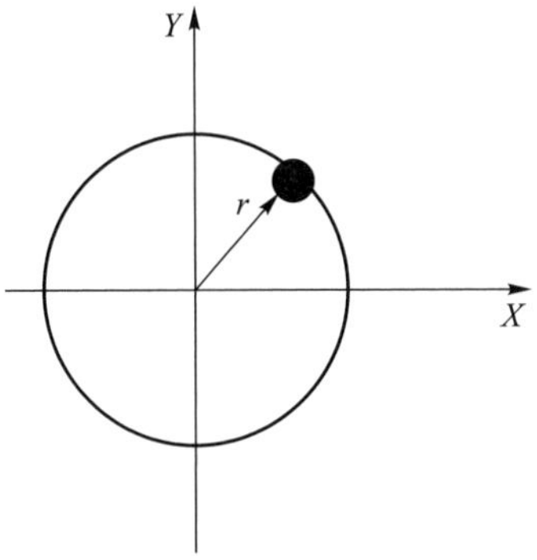

图 4.2　圆环系统

由于矩阵 $\boldsymbol{M}$ 为常对角矩阵, 则运动方程 (4.4) 可简化为式 (4.38) 的形式

$$\begin{aligned}\begin{bmatrix}\ddot{x}\\ \ddot{y}\end{bmatrix} &= 0+\boldsymbol{A}^{+}(\boldsymbol{b}-\boldsymbol{A}\boldsymbol{a})\\ &= [x\ y]^{+}[-(\dot{x}^2+\dot{y}^2)]\\ &= \begin{bmatrix}x\\ y\end{bmatrix}\frac{\dot{x}^2+\dot{y}^2}{x^2+y^2} = -\frac{v^2}{r}\begin{bmatrix}\dfrac{x}{r}\\ \dfrac{y}{r}\end{bmatrix}\end{aligned} \tag{4.39}$$

两边同乘矩阵 $\boldsymbol{M}$, 可得

$$\begin{bmatrix}m\ddot{x}\\ m\ddot{y}\end{bmatrix} = -\frac{mv^2}{r}\begin{bmatrix}\dfrac{x}{r}\\ \dfrac{y}{r}\end{bmatrix} \tag{4.40}$$

如系统无约束时, 方程就为

$$\begin{bmatrix}ma_x\\ ma_y\end{bmatrix} = \begin{bmatrix}0\\ 0\end{bmatrix} \tag{4.41}$$

比较式 (4.40) 和式 (4.41), 可以求得使系统加速度由 $\boldsymbol{a}$ 变为 $\ddot{\boldsymbol{X}}$ 的约束力为

$$\begin{bmatrix}F_x^{\mathrm{c}}\\ F_y^{\mathrm{c}}\end{bmatrix} = -\frac{mv^2}{r}\begin{bmatrix}\dfrac{x}{r}\\ \dfrac{y}{r}\end{bmatrix} \tag{4.42}$$

约束力方程 (4.42) 的右侧即为作用在质点上的向心力。

在该例中, 由于质点的位置和速度必须满足约束方程 $x^2+y^2=r^2$ 和 $x\dot{x}+y\dot{y}=0$, 所以约束方程中的四个量在任何指定的“初始时间” t_0 都不是相互独立的。所以当分析约束系统的运动情况时, 要谨慎处理这类对初始条件有隐含要求的约束。

4.4 约束力求解

从例题 4.3 和例题 4.4 可以看到, 当系统存在约束时, 这些约束会使每个时刻的加速度都与没有约束时的加速度出现偏差。约束系统在加速度上体现出来的这种偏差, 实际上是由力产生的, 而这些力产生的原因是要约束系统按照预想的方式运动, 下面就探讨这种力产生的原因。

无约束系统的运动方程可以表示为

$$\boldsymbol{M}\boldsymbol{a} = \boldsymbol{F}(t) \tag{4.43}$$

其中矢量 $\boldsymbol{F}$ 由系统中已知外力组成。当系统受约束时, 其运动方程则由下式表示:

$$\boldsymbol{M}\ddot{\boldsymbol{X}} = \boldsymbol{M}\boldsymbol{a} + \boldsymbol{M}^{1/2}(\boldsymbol{A}\boldsymbol{M}^{-1/2})^{+}(\boldsymbol{b} - \boldsymbol{A}\boldsymbol{a}) \tag{4.44}$$

将式 (4.43) 代入式 (4.44) 中, 系统受约束的运动方程可写为

$$\boldsymbol{M}\ddot{\boldsymbol{X}} = \boldsymbol{F}(t) + \boldsymbol{M}^{1/2}(\boldsymbol{A}\boldsymbol{M}^{-1/2})^{+}(\boldsymbol{b} - \boldsymbol{A}\boldsymbol{a}) = \boldsymbol{F}(t) + \boldsymbol{F}^{\mathrm{c}}(t) \tag{4.45}$$

因此, 在任意时刻 t, 受约束系统所受的额外作用力——“约束力” $\boldsymbol{F}^{\mathrm{c}}(t)$ 可以写成

$$\boldsymbol{F}^{\mathrm{c}}(t) = \boldsymbol{M}^{1/2}(\boldsymbol{A}\boldsymbol{M}^{-1/2})^{+}(\boldsymbol{b} - \boldsymbol{A}\boldsymbol{a}) \tag{4.46}$$

上式就给出了在 t 时刻引起系统加速度从无约束时 $\boldsymbol{a}$ 变为有约束时 $\ddot{\boldsymbol{X}}$ 的附加力。

以上讨论中并没有对约束间是否线性无关做任何要求, 所以即使约束方程线性相关, 式 (4.44) 和式 (4.46) 仍然有效。通常在一个复杂的系统中, 确认哪些约束间是线性相关的十分困难, 而本书中介绍的方法无需考虑这个问题。

与 4.3 节类似的, 当矩阵 $\boldsymbol{M}$ 是常对角阵, 即 $\boldsymbol{M} = m\boldsymbol{I}$ 时, 式 (4.46) 可简化为

$$\boldsymbol{F}^{\mathrm{c}}(t) = m\boldsymbol{A}^{+}(\boldsymbol{b} - \boldsymbol{A}\boldsymbol{a}) \tag{4.47}$$

式 (4.46) 即为 U–K 方程, 该方程从物理学角度阐述了运动对象在需要完成特定运动轨迹时所受到的外力。本书在该概念上延伸, 将上式从单纯的物理学角度引入到控制领域, 利用 U–K 方程求解被控对象在约束轨迹运动时所需的控制力。

总的来说, 基于 U–K 方程的动力学建模方法有以下优点:

(1) 该方程可以被应用于可积分和不可积分约束系统;

(2) 该方程适用于系统中存在非理想约束的情况, 即在约束力所做虚功不为零时依然有效;

(3) 该方程的使用方法直观简便, 无需求解拉格朗日乘子等参数。

例题 4.5 (1) 如图 4.3 所示, 设质点质量为 m, 不受外力的作用沿着椭圆轨迹运动, 试求其约束力大小。

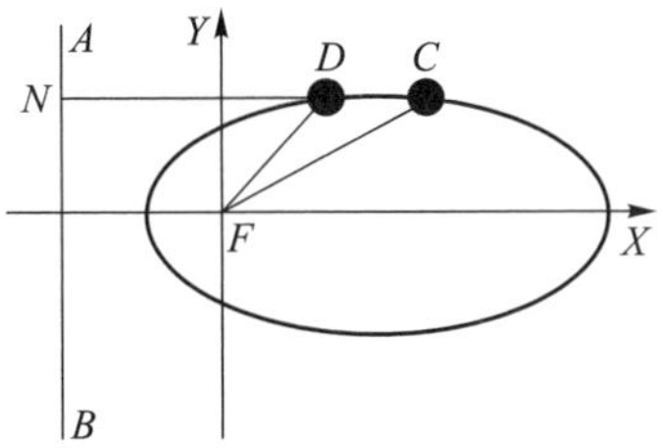

图 4.3　椭圆系统

解　设椭圆轨迹一焦点位于原点, 准线为 AB, 椭圆任一点到焦点 F 的距离为该点到准线距离的 ε 倍, 准线与焦点的距离为 l, 参数 ε 被称为椭圆的离心率, 其值小于 1, 则椭圆方程可以写为

$$\frac{FD}{DN}=\frac{\sqrt{x^2+y^2}}{x+l}=\varepsilon \tag{4.48}$$

或者写成

$$\sqrt{x^2+y^2}=\varepsilon x+p \tag{4.49}$$

其中, $p=\varepsilon l\neq 0$。质点运动的约束即为使质点按照这一轨迹运动。

因为质点不受外力的作用, 所以其无约束加速度 $\boldsymbol{a}$ 为零。又因为矩阵 $\boldsymbol{M}$ 是常对角阵, 即为 $\mathrm{diag}(m,m)$, 所以根据式 (4.47), 约束力 $\boldsymbol{F}^{\mathrm{c}}$ 可以简化为

$$\boldsymbol{F}^{\mathrm{c}}=m\boldsymbol{A}^{+}\boldsymbol{b} \tag{4.50}$$

对式 (4.49) 两边同时平方, 并对时间微分, 得

$$x\dot{x}+y\dot{y}=(\varepsilon x+p)\varepsilon\dot{x} \tag{4.51}$$

上式对时间微分得

$$x\ddot{x}+y\ddot{y}=(\varepsilon x+p)\varepsilon\ddot{x}+\varepsilon^2\dot{x}^2-\dot{x}^2-\dot{y}^2 \tag{4.52}$$

利用式 (4.49), 上式可简化为

$$x\ddot{x}+y\ddot{y}-r\varepsilon\ddot{x}=\varepsilon^2\dot{x}^2-\dot{x}^2-\dot{y}^2 \tag{4.53}$$

式中, 记 $r=\sqrt{x^2+y^2}$, 其中 r 为质点到椭圆焦点 F 的径向距离, 由式 (4.49) 和式 (4.51) 可得

$$\varepsilon^2\dot{x}^2=\left(\frac{x\dot{x}+y\dot{y}}{\varepsilon x+p}\right)^2=\frac{(x\dot{x}+y\dot{y})^2}{r^2} \tag{4.54}$$

将上式代入式 (4.53) 中, 可得

$$(x-r\varepsilon)\ddot{x}+y\ddot{y}=-\frac{(y\dot{x}+x\dot{y})^2}{r^2} \tag{4.55}$$

因此约束方程 (4.3) 中的矩阵 $\boldsymbol{A}$ 为

$$\boldsymbol{A} = [(x - r\varepsilon)y] \tag{4.56}$$

$\boldsymbol{b} = \left[-\dfrac{(y\dot{x} + x\dot{y})^2}{r^2}\right]$。则有

$$\boldsymbol{A}^{+} = \frac{1}{[y^2 + (x - r\varepsilon)^2]}\begin{bmatrix} x - r\varepsilon \\ y \end{bmatrix} \tag{4.57}$$

再根据式 (4.50), 可获得约束力为

$$\boldsymbol{F}^{\mathrm{c}} = m\boldsymbol{A}^{+}\boldsymbol{b} = -\frac{m(y\dot{x} + x\dot{y})^2}{r^2[y^2 + (x - r\varepsilon)^2]}\begin{bmatrix} x - r\varepsilon \\ y \end{bmatrix} \tag{4.58}$$

其方向指向椭圆的法向而不是指向焦点。此外, 约束力可以看成质点速度分量 $\dot{x}$ 和 $\dot{y}$ 的函数。

(2) 仍如图 4.3 所示, 设一个质量为 m 的质点, 不受任何外力, 沿椭圆轨迹运动, 并且在每个单位时间走过的扇形区域 FCD 的面积为常数。求此时可以使质点满足约束条件的约束力。

解 在例题 4.5(1) 中, 给出了运动轨迹为椭圆的约束方程 (4.55), 本例题中的质点所受的第一个约束与此相同。根据在相同时间扫过相同的面积这一要求, 还应该有

$$x\dot{y} + y\dot{x} = c \tag{4.59}$$

式中, c 为常数。对式 (4.59) 微分, 得

$$x\ddot{x} + y\ddot{y} = 0 \tag{4.60}$$

所以约束矩阵为

$$\boldsymbol{A} = \begin{bmatrix} (x - r\varepsilon) & y \\ y & -x \end{bmatrix}, \quad \boldsymbol{b} = -\begin{bmatrix} c^2/r^2 \\ 0 \end{bmatrix} \tag{4.61}$$

因为矩阵 $\boldsymbol{A}$ 满秩, 在考虑式 (4.49), 有

$$\boldsymbol{A}^{+} = \boldsymbol{A}^{-} = \begin{bmatrix} x & y \\ y & -(x - r\varepsilon) \end{bmatrix}\frac{1}{(x^2 + y^2) - rx\varepsilon} = \frac{1}{rp}\begin{bmatrix} x & y \\ y & -(x - r\varepsilon) \end{bmatrix} \tag{4.62}$$

最后通过式 (4.47), 可以得到约束力为

$$\boldsymbol{F}^{\mathrm{c}} = m\boldsymbol{A}^{+}\boldsymbol{b} = -\frac{m}{p}\begin{bmatrix} \dfrac{x}{r} \\ \dfrac{y}{r} \end{bmatrix}\frac{c^2}{r^2} \tag{4.63}$$

比较例 4.5(1) 和例 4.5(2) 中的两个结果, 可发现新加的第二个约束不仅要求约束力要指向椭圆焦点, 而且其大小与质点到焦点的距离平方乘反比。这正是牛顿当年研究开普勒观测资料时解决的问题, 他以本例题中的两个约束条件推出了著名的引力公式。

例题 4.6 设一个质点在三维的欧式空间中运动且不受任何外力作用, 用 (x, y, z) 表示质点在空间中的位置, 令质点受非完整约束 $\dot{y} = z\dot{x}$, 且在 $t = t_0$ 时刻, 质点满足初始条件。求解质点加速度, 使其始终满足约束条件; 或者求解约束力, 使其满足约束条件。

解 对约束条件微分得 $\ddot{y} - z\ddot{x} = \dot{z}\dot{x}$, 所以约束方程 (4.3) 中的矩阵 $\boldsymbol{A} = [-z \quad 1 \quad 0]$, $\boldsymbol{b}$ 为 $[\dot{z}\dot{x}]$。系统不受约束时, 加速度 $\boldsymbol{a}$ 为零。又因为质量矩阵 $\boldsymbol{M} = \mathrm{diag}(m, m, m)$, 所以该约束系统的运动方程可以写为

$$\ddot{\boldsymbol{X}} = 0 + \boldsymbol{A}^{+}(\dot{z}\dot{x}) \tag{4.64}$$

因为

$$\boldsymbol{A} = [-z \quad 1 \quad 0] \tag{4.65}$$

有

$$\boldsymbol{A}^{+} = \frac{1}{z^2+1}\begin{bmatrix} -z \\ 1 \\ 0 \end{bmatrix} \tag{4.66}$$

则约束系统的运动方程为

$$\begin{bmatrix} \ddot{x} \\ \ddot{y} \\ \ddot{z} \end{bmatrix} = \frac{\dot{z}\dot{x}}{z^2+1}\begin{bmatrix} -z \\ 1 \\ 0 \end{bmatrix} \tag{4.67}$$

由式 (4.47), 得到约束力为

$$\boldsymbol{F}^{\mathrm{c}}(t) = m\boldsymbol{A}^{+}(\boldsymbol{b} - \boldsymbol{A}\boldsymbol{a}) = m\boldsymbol{A}^{+}\dot{z}\dot{x} \tag{4.68}$$

将式 (4.66) 代入得

$$\begin{bmatrix} F_x^{\mathrm{c}} \\ F_y^{\mathrm{c}} \\ F_z^{\mathrm{c}} \end{bmatrix} = \frac{m\dot{z}\dot{x}}{z^2+1}\begin{bmatrix} -z \\ 1 \\ 0 \end{bmatrix} + \lambda(t)\begin{bmatrix} -z \\ 1 \\ 0 \end{bmatrix} \tag{4.69}$$

通过上式可发现, 约束方程可写成 Pfaffian形式, 即 $-z\mathrm{d}x + 1\mathrm{d}y + 0\mathrm{d}z = 0$, 并且矢量乘子 $\lambda(t)$ 的分量即为 Pfaffian 形式中 $\mathrm{d}x$、$\mathrm{d}y$、$\mathrm{d}z$ 的系数。该乘子如下所示:

$$\lambda(t) = \frac{m\dot{z}\dot{x}}{z^2+1} \tag{4.70}$$

通过这个例题, 可发现 U–K 基本方程对于非完整约束与完整约束都适用。进一步说, 其对于非完整约束更易使用, 因为它只需求约束方程一次微分 (而不是像完整约束需两次微分) 就可以将其化为标准形式的方程 (4.3)。

例题 4.7 设一个质量为 m 的质点在二维欧式空间中运动, 作用在该质点的外力分量为 F_x、F_y。该质点因受到约束在 $\dot{x}-t\dot{y}=\alpha(t)$ 上运动, 其中函数 $\alpha(t)$ 已知。同时, 在 $t=t_0$ 时刻, 质点满足初始条件。求解当 $t \geqslant t_0$ 时, 该系统的运动方程以及使质点满足约束条件的约束力。

解 对约束方程微分一次得 $\ddot{x}-t\ddot{y}=\dot{\alpha}(t)+\dot{y}$。由此得到矩阵 $\boldsymbol{A}=[1\quad -t]$ 和 $\boldsymbol{b}=[\dot{\alpha}(t)+\dot{y}(t)]$。考虑质量矩阵 $\boldsymbol{M}=\mathrm{diag}(m,m)$ 为一个常对角矩阵, 且矢量 $\boldsymbol{a}=\begin{bmatrix}\dfrac{F_x}{m} & \dfrac{F_y}{m}\end{bmatrix}^{\mathrm{T}}$, $\boldsymbol{Aa}=\begin{bmatrix}\dfrac{F_x}{m}-t\dfrac{F_y}{m}\end{bmatrix}$。则该约束系统的运动方程为

$$\begin{bmatrix}\ddot{x}\\ \ddot{y}\end{bmatrix}=\begin{bmatrix}\dfrac{F_x}{m}\\ \dfrac{F_y}{m}\end{bmatrix}+\boldsymbol{A}^{+}\begin{bmatrix}\dot{\alpha}(t)+\dot{y}(t)-\dfrac{F_x}{m}+t\dfrac{F_y}{m}\end{bmatrix} \tag{4.71}$$

由于

$$\boldsymbol{A}^{+}=\frac{1}{t^2+1}\begin{bmatrix}1\\ -t\end{bmatrix} \tag{4.72}$$

有

$$\begin{bmatrix}\ddot{x}\\ \ddot{y}\end{bmatrix}=\begin{bmatrix}\dfrac{F_x}{m}\\ \dfrac{F_y}{m}\end{bmatrix}+\frac{1}{t^2+1}\begin{bmatrix}1\\ -t\end{bmatrix}\begin{bmatrix}\dot{\alpha}(t)+\dot{y}(t)-\dfrac{F_x}{m}+t\dfrac{F_y}{m}\end{bmatrix} \tag{4.73}$$

整理得

$$\begin{bmatrix}\ddot{x}\\ \ddot{y}\end{bmatrix}=\begin{bmatrix}\dfrac{t^2}{t^2+1} & \dfrac{t}{t^2+1}\\ \dfrac{t}{t^2+1} & \dfrac{1}{t^2+1}\end{bmatrix}\begin{bmatrix}\dfrac{F_x}{m}\\ \dfrac{F_y}{m}\end{bmatrix}+\frac{\dot{\alpha}+\dot{y}}{t^2+1}\begin{bmatrix}1\\ -t\end{bmatrix} \tag{4.74}$$

同时, 约束方程可以表达为 Pfaffian 形式, $\mathrm{d}x-t\mathrm{d}y=\alpha(t)$, 则式 (4.73) 也可以写成

$$\begin{bmatrix}m\ddot{x}\\ m\ddot{y}\end{bmatrix}=\begin{bmatrix}F_x\\ F_y\end{bmatrix}+\lambda(t)\begin{bmatrix}1\\ -t\end{bmatrix} \tag{4.75}$$

式中, 乘子 $\lambda(t)$ 为

$$\lambda(t)=\frac{m\dot{\alpha}+m\dot{y}-F_x+tF_y}{t^2+1} \tag{4.76}$$

约束力可以表示为

$$\begin{bmatrix} F_x^{\mathrm{c}} \\ F_y^{\mathrm{c}} \end{bmatrix} = m\boldsymbol{A}^{+}(\boldsymbol{b} - \boldsymbol{A}\boldsymbol{a}) \tag{4.77}$$

由式 (4.72), 最终可以得到约束力为

$$\begin{aligned} \begin{bmatrix} F_x^{\mathrm{c}} \\ F_y^{\mathrm{c}} \end{bmatrix} &= \frac{m\dot{\alpha} + m\dot{y} - F_x + tF_y}{t^2+1} \begin{bmatrix} 1 \\ -t \end{bmatrix} \\ &= \frac{1}{t^2+1} \begin{bmatrix} -1 & t \\ t & -t^2 \end{bmatrix} \begin{bmatrix} F_x \\ F_y \end{bmatrix} + \frac{m(\dot{\alpha} + \dot{y})}{t^2+1} \begin{bmatrix} 1 \\ -t \end{bmatrix} \end{aligned} \tag{4.78}$$

约束力包括了外力 F_x 和 F_y。

4.5 U–K 方程的扩展

4.5.1 非理想约束

机械系统无约束时的运动方程可以写为

$$\boldsymbol{M}(\boldsymbol{q}, t)\ddot{\boldsymbol{q}} = \boldsymbol{F}(\boldsymbol{q}, \dot{\boldsymbol{q}}, t) \tag{4.79}$$

$\boldsymbol{F}(\boldsymbol{q}, \dot{\boldsymbol{q}}, t)$ 可理解为该无约束机械系统的外力的合力。

当机械系统有约束时, 约束可以写成

$$\boldsymbol{A}(\boldsymbol{q}, t)\ddot{\boldsymbol{q}} = \boldsymbol{b}(\boldsymbol{q}, \dot{\boldsymbol{q}}, t) \tag{4.80}$$

则系统的运动方程为

$$\boldsymbol{M}(\boldsymbol{q}, t)\ddot{\boldsymbol{q}} = \boldsymbol{F}(\boldsymbol{q}, \dot{\boldsymbol{q}}, t) + \boldsymbol{F}^{\mathrm{c}} \tag{4.81}$$

理想约束会产生理想约束力, 非理想约束产生非理想约束力, 当系统既存在理想约束又存在非理想约束时, 则有

$$\boldsymbol{F}^{\mathrm{c}} = \boldsymbol{F}_{\mathrm{id}}^{\mathrm{c}} + \boldsymbol{F}_{\mathrm{nid}}^{\mathrm{c}} \tag{4.82}$$

式中, $\boldsymbol{F}_{\mathrm{id}}^{\mathrm{c}}$ 为理想约束力, $\boldsymbol{F}_{\mathrm{nid}}^{\mathrm{c}}$ 为非理想约束力。$\boldsymbol{F}_{\mathrm{id}}^{\mathrm{c}}$ 的求解由式 (4.46) 给出。对于非理想约束力 $\boldsymbol{F}_{\mathrm{nid}}^{\mathrm{c}}$, 任意时刻 t 在任意虚位移 $\delta\boldsymbol{q}$ 上所做的虚功 W 不为零, 因此假设

$$W = \delta\boldsymbol{q}^{\mathrm{T}}\boldsymbol{C} \tag{4.83}$$

式中, $\boldsymbol{C}$ 为一已知向量, 有

$$\boldsymbol{F}_{\mathrm{nid}}^{\mathrm{c}} = \boldsymbol{M}^{1/2}[\boldsymbol{I} - (\boldsymbol{A}\boldsymbol{M}^{-1/2})^{+}(\boldsymbol{A}\boldsymbol{M}^{-1/2})]\boldsymbol{M}^{-1/2}\boldsymbol{C} \tag{4.84}$$

则存在非理想约束的 U−K 方程为

$$\begin{aligned}\boldsymbol{M}\ddot{\boldsymbol{q}} = \boldsymbol{F} + \boldsymbol{M}^{1/2}(\boldsymbol{A}\boldsymbol{M}^{-1/2})^{+}(\boldsymbol{b} - \boldsymbol{A}\boldsymbol{a}) + \\ \boldsymbol{M}^{1/2}[\boldsymbol{I} - (\boldsymbol{A}\boldsymbol{M}^{-1/2})^{+}(\boldsymbol{A}\boldsymbol{M}^{-1/2})]\boldsymbol{M}^{-1/2}\boldsymbol{C}\end{aligned} \tag{4.85}$$

4.5.2 质量矩阵奇异

设机械系统的运动方程为

$$\boldsymbol{M}(\boldsymbol{q}, t)\ddot{\boldsymbol{q}} = \boldsymbol{F}(\boldsymbol{q}, \dot{\boldsymbol{q}}, t) + \boldsymbol{F}^{\mathrm{c}} \tag{4.86}$$

在任意时刻, 约束力在虚位移上所做的功可以被表示为 [8]

$$\boldsymbol{w}^{\mathrm{T}}\boldsymbol{F}^{\mathrm{c}} = \boldsymbol{w}^{\mathrm{T}}\boldsymbol{C} \tag{4.87}$$

式中, $\boldsymbol{C}$ 是一个 n 维矢量; 虚位移矢量 $\boldsymbol{w}$ 是一个非零的 n 维矢量且满足

$$\boldsymbol{A}\boldsymbol{w} = 0 \tag{4.88}$$

求解上式, n 维矢量 $\boldsymbol{w}$ 可以写为

$$\boldsymbol{w} = (\boldsymbol{I} - \boldsymbol{A}^{+}\boldsymbol{A})\boldsymbol{\gamma} \tag{4.89}$$

式中, $\boldsymbol{\gamma}$ 为任意的 n 维矢量; $\boldsymbol{A}^{+}$ 为 $\boldsymbol{A}$ 矩阵的 MP 逆。

将式 (4.89) 代入式 (4.87) 中, 可得

$$\boldsymbol{\gamma}^{\mathrm{T}}(\boldsymbol{I} - \boldsymbol{A}^{+}\boldsymbol{A})\boldsymbol{F}^{\mathrm{c}} = \boldsymbol{\gamma}^{\mathrm{T}}(\boldsymbol{I} - \boldsymbol{A}^{+}\boldsymbol{A})\boldsymbol{C} \tag{4.90}$$

有

$$(\boldsymbol{I} - \boldsymbol{A}^{+}\boldsymbol{A})\boldsymbol{F}^{\mathrm{c}} = (\boldsymbol{I} - \boldsymbol{A}^{+}\boldsymbol{A})\boldsymbol{C} \tag{4.91}$$

式 (4.86) 两边同时左乘 $(\boldsymbol{I} - \boldsymbol{A}^{+}\boldsymbol{A})$, 再结合式 (4.91) 有

$$(\boldsymbol{I} - \boldsymbol{A}^{+}\boldsymbol{A})\boldsymbol{M}\ddot{\boldsymbol{q}} = (\boldsymbol{I} - \boldsymbol{A}^{+}\boldsymbol{A})(\boldsymbol{F} + \boldsymbol{C}) \tag{4.92}$$

将上式与二阶约束方程 (4.80) 一起表示为矩阵形式, 得到

$$\begin{bmatrix}(\boldsymbol{I} - \boldsymbol{A}^{+}\boldsymbol{A})\boldsymbol{M} \\ \boldsymbol{A}\end{bmatrix}\ddot{\boldsymbol{q}} = \begin{bmatrix}(\boldsymbol{I} - \boldsymbol{A}^{+}\boldsymbol{A})(\boldsymbol{F} + \boldsymbol{C}) \\ \boldsymbol{b}\end{bmatrix} \tag{4.93}$$

令

$$\overline{\boldsymbol{M}} = \begin{bmatrix}(\boldsymbol{I} - \boldsymbol{A}^{+}\boldsymbol{A})\boldsymbol{M} \\ \boldsymbol{A}\end{bmatrix}_{(m+n)\times n} \tag{4.94}$$

则可以得到

$$\ddot{\boldsymbol{q}} = \overline{\boldsymbol{M}}^{+} \begin{bmatrix} \boldsymbol{F} + \boldsymbol{C} \\ \boldsymbol{b} \end{bmatrix} + (\boldsymbol{I} - \overline{\boldsymbol{M}}^{+}\overline{\boldsymbol{M}})\boldsymbol{\eta} \tag{4.95}$$

式中, $\boldsymbol{\eta}$ 为任意 n 维矢量。

式 (4.95) 为带有非理想约束系统的一般显式运动方程, 其中对 $\boldsymbol{M}$ 没有任何的限制, 可以为奇异矩阵。

例题 4.8 如图 4.4 所示, 滚筒质量为 m, 半径为 R, 斜面与水平面夹角为 $\alpha, 0 < \alpha < \pi/2$。求解该系统在质量矩阵奇异情况下的加速度。

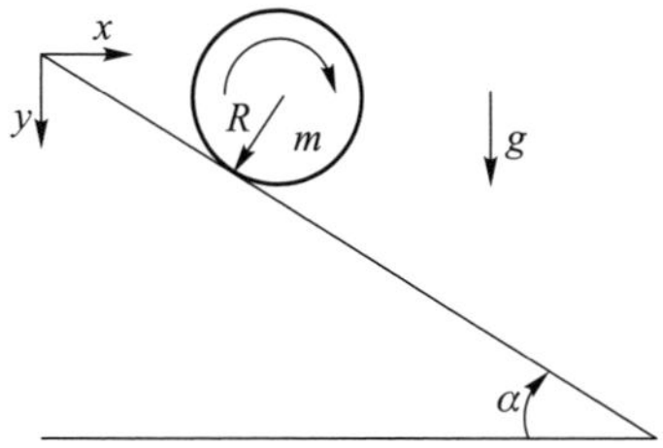

图 4.4 滚筒斜面系统

解 系统的动能为

$$T = \frac{1}{2}m(R\dot{\theta})^2 + \frac{1}{2}I_{\mathrm{c}}\dot{\theta}^2 \tag{4.96}$$

式中, I_{c} 为滚筒围绕中心的转动惯量。

设 y 为滚筒中心沿斜面滚下的时虚位移, 滚动的势能可表示为

$$V = -mgy \tag{4.97}$$

取 θ 和 y 为广义坐标, 由拉格朗日方程得

$$L(y, \dot{y}, \theta, \dot{\theta}) = T - V = \frac{1}{2}m(R\dot{\theta})^2 + \frac{1}{2}I_{\mathrm{c}}\dot{\theta}^2 + mgy \tag{4.98}$$

当该系统无约束时, 有

$$(mR^2 + I_{\mathrm{c}})\ddot{\theta} = 0 \tag{4.99}$$

$$0\ddot{y} - mg = 0 \tag{4.100}$$

将上式写成矩阵形式, 为

$$\begin{bmatrix} mR^2 + I_{\mathrm{c}} & 0 \\ 0 & 0 \end{bmatrix} \begin{bmatrix} \ddot{\theta} \\ \ddot{y} \end{bmatrix} = \begin{bmatrix} 0 \\ mg \end{bmatrix} \tag{4.101}$$

所以

$$\boldsymbol{M}=\begin{bmatrix} mR^2+I_{\mathrm{c}} & 0 \\ 0 & 0 \end{bmatrix} \tag{4.102}$$

$$\boldsymbol{F}=\begin{bmatrix} 0 \\ mg \end{bmatrix} \tag{4.103}$$

考虑两个广义坐标间的关系, 可得到约束方程

$$y=R\theta\sin\alpha \tag{4.104}$$

对上式求导两次得

$$\begin{bmatrix} -R\sin\alpha & 1 \end{bmatrix}\begin{bmatrix} \ddot{\theta} \\ \ddot{y} \end{bmatrix}=0 \tag{4.105}$$

所以

$$\boldsymbol{A}=\begin{bmatrix} -R\sin\alpha & 1 \end{bmatrix} \tag{4.106}$$

$$\boldsymbol{b}=0 \tag{4.107}$$

由于在该问题中, 研究对象为理想系统, 约束力在虚位移下不做功, 即

$$\boldsymbol{C}=0 \tag{4.108}$$

由式 (4.106), 可得

$$\boldsymbol{A}^{+}=\frac{1}{1+R^2\sin^2\alpha}\begin{bmatrix} -R\sin\alpha \\ 1 \end{bmatrix} \tag{4.109}$$

因此

$$(\boldsymbol{I}-\boldsymbol{A}^{+}\boldsymbol{A})\boldsymbol{M}=\frac{mR^2+I_{\mathrm{c}}}{1+R^2\sin^2\alpha}\begin{bmatrix} 1 & 0 \\ R\sin\alpha & 0 \end{bmatrix} \tag{4.110}$$

$$\overline{\boldsymbol{M}}=\begin{bmatrix} (\boldsymbol{I}-\boldsymbol{A}^{+}\boldsymbol{A})\boldsymbol{M} \\ \boldsymbol{A} \end{bmatrix}=\begin{bmatrix} \dfrac{mR^2+I_{\mathrm{c}}}{1+R^2\sin^2\alpha} & 0 \\ \dfrac{(mR^2+I_{\mathrm{c}})R\sin\alpha}{1+R^2\sin^2\alpha} & 0 \\ -R\sin\alpha & 1 \end{bmatrix} \tag{4.111}$$

最后可以得到系统的加速度为

$$\begin{bmatrix}\ddot{\theta}\\ \ddot{y}\end{bmatrix}=\overline{\boldsymbol{M}}^{+}\begin{bmatrix}\boldsymbol{F}\\ \boldsymbol{b}\end{bmatrix}=\begin{bmatrix}\dfrac{mR^2+I_{\mathrm{c}}}{1+R^2\sin^2\alpha} & 0\\ \dfrac{(mR^2+I_{\mathrm{c}})R\sin\alpha}{1+R^2\sin^2\alpha} & 0\\ -R\sin\alpha & 1\end{bmatrix}^{+}\begin{bmatrix}0\\ mg\\ 0\end{bmatrix}$$

$$=\frac{1}{mR^2+I_{\mathrm{c}}}\begin{bmatrix}1 & R\sin\alpha & 0\\ R\sin\alpha & R^2\sin^2\alpha & 1\end{bmatrix}\begin{bmatrix}0\\ mg\\ 0\end{bmatrix}\tag{4.112}$$

简化得

$$\begin{bmatrix}\ddot{\theta}\\ \ddot{y}\end{bmatrix}=\frac{1}{mR^2+I_{\mathrm{c}}}\begin{bmatrix}mgR\sin\alpha\\ mgR^2\sin^2\alpha\end{bmatrix}\tag{4.113}$$

4.6 典型应用分析

4.6.1 U 型链系统

U 型链是一个典型的约束系统, 许多学者对其进行过研究, 但基于拉格朗日等方法都不能获得该系统显示解析形式的运动方程, 下面使用 U–K 理论解决这一问题 [24]。

如图 4.5 所示, 假设该 U 型链系统由 n 个质点组成, 则质点间存在 $n-1$ 个连接。令质点的质量为 m, 质点间连接长度为 l。在该二维平面 OXY 内, 每个质点有两个自由度, 可以用 (x_i, y_i) 表示每个质点的位置, 其中, $i=1,2,\cdots,n$。

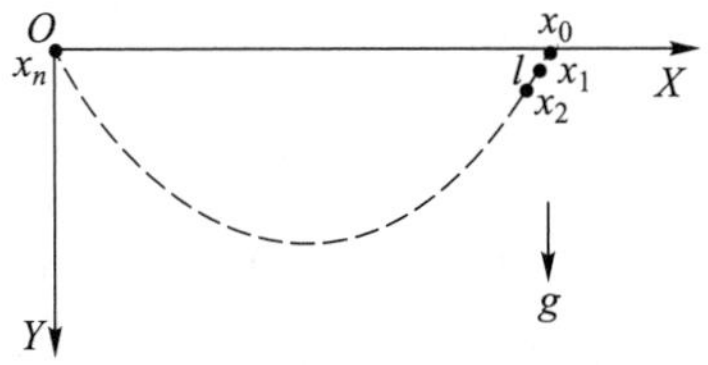

图 4.5 U 型链系统

首先建立不受约束时系统的运动方程, 有

$$\boldsymbol{M}\ddot{\boldsymbol{q}}=\boldsymbol{Q}(\boldsymbol{q},\dot{\boldsymbol{q}},t),\quad i=1,2,\cdots,n\tag{4.114}$$

$$
\boldsymbol{M}=\begin{bmatrix} m_1 & 0 & 0 & 0 & \cdots & 0 & 0 \\ 0 & m_1 & 0 & 0 & \cdots & 0 & 0 \\ 0 & 0 & m_2 & 0 & \cdots & 0 & 0 \\ 0 & 0 & 0 & m_1 & \cdots & 0 & 0 \\ \vdots & \vdots & \vdots & \vdots & \vdots & 0 & 0 \\ 0 & 0 & 0 & 0 & 0 & m_n & 0 \\ 0 & 0 & 0 & 0 & 0 & 0 & m_n \end{bmatrix}, \ddot{\boldsymbol{q}}=\begin{bmatrix} \ddot{x}_1 \\ \ddot{y}_1 \\ \ddot{x}_2 \\ \ddot{y}_2 \\ \vdots \\ \ddot{x}_n \\ \ddot{y}_n \end{bmatrix}, \boldsymbol{Q}=\begin{bmatrix} 0 \\ m_1 g \\ 0 \\ m_2 g \\ \vdots \\ 0 \\ m_n g \end{bmatrix}
$$

式中, $m_1, m_2, \cdots, m_n$ 为每个质点的质量, $x_1, x_2, \cdots, x_3, y_1, y_2, \cdots, y_n$ 为质点坐标, $\boldsymbol{Q}$ 为外力。

然后, 考虑系统的内部的约束。当 $i=1,2,\cdots,n-1$ 时, i 与 $i+1$ 间的约束可以表示为

$$
(x_{i+1}-x_i)^2+(y_{i+1}-y_i)^2=l^2 \tag{4.115}
$$

当 $i=n$ 时, 约束为

$$
x_n^2+y_n^2=l^2 \tag{4.116}
$$

将式 (4.115)、式 (4.116) 对时间求二阶导, 得到

$$
\begin{aligned}
&(x_i-x_{i-1})\ddot{x}_i+(y_i-y_{i-1})\ddot{y}_i+(x_{i+1}-x_i)\ddot{x}_{i+1}+(y_{i+1}-y_i)\ddot{y}_{i+1} \\
=&-\dot{y}_i^2-\dot{y}_{i+1}^2+2\dot{y}_{i+1}\dot{y}_i-\dot{x}_i^2-\dot{x}_{i+1}^2+2\dot{x}_{i+1}\dot{x}_i
\end{aligned} \tag{4.117}
$$

$$
x_n\ddot{x}_n+y_n\ddot{y}_n=-\dot{x}_n^2-\dot{y}_n^2 \tag{4.118}
$$

整理式 (4.117) 和式 (4.118), 得 U–K 理论中的二阶约束形式 $\boldsymbol{A}\ddot{\boldsymbol{q}}=\boldsymbol{b}$, 其中

$$
\boldsymbol{M}=\begin{bmatrix} x_1-x_2 & y_1-y_2 & x_2-x_1 & y_2-y_1 & 0 & 0 & 0 & 0 & \cdots & 0 & 0 & 0 & 0 \\ 0 & 0 & x_2-x_3 & y_2-y_3 & x_3-x_2 & y_3-y_2 & 0 & 0 & \cdots & 0 & 0 & 0 & 0 \\ 0 & 0 & 0 & 0 & x_3-x_4 & y_3-y_4 & x_4-x_3 & y_4-y_2 & \cdots & 0 & 0 & 0 & 0 \\ \vdots & & \vdots & \vdots & \vdots & \vdots & \vdots & \vdots & \vdots & 0 & 0 & 0 & 0 \\ 0 & 0 & 0 & 0 & 0 & 0 & 0 & 0 & \cdots & x_{n-1}-x_n & y_{n-1}-y_n & x_n-x_{n-1} & y_n-y_{n-1} \\ 0 & 0 & 0 & 0 & 0 & 0 & 0 & 0 & \cdots & 0 & 0 & x_n & y_n \end{bmatrix},
$$

$$
\boldsymbol{b}=\begin{bmatrix}
2\dot{x}_1\dot{x}_2-\dot{x}_1^2-\dot{x}_2^2+2\dot{y}_1\dot{y}_2-\dot{y}_1^2-\dot{y}_2^2\\
2\dot{x}_2\dot{x}_3-\dot{x}_2^2-\dot{x}_3^2+2\dot{y}_2\dot{y}_3-\dot{y}_2^2-\dot{y}_3^2\\
2\dot{x}_3\dot{x}_4-\dot{x}_3^2-\dot{x}_4^2+2\dot{y}_3\dot{y}_4-\dot{y}_3^2-\dot{y}_4^2\\
\vdots\\
2\dot{x}_{n-1}\dot{x}_n-\dot{x}_{n-1}^2-\dot{x}_n^2+2\dot{y}_{n-1}\dot{y}_n-\dot{y}_{n-1}^2-\dot{y}_n^2
\end{bmatrix}
$$

至此, 我们可以将该约束系统表示为式 (4.44) 的形式, 得到该约束系统准确的解析形式运动表达式。

针对该应用, 取 $m_i=1, l=1, g=9.8, i=17$ 进行了仿真验证, 表 4.1 中给出了 U 型链垂直仿真计算出的下降距离和下降时间与初始位置的关系。

表 4.1 U 型链垂直下降距离和下降时间与初始位置的关系

仿真	初始位置 x_0/mm	最大下降距离 $h_{\max}$/mm	下降时间 $t_{\max}$/s	下降距离 h/mm
仿真 1	12	15.943	1.635	13.099
仿真 2	13	15.990	1.685	13.912
仿真 3	14	16.070	1.749	14.989
仿真 4	15	16.323	1.802	15.911
仿真 5	16	16.671	1.842	16.625

从表中可以看出, 随着 U 型链两端初始位置的距离不断增大, U 型链链尖的最大下垂距离 $h_{\max}$ 不断增大, 且在每组仿真中最大下垂距离 $h_{\max}$ 均大于同等条件下的自由下降距离 h。

该例题给出了通过 U–K 方程求解多自由系统运动表达式的方法。可以看出, U–K 方法可以简化系统的建模过程, 并可直观地获得系统解析形式的运动方程。

4.6.2 车辆横向速度与偏航运动控制

车辆横向速度与偏航角控制的问题 [25] 的系统模型如图 4.6 所示。假设图中车辆模型的纵向速度为常数, 则该系统具有两个自由度, 横向运动与偏航运动且系统的控制输入为前转向角与后转向角。系统中的参数由表 4.2 给出, 其中 δ_i、α_i、$\dot{\psi}$ 值较小。

由牛顿力学可以得到车辆的运动方程如式 (4.119) 和式 (4.120), 为

$$m(\ddot{y}+u\dot{\psi})=Y_1+Y_2+Y_3+Y_4 \tag{4.119}$$

$$I\ddot{\psi}=l_{\mathrm{f}}(Y_1+Y_2)-l_{\mathrm{r}}(Y_3+Y_4)-d(X_1+X_3)+d(X_2+X_4) \tag{4.120}$$

式中, X_i、Y_i 可以表示为 F_{xi}、F_{yi} 的函数, 即

$$X_i=F_{xi}\cos\delta_i-F_{yi}\sin\delta_i\approx F_{xi}-F_{yi}\delta_i \tag{4.121}$$

$$Y_i=F_{xi}\sin\delta_i-F_{yi}\cos\delta_i\approx F_{xi}\delta_i-F_{yi} \tag{4.122}$$

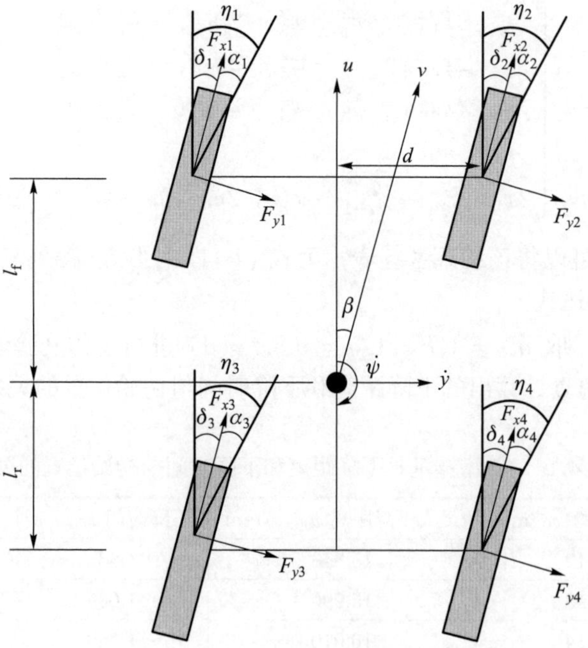

图 4.6　二自由度车辆偏航运动模型

表 4.2　车辆模型参数

参数	定义
m	车辆质量
I	车辆转动惯量
y、$\dot{y}$、$\ddot{y}$	车辆横向位移、速度、加速度
ψ、$\dot{\psi}$、$\ddot{\psi}$	车辆偏航角、偏航角速度、偏航角加速度
l_f, l_r	质心与前桥, 后桥的距离
d	胎面与中心的距离
C_i	轮胎侧偏刚度
δ_i	转向角
α_i	车轮滑动角
η_i	车轮行驶方向
X_i、Y_i	车辆纵向力、横向轮胎力
F_{xi}、F_{yi}	轮胎纵向力、横向力
u	车辆纵向速度

式中, δ_i 代表每个轮子的转向角。

然后用 δ_f 和 δ_r 分别代表前后车轮的转向角, 考虑前部两个车轮的转向角相同, 后部两个车轮的转向角相同, 有 $\delta_1 = \delta_2 = \delta_f$, $\delta_3 = \delta_4 = \delta_r$。

根据轮胎侧边刚度和车轮滑动角, 前后车轮的侧向力可以由下式给出

$$F_{yi} = -C_i \alpha_i \tag{4.123}$$

式中

$$\alpha_i = \eta_i - \delta_i \tag{4.124}$$

假设车辆纵向速度远大于横向速度, 即 $|u| \gg d|\dot{\psi}|$, 可以得到每个车轮行驶方向的表达式

$$\eta_1 = \tan^{-1}\left(\frac{\dot{y} + l_{\mathrm{f}}\dot{\psi}}{u - d\dot{\psi}}\right) \approx \frac{\dot{y} + l_{\mathrm{f}}\dot{\psi}}{u} \tag{4.125}$$

$$\eta_2 = \tan^{-1}\left(\frac{\dot{y} + l_{\mathrm{f}}\dot{\psi}}{u - d\dot{\psi}}\right) \approx \frac{\dot{y} + l_{\mathrm{f}}\dot{\psi}}{u} \tag{4.126}$$

$$\eta_3 = \tan^{-1}\left(\frac{\dot{y} + l_{\mathrm{r}}\dot{\psi}}{u - d\dot{\psi}}\right) \approx \frac{\dot{y} + l_{\mathrm{r}}\dot{\psi}}{u} \tag{4.127}$$

$$\eta_4 = \tan^{-1}\left(\frac{\dot{y} + l_{\mathrm{r}}\dot{\psi}}{u - d\dot{\psi}}\right) \approx \frac{\dot{y} + l_{\mathrm{r}}\dot{\psi}}{u} \tag{4.128}$$

综合式 (4.119)~ 式 (4.128), 可得车辆的两自由度运动模型

$$\begin{aligned} m\ddot{y} = & -\frac{C_1 + C_2 + C_3 + C_4}{u}\dot{y} - \frac{(C_1 + C_2)l_{\mathrm{f}} - (C_3 + C_4)l_{\mathrm{r}} + mu^2}{u}\dot{\psi} + \\ & (F_{x1} + F_{x2} + C_1 + C_2)\delta_{\mathrm{f}} + (F_{x3} + F_{x4} + C_3 + C_4)\delta_{\mathrm{r}} \end{aligned} \tag{4.129}$$

$$\begin{aligned} I\ddot{\psi} = & -\frac{(C_1 + C_2)l_{\mathrm{f}} - (C_3 + C_4)l_{\mathrm{r}}}{u}\dot{y} - \frac{(C_1 + C_2)l_{\mathrm{f}}^2 - (C_3 + C_4)l_{\mathrm{r}}^2}{u}\dot{\psi} + \\ & l_{\mathrm{f}}(F_{x1} + F_{x2} + C_1 + C_2)\delta_{\mathrm{f}} - l_{\mathrm{r}}(F_{x3} + F_{x4} + C_3 + C_4)\delta_{\mathrm{r}} - \\ & d(F_{x1} - F_{x2} + F_{x3} - F_{x4}) + d(F_{y1}\delta_{\mathrm{f}} - F_{y2}\delta_{\mathrm{f}} + F_{y3}\delta_{\mathrm{r}} - F_{y4}\delta_{\mathrm{r}}) \end{aligned} \tag{4.130}$$

令 $C_{\mathrm{f}} = C_1 + C_2$、$C_{\mathrm{r}} = C_3 + C_4$, 在本例题假设 F_{x1}、F_{x2}、F_{x3}、F_{x4} 均为零, 由于式 (4.130) 右侧最后一项较小, 也可简化为零。则式 (4.129) 和式 (4.130) 可写成如下的矩阵形式:

$$\begin{bmatrix} m & 0 \\ 0 & I \end{bmatrix}\begin{bmatrix} \ddot{y} \\ \ddot{\psi} \end{bmatrix} + \begin{bmatrix} \dfrac{C_{\mathrm{f}} + C_{\mathrm{r}}}{u} & \dfrac{C_{\mathrm{f}}l_{\mathrm{f}} - C_{\mathrm{r}}l_{\mathrm{r}} + mu^2}{u} \\ \dfrac{C_{\mathrm{f}}l_{\mathrm{f}} - C_{\mathrm{r}}l_{\mathrm{r}}}{u} & \dfrac{C_{\mathrm{f}}l_{\mathrm{f}}^2 - C_{\mathrm{r}}l_{\mathrm{r}}^2}{u} \end{bmatrix}\begin{bmatrix} \dot{y} \\ \dot{\psi} \end{bmatrix} = \begin{bmatrix} C_{\mathrm{f}} & C_{\mathrm{r}} \\ C_{\mathrm{f}}l_{\mathrm{f}} & -C_{\mathrm{r}}l_{\mathrm{r}} \end{bmatrix}\begin{bmatrix} \delta_{\mathrm{f}} \\ \delta_{\mathrm{r}} \end{bmatrix} \tag{4.131}$$

接着, 分析该模型的约束问题, 设给定车辆的约束为

$$\dot{y} = 0 \tag{4.132}$$

$$\dot{\psi} = 0 \tag{4.133}$$

则其二阶形式为

$$\ddot{y} = 0 \tag{4.134}$$

$$\ddot{\psi} = 0 \tag{4.135}$$

将上述约束整理为 $\boldsymbol{A}\ddot{\boldsymbol{q}} = \boldsymbol{b}$ 的矩阵形式, 有

$$\boldsymbol{A} = \begin{bmatrix} 1 & 0 \\ 0 & 1 \end{bmatrix}, \quad \boldsymbol{b} = \begin{bmatrix} 0 \\ 0 \end{bmatrix} \tag{4.136}$$

由式 (4.46) 就可以方便地求解出车辆满足运动轨迹的约束力的解析式。

4.7 U–K 方程三步法

以上给出了 U–K 方程的具体表达式, 并通过多个例子和应用展示了如何用 U–K 方程求解约束力。归纳来看, 使用 U–K 方程非常简单, 只要按照以下三个步骤进行即可, 简称 U–K 方程三步法。

第一步: 将研究对象视为“无约束”系统。在无约束状态下, 选取 n 个广义坐标 $\boldsymbol{q} = [q_1 \ q_2 \ \cdots \ q_n]^{\mathrm{T}}$, 则该系统运动方程可以表示为

$$\boldsymbol{M}(\boldsymbol{q}, t)\ddot{\boldsymbol{q}} = \boldsymbol{F}(\boldsymbol{q}, \dot{\boldsymbol{q}}, t), \quad q(0) = q_0, \quad \dot{q}(0) = \dot{q}_0 \tag{4.137}$$

式中, $\boldsymbol{M}(\boldsymbol{q}) \in \boldsymbol{R}^{n\times n}$ 是正定的惯性矩阵, $\dot{\boldsymbol{q}}$ 是 $n \times 1$ 的速度矢量, $\ddot{\boldsymbol{q}}$ 是 $n \times 1$ 的加速度矢量, $\boldsymbol{F}(\boldsymbol{q}, \dot{\boldsymbol{q}}, t)$ 也为 $n \times 1$ 的矢量, 代表无约束系统所受的已知外力。此时, 可导出无约束系统的加速度

$$\boldsymbol{a}(\boldsymbol{q}, \dot{\boldsymbol{q}}, t) = \ddot{\boldsymbol{q}} = \boldsymbol{M}^{-1}(\boldsymbol{q}, t)\boldsymbol{F}(\boldsymbol{q}, \dot{\boldsymbol{q}}, t) \tag{4.138}$$

第二步: 考虑系统中原有的约束。因为 U–K 方法可以同时处理各种类型的约束, 包括完整约束、非完整约束, 定常约束、非定常约束等, 假设系统中存在 k 个完整约束、$l - k$ 个非完整约束, 即

$$\eta_i(\boldsymbol{q}, t) = 0, \quad i = 1, 2, \cdots, k \tag{4.139}$$

$$\eta_i(\boldsymbol{q}, \dot{\boldsymbol{q}}, t) = 0, \quad i = k+1, k+2, \cdots, l \tag{4.140}$$

根据 U–K 理论, 仅需对上述约束求导, 得到其二阶表达式, 并获得方程 $\boldsymbol{A}\ddot{\boldsymbol{q}} = \boldsymbol{b}$ 的矩阵形式, 其中 $\boldsymbol{A}(\boldsymbol{q}, \dot{\boldsymbol{q}}, t)$ 为 $l \times n$ 的约束矩阵, $\boldsymbol{b}(\boldsymbol{q}, \dot{\boldsymbol{q}}, t)$ 为 l 维的矢量。

第三步: 将约束力施加于该系统, 则系统真实运动方程为

$$\boldsymbol{M}(\boldsymbol{q}, t)\ddot{\boldsymbol{q}} = \boldsymbol{F}(\boldsymbol{q}, \dot{\boldsymbol{q}}, t) + \boldsymbol{F}^{\mathrm{c}}(\boldsymbol{q}, \dot{\boldsymbol{q}}, t) \tag{4.141}$$

式中, $\boldsymbol{F}^{\mathrm{c}}(\boldsymbol{q}, \dot{\boldsymbol{q}}, t)$ 即为存在上述约束时, 系统为满足约束所需的外加约束力。

U–K 方程给出了约束力的精确表达式

$$\boldsymbol{F}^{\mathrm{c}}(t) = \boldsymbol{M}^{1/2}(\boldsymbol{A}\boldsymbol{M}^{-1/2})^{+}(\boldsymbol{b} - \boldsymbol{A}\boldsymbol{a}) \tag{4.142}$$

由此可导出受约束系统的精确运动方程为

$$\boldsymbol{M}\ddot{\boldsymbol{q}} = \boldsymbol{F} + \boldsymbol{M}^{1/2}(\boldsymbol{A}\boldsymbol{M}^{-1/2})^{+}(\boldsymbol{b} - \boldsymbol{A}\boldsymbol{a}) \tag{4.143}$$

从以上介绍可以看出, U–K 方法提供了完全解析形式的约束力表达式, 这对接下来的控制器设计有直接帮助。反观拉格朗日方法, 在处理约束系统时, 需要使用拉格朗日乘子将约束与原系统嵌套在一起, 而拉格朗日乘子的计算过程复杂繁琐, 且在绝大多数情况下只能提供数值解。因此, 拉格朗日方法可以进行系统的动力学建模过程, 但无法高效精确的应用于控制设计问题。

第 5 章　基于 U–K 方程的鲁棒控制

基于模型的控制是在控制器内包含被控对象的数学模型, 它可以预测控制输出产生的效果。基于模型控制的优点是控制效果较好, 且可以进行性能优化。缺点是需要建立被控对象的数学模型, 模型不精确时可能起反作用。在实际工业过程中, 由于工作状况变动、外部干扰以及建模误差的缘故, 精确的数学模型往往很难得到, 且系统的各种故障也会导致模型的不确定性, 所以模型的不确定性在控制系统中广泛存在。为解决此问题, 鲁棒控制应运而生。

现代鲁棒控制是一种着重控制算法可靠性研究的控制器设计方法, 它着力于设计一个固定控制器, 使具有不确定性的对象满足控制品质。控制系统在一定的参数 (结构、大小) 摄动下, 维持某些性能的特性被称为 “鲁棒性”。根据对性能的不同定义, 可分为稳定鲁棒性和性能鲁棒性。以闭环系统的鲁棒性作为目标设计得到的固定控制器称为鲁棒控制器。

经典的鲁棒控制器 (包括线性二次型最优控制、滑模控制等) 在处理复杂的非线性系统模型时可能需要对系统的数学模型做一定的线性化处理, 这样的处理很可能会忽略一些关键性的系统信息而影响系统的控制效果。同时, 经典的鲁棒控制器难以直接处理伺服约束为非完整约束的形式。针对经典鲁棒控制方法中存在的问题, 结合上一章所述的 U–K 方程在处理非完整约束上的优势, 本章从基于模型控制的角度出发, 提出基于 U–K 方程的名义控制, 并在名义控制的基础上建立基于 U–K 方程的鲁棒控制, 以解决系统中的不确定性因素以及非完整伺服约束的影响。同时, 还将进行详细的稳定性分析以及该方法的应用实例分析。

5.1　鲁棒控制

5.1.1　鲁棒控制简介

20 世纪 60 年代, 随着状态空间结构理论的形成, 其与最优控制、卡尔曼滤波一起构成了严密完整的现代控制理论体系。但建立在状态空间描述基础上的现代控制理论的一个重大缺陷是, 要求知道被控对象精确的数学模型。鉴于建模方法的局限性及被控对象自身参数摄动的影响, 因此被控对象的数学模型中不可避免地存在着各种形式的不确定性因素。因此, 获得被控对象精确数学模型的难度很大。随着现代控制理论的不断发展, 为解决系统不确定性而被提出的鲁棒控制在近几十年成为控制领域的研究热点 [26-31]。同时, 大量学者对不确定性对系统性能影响的持续研究促成鲁棒控制理论不断地成熟, 并使其向深层次化、实用化的方向发展。

通常说一个反馈控制系统是鲁棒的, 或者说一个反馈控制系统具有鲁棒性, 就是指这个反馈控制系统在某一类特定的不确定性条件下具有使稳定性、渐进调节和动态特性保持不变的能力, 即这一反馈控制系统具有承受这一类不确定性影响的能力。所谓鲁棒控制, 即使受到不确定因素作用的系统保持其原有能力的控制技术。鲁棒控制的主要思想是针对系统中存在的不确定性因素, 设计一个确定的控制器, 使得系统能保持稳定并具有所期望的性能。鲁棒控制理论的形成弥补了现代控制理论需要对象精确数学模型的缺陷。

5.1.2 稳定鲁棒性和性能鲁棒性

具有鲁棒性的控制系统称为鲁棒控制系统。根据对鲁棒控制性能的不同定义, 可分为稳定鲁棒性和性能鲁棒性。鲁棒性稳定又称绝对稳定性, 即当系统受到扰动作用时, 保持其稳定性的能力。这种扰动是不确切的, 但扰动范围是有限的。稳定性是保持一个系统正常工作的基本要求, 所以对不确定系统的鲁棒稳定性检验是必要的。常用的鲁棒稳定性分析方法有: 矩阵特征值估计方法、Kharitonov 方法、Lyapunov 方法、矩阵范数及测度方法等。

对于不确定系统, 仅仅满足鲁棒稳定性要求是不够的。要达到高精度控制要求, 必须使受控系统的瞬态指标及稳态指标都达到要求。按名义模型设计的控制系统在扰动作用下仍能满足性能指标要求, 则称该系统具有性能鲁棒性, 又称相对稳定性。大多数设计方法不能保证性能鲁棒性, 因而对不确定系统进行性能鲁棒性的检验是必要的。常用的性能鲁棒性分析方法有: Lyapunov 最大–最小方法、变结构控制理论、H_∞ 控制理论等。

5.2 非线性系统实用稳定性理论

5.2.1 Lyapunov 方法简介

一个控制系统要想能够实现所要求的控制功能就必须是稳定的。稳定性的定义为: 当一个处于平衡状态的系统受到外界干扰的影响时, 系统经过一个过渡过程仍然能够回到原来的平衡状态, 我们称这个系统就是稳定的, 否则称系统不稳定。

1892 年, 俄国学者 Lyapunov 在他的博士论文《运动稳定性的一般问题》中借助平衡状态稳定与否的特征对系统或系统运动稳定性给出了严格定义, 提出了解决稳定性问题的一般理论, 即 Lyapunov 稳定性理论 [32-36]。该理论基于系统的状态空间描述法, 是对单变量、多变量、线性、非线性、定常、时变系统稳定性分析皆适用的通用方法, 是现代稳定性理论的重要基础和现代控制理论的重要组成部分。

Lyapunov 稳定性理论讨论的是动态系统各平衡状态附近的局部稳定性问题。

对此, Lyapunov 将判断系统稳定性的问题归纳为两种方法, 即 Lyapunov 第一法和 Lyapunov 第二法。Lyapunov 第一法 (简称李氏第一法或间接法) 是通过求解系统的微分方程式, 然后根据解的性质来判断系统的稳定性的, 其基本思路与经典控制理论一致。Lyapunov 第二法(简称李氏第二法或直接法) 是建立在能量观点的基础上: 若系统的某个平衡状态是渐近稳定的, 则随着系统的运动, 其储存的能量将随时间增长而不断衰减, 直至时间趋向于无穷时系统运动趋于平衡状态而能量趋于极小值。基于此, Lyapunov 提出了一个可模拟系统能量的“广义能量”函数, 根据这个标量函数的性质来判断系统的稳定性。由于该方法不必求解系统的微分方程就能直接判断其稳定性, 故又称为直接法, 其最大优点在于对任何复杂系统都适用, 而对于运动方程求解困难的高阶系统、非线性系统以及时变系统的稳定性分析, 则更能显示出其优越性。

5.2.2 Lyapunov 稳定性定义

1. 平衡状态

稳定性是系统在平衡状态下受到扰动后, 系统自由运动的性质, 与外部输入无关。对于系统自由运动, 令输入 $\mu = 0$, 系统的齐次状态方程为

$$\dot{\boldsymbol{x}}(t) = \boldsymbol{f}(\boldsymbol{x}(t), t) \tag{5.1}$$

式中, $\boldsymbol{x}$ 为 n 维状态向量; t 为时间变量; $\boldsymbol{f}(\boldsymbol{x}, t)$ 为线性或非线性, 定常或时变的 n 维向量函数, 其展开式为

$$\dot{x}_i = f_i(x_1, x_2, \cdots, x_n, t), \quad i = 1, 2, \cdots, n \tag{5.2}$$

式 (5.1) 的解为

$$\boldsymbol{x}(t) = \boldsymbol{\varnothing}(\boldsymbol{x}_0, t_0, t) \tag{5.3}$$

式中, t_0 为初始时刻, $\boldsymbol{x}(t_0) = \boldsymbol{x}_0$ 为状态向量的初始值。

式 (5.3) 描述了式 (5.1) 表示的系统在 n 维状态空间的状态轨迹。若在式 (5.1) 所描述的系统中存在状态点 $\boldsymbol{x}_{\mathrm{e}}$, 当系统运动到达该点时, 系统状态各分量维持平衡, 不再随时间变化, 即 $\dot{\boldsymbol{x}}_{\boldsymbol{x}=\boldsymbol{x}_{\mathrm{e}}} = 0$, 则该类状态点 $\boldsymbol{x}_{\mathrm{e}}$ 即为系统的平衡状态, 即若系统式 (5.1) 存在状态向量 $\boldsymbol{x}_{\mathrm{e}}$, 对所有时间 t 都使

$$\boldsymbol{f}(\boldsymbol{x}_{\mathrm{e}}, t) = 0 \tag{5.4}$$

成立, 则称 $\boldsymbol{x}_{\mathrm{e}}$ 为系统的平衡状态, 即式 (5.4) 为确定式 (5.1) 所描述系统处于平衡状态的方程。平衡状态即指状态空间中状态变量的导数向量为零向量的点 (状态)。由于导数表示状态的运动变化方向, 因此平衡状态即指能够保持平衡、维持现状不变的状态。由平衡状态在状态空间中所确定的点称为平衡点。Lyapunov 稳定性研究的即是平衡状态附近 (邻域) 的运动变化问题。

2. Lyapunov 意义下稳定性的定义

Lyapunov 稳定性定义 对于一个非线性时变系统

$$\begin{cases}\dot{\boldsymbol{x}} = f(\boldsymbol{x}, t)\\ \boldsymbol{x}_{\mathrm{e}} = 0\end{cases} \tag{5.5}$$

对于任意给定的实数 $\varepsilon > 0$, 都对应存在 $\delta(\varepsilon, t) > 0$, 使满足

$$\|\boldsymbol{x}(t_0) - \boldsymbol{x}_{\mathrm{e}}\| \leqslant \delta(\varepsilon, t) \tag{5.6}$$

的任意初始状态 $\boldsymbol{x}(t_0) = \boldsymbol{x}_0$ 出发的轨迹 $\boldsymbol{x}(t)(t \geqslant t_0)$ 有

$$\|\boldsymbol{x}(t) - \boldsymbol{x}_{\mathrm{e}}\| \leqslant \delta(\varepsilon, t) \tag{5.7}$$

成立, 则称 $\boldsymbol{x}_{\mathrm{e}} = 0$ 为 Lyapunov 意义下是稳定的。

以上定义可用图 5.1 解释为: 首先选择一个球域 $S(\varepsilon)$, 对应于每一个 $S(\varepsilon)$, 必存在一个球域 $S(\delta)$, 使得当 t 趋于无穷时, 始于 $S(\delta)$ 的轨迹总不脱离球域 $S(\varepsilon)$。

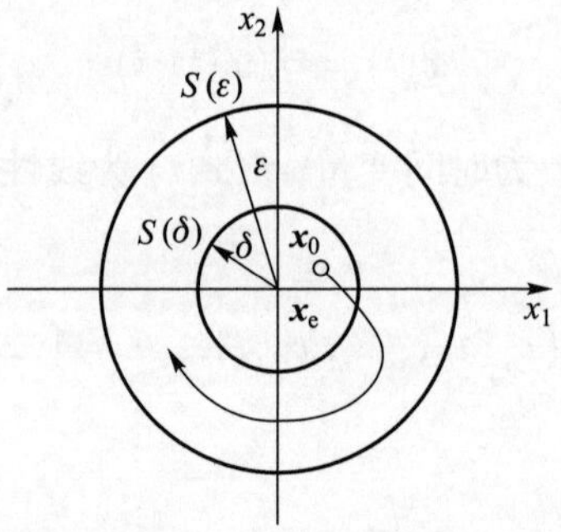

图 5.1 平衡状态及对应于稳定性的典型轨迹

3. 渐近稳定

如果系统的平衡状态 $\boldsymbol{x}_{\mathrm{e}} = 0$ 在 Lyapunov 意义下是稳定的, 并且始于域 $S(\delta)$ 的任一条轨迹, 当时间 t 趋于无穷时, 都不脱离 $S(\varepsilon)$, 且收敛于 $\boldsymbol{x}_{\mathrm{e}} = 0$, 则称式 (5.1) 所示的系统的平衡状态为渐近稳定的, 其中球域 $S(\delta)$ 被称为平衡状态 $\boldsymbol{x}_{\mathrm{e}} = 0$ 的吸引域, 如图 5.2 所示。类似地, 如果 δ 与 t 无关, 则称此时的平衡状态 $\boldsymbol{x}_{\mathrm{e}} = 0$ 为一致渐近稳定的。

实际上, 渐近稳定性比 Lyapunov 意义下的稳定性更重要。考虑到非线性系统的渐近稳定性是一个局部概念, 所以简单地确定渐近稳定性并不意味着系统能正常工作。通常有必要确定渐近稳定性的最大范围或吸引域。它是发生渐近稳定轨迹的那部分状态空间。换句话说, 发生于吸引域内的每一个轨迹都是渐近稳定的。

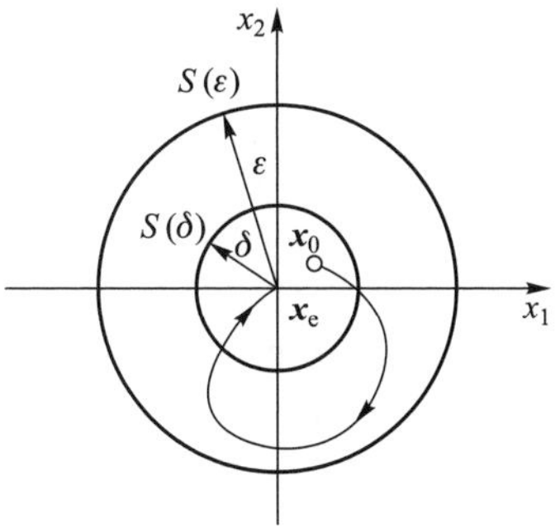

图 5.2　平衡状态及对应于渐近稳定性的典型轨迹

4. 大范围渐近稳定

对所有的状态 (状态空间中的所有点), 如果由这些状态出发的轨迹都保持渐近稳定性, 则平衡状态 $\boldsymbol{x}_\mathrm{e} = 0$ 称为大范围渐近稳定。或者说, 如果式 (5.1) 所示的系统的平衡状态 $\boldsymbol{x}_\mathrm{e} = 0$ 渐近稳定的吸引域为整个状态空间, 则称此时系统的平衡状态 $\boldsymbol{x}_\mathrm{e} = 0$ 为大范围渐近稳定的。显然, 大范围渐近稳定的必要条件是在整个状态空间中只有一个平衡状态。

在控制工程问题中, 总希望系统具有大范围渐近稳定的特性。如果平衡状态不是大范围渐近稳定的, 那么问题就转化为确定渐近稳定的最大范围或吸引域, 这通常非常困难。然而, 对所有的实际问题, 确定一个足够大的渐近稳定的吸引域, 使扰动不会超过它即可。

5. 不稳定

如果对于某个实数 $\varepsilon > 0$ 和任意一个实数 $\delta > 0$, 不管这两个实数多么小, 在 $S(\delta)$ 内总存在一个状态, 使得始于这一状态的轨迹最终会脱离开 $S(\varepsilon)$, 那么平衡状态 $\boldsymbol{x}_\mathrm{e} = 0$ 称为不稳定的, 如图 5.3 所示。

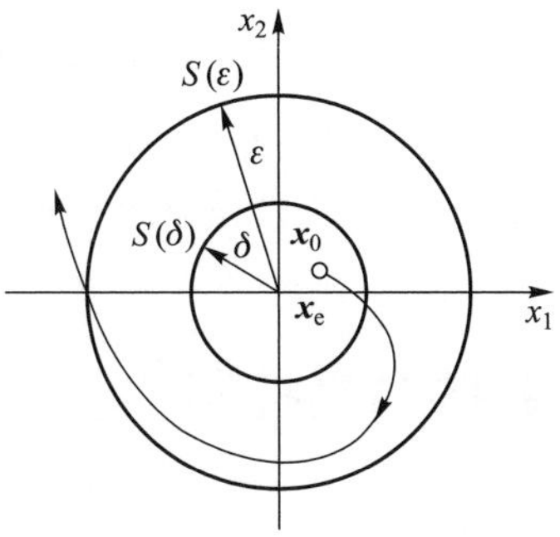

图 5.3　平衡状态及对应于不稳定性的典型轨迹

5.2.3 Lyapunov 第二法

Lyapunov 第二法的基本思想就是通过定义和分析一个在平衡状态邻域的关于运动状态的广义能量函数来分析平衡状态的稳定性。通过考察该能量函数随时间变化是否衰减来判定平衡状态是渐近稳定还是不稳定。对于给定的系统, 若可求得正定的标量函数 $V(\boldsymbol{x})$, 并使其沿轨迹对时间的全导数总为负定, 则随着时间的增加, $V(\boldsymbol{x})$ 将取越来越小的值。随着时间的进一步增长, 最终 $V(\boldsymbol{x})$ 会趋于零。这意味着, 状态空间的原点是渐近稳定的。

渐近稳定性定理 考虑如下非线性系统:

$$\dot{\boldsymbol{x}}(t) = f(\boldsymbol{x}(t), t) \tag{5.8}$$

对所有 $t \geqslant t_0$, 有 $f(0, t) \equiv 0$。

如果存在一个具有连续一阶偏导数的标量函数 $V(\boldsymbol{x}, t)$, 且满足以下条件:

(1) $V(\boldsymbol{x}, t)$ 正定;

(2) $\dot{V}(\boldsymbol{x}, t)$ 负定;

则系统在原点处的平衡状态是 (一致) 渐近稳定的。进一步地, 若 $\|\boldsymbol{x}\| \to \infty, V(\boldsymbol{x}, t) \to \infty$ (径向无穷大), 则系统在原点 $\boldsymbol{x}_{\mathrm{e}} = 0$ 处的平衡状态是大范围一致渐近稳定的。

稳定性定理 考虑如下非线性系统:

$$\dot{\boldsymbol{x}}(t) = f(\boldsymbol{x}(t), t) \tag{5.9}$$

对所有 $t \geqslant t_0$, 有 $f(0, t) \equiv 0$。

如果存在一个具有连续一阶偏导数的标量函数 $V(\boldsymbol{x}, t)$, 且满足以下条件:

(1) $V(\boldsymbol{x}, t)$ 是正定的;

(2) $\dot{V}(\boldsymbol{x}, t)$ 是负半定的;

(3) $\dot{V}(\boldsymbol{\varnothing}(\boldsymbol{x}_0, t_0, t), t)$ 对于任意 t_0 和任意 $\boldsymbol{x}_0 \neq 0$, 当 $t \geqslant t_0$ 时, 不恒等于零, (这里 $\boldsymbol{\varnothing}(\boldsymbol{x}_0, t_0, t)$ 表示在 t_0 时从 $\boldsymbol{x}_0$ 出发的轨迹或解);

(4) 当 $\|\boldsymbol{x}\| \to \infty$ 时, 有 $V(\boldsymbol{x}, t) \to \infty$。

则在系统原点处的平衡状态 $\boldsymbol{x}_{\mathrm{e}} = 0$ 是大范围渐近稳定的。

5.3 基于 U–K 方程的名义控制

5.3.1 受约束机械系统的描述

在对受约束机械系统进行控制设计之前, 需要先建立受约束机械系统的动力学模型。建立过程包括如下两步。

第一步: 建立含不确定性参数的系统动力学模型 [37]

$$\boldsymbol{M}(\boldsymbol{q}(t),\sigma(t),t)\ddot{\boldsymbol{q}}(t)+\boldsymbol{C}(\boldsymbol{q}(t),\sigma(t),t)\dot{\boldsymbol{q}}(t)+\boldsymbol{G}(\boldsymbol{q}(t),\sigma(t),t)=\boldsymbol{\tau}(t) \tag{5.10}$$

式中, $t\in R$ 表示时间变量; $\boldsymbol{q}\in\mathbf{R}^n$ 表示系统的坐标向量; $\dot{\boldsymbol{q}}\in\mathbf{R}^n$ 表示系统的速度向量; $\ddot{\boldsymbol{q}}\in\mathbf{R}^n$ 表示系统的加速度向量; $\sigma\in\Sigma\subset\mathbf{R}^p$ 表示系统的不确定参数; $\Sigma\subset\mathbf{R}^p$ 表示不确定性参数的边界且是紧集的和预知的; $\boldsymbol{M}(\cdot)$ 为系统的质量矩阵; $\boldsymbol{C}(\cdot)\dot{\boldsymbol{q}}$ 为科氏力/离心力; $\boldsymbol{G}$ 为重力; $\boldsymbol{\tau}\in\mathbf{R}^n$ 为系统控制输入。为了便于设计分析方便, 这里假设式 (5.10) 中的函数 $\boldsymbol{M}(\cdot)$、$\boldsymbol{C}(\cdot)$ 和 $\boldsymbol{G}(\cdot)$ 均为连续或关于时间勒贝格可测。

第二步: 建立系统所受的约束方程。

假定该系统有 h 个完整约束和 $m-h$ 个非完整约束, 则其完整约束方程为

$$\varphi_i(\boldsymbol{q},t)=0,\quad i=1,2,\cdots,h \tag{5.11}$$

非完整约束方程为

$$\varphi_i(\boldsymbol{q},\dot{\boldsymbol{q}},t)=0,\quad i=h+1,h+2,\cdots,m \tag{5.12}$$

式中, $m\leqslant n$ 是系统受到的约束数, n 为系统坐标变量 $\boldsymbol{q}$ 的维数。

假设式 (5.11) 和式 (5.12) 充分光滑, 对完整约束式 (5.11) 求时间 t 的一阶导数, 与式 (5.12) 联立可得

$$\sum_{i=1}^{n}A_{li}(\boldsymbol{q},t)\dot{\boldsymbol{q}}_i=\boldsymbol{c}_i(\boldsymbol{q},t),\quad l=1,\cdots,m \tag{5.13}$$

式中 $\dot{q}_i$ 是 $\dot{\boldsymbol{q}}$ 的第 i 个元素, $A_{li}(\cdot)$ 和 $c_i(\cdot)$ 都是列向量元素, 且 $m\leqslant n$。将式 (5.13) 写成矩阵形式

$$\boldsymbol{A}(\boldsymbol{q},t)\dot{\boldsymbol{q}}=\boldsymbol{c}(\boldsymbol{q},t) \tag{5.14}$$

式中, $\boldsymbol{A}=[A_{li}]_{m\times n}$; $\boldsymbol{c}=[c_1\ c_2\ \cdots\ c_m]^{\mathrm{T}}$。

对式 (5.13) 求对时间 t 的一阶导可得

$$\sum_{i=1}^{n}\left[\frac{\mathrm{d}}{\mathrm{d}t}A_{li}(\boldsymbol{q},t)\right]\dot{q}_i+\sum_{i=1}^{n}A_{li}(\boldsymbol{q},t)\ddot{q}_i=\frac{\mathrm{d}}{\mathrm{d}t}c_l(\boldsymbol{q},t),\quad l=1,\cdots,m \tag{5.15}$$

式中

$$\frac{\mathrm{d}}{\mathrm{d}t}A_{li}(\boldsymbol{q},t)=\sum_{k=1}^{n}\frac{\partial A_{li}(\boldsymbol{q},t)}{\partial\boldsymbol{q}_k}\dot{\boldsymbol{q}}_k+\frac{\partial\boldsymbol{A}_{li}(\boldsymbol{q},t)}{\partial t} \tag{5.16}$$

$$\frac{\mathrm{d}}{\mathrm{d}t}c_l(\boldsymbol{q},t)=\sum_{k=1}^{n}\frac{\partial c_l(\boldsymbol{q},t)}{\partial q_k}\dot{\boldsymbol{q}}_k+\frac{\partial c_l(\boldsymbol{q},t)}{\partial t} \tag{5.17}$$

由此, 式 (5.14) 可进一步写成

$$\sum_{i=1}^{n}\boldsymbol{A}_{li}(\boldsymbol{q},t)\ddot{q}_i=-\sum_{i=1}^{n}\left[\frac{\mathrm{d}}{\mathrm{d}t}\boldsymbol{A}_{li}(\boldsymbol{q},t)\right]\dot{q}_i-\frac{\mathrm{d}}{\mathrm{d}t}c_l(\boldsymbol{q},t)=:b_l(\boldsymbol{q},\dot{\boldsymbol{q}},t) \tag{5.18}$$

式中, $l=1,2,3,\cdots,m$。

将式 (5.18) 写成矩阵形式可得 [38-41]

$$\boldsymbol{A}(\boldsymbol{q},t)\ddot{\boldsymbol{q}}=\boldsymbol{b}(\boldsymbol{q},\dot{\boldsymbol{q}},t) \tag{5.19}$$

式中, $\boldsymbol{b}(\boldsymbol{q},\dot{\boldsymbol{q}},t)=[b_1\ b_2\ \cdots\ b_m]^{\mathrm{T}}$。

5.3.2 名义控制

假设 5.1 对于任何一个 $(\boldsymbol{q},t)\in\mathbf{R}^n\times\mathbf{R},\sigma\in\varSigma,\boldsymbol{M}(\boldsymbol{q},\sigma,t)>0$。

假设 5.2 式 (5.14) 和式 (5.19) 具有一致性且有解。

假设 5.3 不确定性参数 $\sigma\in\varSigma$ 是已知的。

基于 U–K 方程, 考虑受约束系统式 (5.10) 在假设 5.1~ 假设 5.3 成立的基础上, 提出以下名义控制器 [42-44]:

$$\begin{aligned}\boldsymbol{Q}^{\mathrm{c}}(\boldsymbol{q},\dot{\boldsymbol{q}},t)=&\boldsymbol{M}^{\frac{1}{2}}(\boldsymbol{q},\sigma,t)\left[\boldsymbol{A}(\boldsymbol{q},t)\boldsymbol{M}^{-\frac{1}{2}}(\boldsymbol{q},\sigma,t)\right]^{+}\times\{\boldsymbol{b}(\boldsymbol{q},\dot{\boldsymbol{q}},t)+\\&\boldsymbol{A}(\boldsymbol{q},t)\boldsymbol{M}^{-1}(\boldsymbol{q},\sigma,t)[\boldsymbol{C}(\boldsymbol{q},\dot{\boldsymbol{q}},\sigma,t)\dot{\boldsymbol{q}}+\boldsymbol{G}(\boldsymbol{q},\sigma,t)]\}\end{aligned} \tag{5.20}$$

式中, “+” 表示广义逆。该式满足达朗贝尔原理, 并可使系统 [式 (5.10)] 满足约束 (5.19)。

需要说明的是, 名义控制所解决的是机械系统不含不确定性或不确定性已知情况下的控制问题。当机械系统含有不确定性且不确定性未知时, 可以将该系统按照是否含有不确定参数分解为名义部分和不确定性部分。因此, 针对不确定机械系统的控制问题, 就可以通过在名义控制的基础上增加设计额外的控制项来解决。

5.4 基于 U–K 方程的鲁棒控制器设计

5.4.1 鲁棒控制器设计

上节给出了当不确定性参数 $\sigma\in\varSigma$ 是已知时的名义控制器, 但在实际情况中, 不确定性总是未知的。因此, 本节将基于式 (5.10) 所示的受约束的机械系统提出基于 U–K 方程的鲁棒控制器的设计方法, 以解决在不确定性参数 $\sigma\in\varSigma$ 是未知时, 保证系统稳定性。设计过程可以按照以下三步进行。

第一步: 将式 (5.10) 中含有不确定参数的矩阵和向量分解为

$$\boldsymbol{M}(\boldsymbol{q},\sigma,t)=\overline{\boldsymbol{M}}(\boldsymbol{q},t)+\Delta\boldsymbol{M}(\boldsymbol{q},\sigma,t), \tag{5.21}$$

$$\boldsymbol{C}(\boldsymbol{q},\dot{\boldsymbol{q}},\sigma,t)=\overline{\boldsymbol{C}}(\boldsymbol{q},\dot{\boldsymbol{q}},t)+\Delta\boldsymbol{C}(\boldsymbol{q},\dot{\boldsymbol{q}},\sigma,t), \tag{5.22}$$

$$\boldsymbol{G}(\boldsymbol{q},\sigma,t)=\overline{\boldsymbol{G}}(\boldsymbol{q},t)+\Delta\boldsymbol{G}(\boldsymbol{q},\sigma,t) \tag{5.23}$$

式中, $\overline{\boldsymbol{M}}(\cdot)$、$\overline{\boldsymbol{C}}(\cdot)$ 和 $\overline{\boldsymbol{G}}(\cdot)$ 称为系统的名义部分, 且 $\overline{\boldsymbol{M}}>0$; $\Delta\boldsymbol{M}(\cdot)$、$\Delta\boldsymbol{C}(\cdot)$ 和 $\Delta\boldsymbol{G}(\cdot)$ 为含不确定性部分。为了便于控制器的设计, 令

$$\boldsymbol{D}(\boldsymbol{q},t)=\overline{\boldsymbol{M}}^{-1}(\boldsymbol{q},t) \tag{5.24}$$

$$\Delta\boldsymbol{D}(\boldsymbol{q},\sigma,t)=\boldsymbol{M}^{-1}(\boldsymbol{q},\sigma,t)-\overline{\boldsymbol{M}}^{-1}(\boldsymbol{q},t) \tag{5.25}$$

$$\boldsymbol{E}(\boldsymbol{q},\sigma,t)=\overline{\boldsymbol{M}}(\boldsymbol{q},t)\boldsymbol{M}^{-1}(\boldsymbol{q},\sigma,t)-\boldsymbol{I} \tag{5.26}$$

$$\Delta\boldsymbol{D}(\boldsymbol{q},\sigma,t)=\boldsymbol{D}(\boldsymbol{q},t)\boldsymbol{E}(\boldsymbol{q},\sigma,t) \tag{5.27}$$

第二步: 提出和系统特性相关的假设条件。

假设 5.4 对于任意 $(\boldsymbol{q},t)\in\mathbf{R}^n\times\mathbf{R}$, $\boldsymbol{A}(\boldsymbol{q},t)$ 满秩, 即 $\boldsymbol{A}(\boldsymbol{q},t)\boldsymbol{A}^{\mathrm{T}}(\boldsymbol{q},t)$ 可逆。

假设 5.5 存在一个函数 $\rho_E:\mathbf{R}^n\times\mathbf{R}\to(-1,\infty)$, 使所有的 $(\boldsymbol{q},t)\in\mathbf{R}^n\times\mathbf{R}$ 满足

$$\frac{1}{2}\min_{\sigma\in\Sigma}\lambda_m[\boldsymbol{E}(\boldsymbol{q},\sigma,t)+\boldsymbol{E}^{\mathrm{T}}(\boldsymbol{q},\sigma,t)]\geqslant\rho_E \tag{5.28}$$

假设 5.6 对于给定的 $\boldsymbol{P}\in\mathbf{R}^{n\times n}$ 且 $\boldsymbol{P}>0$, 使

$$\psi(\boldsymbol{q},t):=\boldsymbol{P}\boldsymbol{A}(\boldsymbol{q},t)\boldsymbol{D}(\boldsymbol{q},t)\boldsymbol{D}(\boldsymbol{q},t)\boldsymbol{A}^{\mathrm{T}}(\boldsymbol{q},t)\boldsymbol{P} \tag{5.29}$$

存在一个常数 $\lambda>0$, 使

$$\inf_{(\boldsymbol{q},t)\in\mathbf{R}^n\times\mathbf{R}}\lambda_m[\psi(\boldsymbol{q},t)]\geqslant\underline{\lambda} \tag{5.30}$$

第三步: 在假设 5.1～ 假设 5.2 以及假设 5.4～ 假设 5.6 成立的基础上, 给出基于 U–K 方程的鲁棒控制器 [37]

$$\boldsymbol{\tau}(t)=\boldsymbol{p}_1(\boldsymbol{q}(t),\dot{\boldsymbol{q}}(t),t)+\boldsymbol{p}_2(\boldsymbol{q}(t),\dot{\boldsymbol{q}}(t),t)+\boldsymbol{p}_3(\boldsymbol{q}(t),\dot{\boldsymbol{q}}(t),t) \tag{5.31}$$

式中

$$\begin{aligned}\boldsymbol{p}_1(\boldsymbol{q},\dot{\boldsymbol{q}},t) :=& \overline{\boldsymbol{M}}^{\frac{1}{2}}(\boldsymbol{q},t)\left[\boldsymbol{A}(\boldsymbol{q},t)\overline{\boldsymbol{M}}^{-\frac{1}{2}}(\boldsymbol{q},t)\right]^{+}\times\\ &\{\boldsymbol{b}(\boldsymbol{q},\dot{\boldsymbol{q}},t)+\boldsymbol{A}(\boldsymbol{q},t)\overline{\boldsymbol{M}}^{-1}(\boldsymbol{q},t)[\overline{\boldsymbol{C}}(\boldsymbol{q},\dot{\boldsymbol{q}},t)\dot{\boldsymbol{q}}+\overline{\boldsymbol{G}}(\boldsymbol{q},t)]\}\end{aligned} \tag{5.32}$$

$$\boldsymbol{p}_2(\boldsymbol{q},\dot{\boldsymbol{q}},t) := -\kappa\overline{\boldsymbol{M}}^{-1}(\boldsymbol{q},t)\boldsymbol{A}^{\mathrm{T}}(\boldsymbol{q},t)\boldsymbol{P}\boldsymbol{\beta}(\boldsymbol{q},\dot{\boldsymbol{q}},t) \tag{5.33}$$

$$\boldsymbol{p}_3(\boldsymbol{q},\dot{\boldsymbol{q}},t) := -\gamma(\boldsymbol{q},\dot{\boldsymbol{q}},t)\boldsymbol{\mu}(\boldsymbol{q},\dot{\boldsymbol{q}},t)\rho(\boldsymbol{q},\dot{\boldsymbol{q}},t) \tag{5.34}$$

$$\gamma(\boldsymbol{q},\dot{\boldsymbol{q}},t)=\begin{cases}\dfrac{(1+\rho_E(\boldsymbol{q},t))^{-1}}{\|\overline{\boldsymbol{\mu}}(\boldsymbol{q},\dot{\boldsymbol{q}},t)\|\|\boldsymbol{\mu}(\boldsymbol{q},\dot{\boldsymbol{q}},t)\|} & \|\boldsymbol{\mu}(\boldsymbol{q},\dot{\boldsymbol{q}},t)\|>\varepsilon\\ \dfrac{(1+\rho_E(\boldsymbol{q},t))^{-1}}{\|\overline{\boldsymbol{\mu}}(\boldsymbol{q},\dot{\boldsymbol{q}},t)\|^2\varepsilon} & \|\boldsymbol{\mu}(\boldsymbol{q},\dot{\boldsymbol{q}},t)\|\leqslant\varepsilon\end{cases} \tag{5.35}$$

$$\boldsymbol{\beta}(\boldsymbol{q},\dot{\boldsymbol{q}},t)=\boldsymbol{A}(\boldsymbol{q},t)\dot{\boldsymbol{q}}-\boldsymbol{c}(\boldsymbol{q},t) \tag{5.36}$$

$$\boldsymbol{\mu}(\hat{\alpha},\boldsymbol{q},\dot{\boldsymbol{q}},t)=\boldsymbol{\eta}(\boldsymbol{q},\dot{\boldsymbol{q}},t)\rho(\boldsymbol{q},\dot{\boldsymbol{q}},t) \tag{5.37}$$

$$\boldsymbol{\eta}(\boldsymbol{q},\dot{\boldsymbol{q}},t)=\overline{\boldsymbol{\mu}}(\boldsymbol{q},\dot{\boldsymbol{q}},t)\boldsymbol{\beta}(\boldsymbol{q},\dot{\boldsymbol{q}},t) \tag{5.38}$$

$$\overline{\boldsymbol{\mu}}(\boldsymbol{q},\dot{\boldsymbol{q}},t)=\overline{\boldsymbol{M}}^{-1}(\boldsymbol{q},t)\boldsymbol{A}^{\mathrm{T}}(\boldsymbol{q},t)\boldsymbol{P} \tag{5.39}$$

选择函数 $\rho(\boldsymbol{q},\dot{\boldsymbol{q}},t):\mathbf{R}^n\times\mathbf{R}^n\times\mathbf{R}\to\mathbf{R}_+$, 使

$$\rho(\boldsymbol{q},\dot{\boldsymbol{q}},t)\geqslant\max_{\sigma\in\Sigma}\|\boldsymbol{P}\boldsymbol{A}\Delta\boldsymbol{D}(-\boldsymbol{C}\dot{\boldsymbol{q}}(t)-\boldsymbol{G}+\boldsymbol{p}_1+\boldsymbol{p}_2)+\boldsymbol{P}\boldsymbol{A}\boldsymbol{D}(-\Delta\boldsymbol{C}\dot{\boldsymbol{q}}(t)-\Delta\boldsymbol{G})\| \tag{5.40}$$

上述给出的基于 U–K 方程的鲁棒控制器, 满足下面的实用稳定性定理。

实用稳定性定理 [45] 对于式 (5.10) 所描述的受控系统, 在满足假设 5.4~ 假设 5.6 的条件下, 由式 (5.31) 表示的控制器可以使受控系统具有如下两个性能。

(1) 一致有界: 对所有 $r>0$, 存在 $d(r)<\infty$, 使在 $\|\boldsymbol{\beta}(\boldsymbol{q}(t_0),\dot{\boldsymbol{q}}(t_0),t_0)\|<r$ 且 $t\geqslant t_0$ 时, 有 $\|\boldsymbol{\beta}(\boldsymbol{q}(t),\dot{\boldsymbol{q}}(t),t)\|\leqslant d(r)$。

(2) 一致最终有界: 对所有 $r>0$, 在 $\|\boldsymbol{\beta}(\boldsymbol{q}(t_0),\dot{\boldsymbol{q}}(t_0),t_0)\|<r$ 时, 存在 $\underline{d}>0$ 以至于对所有 $\overline{d}<\underline{d}$ 且 $t\geqslant t_0+T(\overline{d},r)$, 使 $\|\boldsymbol{\beta}(\boldsymbol{q}(t),\dot{\boldsymbol{q}}(t),t)\|<\overline{d}$, 这里 $T(\overline{d},r)<\infty$。进一步, 当 $\varepsilon\to0$ 时, 有 $\overline{d}\to0$。

5.4.2 系统稳定性分析

为证明受控系统的稳定性, 选取以下合法的 Lyapunov 函数 (其满足 Lyapunov 渐近稳定性函数的选取要求):

$$V(\beta)=\boldsymbol{\beta}^{\mathrm{T}}\boldsymbol{P}\boldsymbol{\beta} \tag{5.41}$$

对式 (5.41) 求一阶导数可得 (为了简化证明过程, 在证明中省略部分函数中的元素)

$$\begin{aligned}\dot{V}&=2\boldsymbol{\beta}^{\mathrm{T}}\boldsymbol{P}\dot{\boldsymbol{\beta}}=2\boldsymbol{\beta}^{\mathrm{T}}\boldsymbol{P}(\boldsymbol{A}\ddot{\boldsymbol{q}}-\boldsymbol{b})\\&=2\boldsymbol{\beta}^{\mathrm{T}}\boldsymbol{P}\{\boldsymbol{A}[\boldsymbol{M}^{-1}(-\boldsymbol{C}\dot{\boldsymbol{q}}-\boldsymbol{G})+\boldsymbol{M}^{-1}(\boldsymbol{p}_1+\boldsymbol{p}_2+\boldsymbol{p}_3)]-\boldsymbol{b}\}\end{aligned} \tag{5.42}$$

将式 (5.24)～式 (5.27) 代入式 (5.42) 可得

$$\begin{aligned}&2\boldsymbol{\beta}^{\mathrm{T}}\boldsymbol{P}\{\boldsymbol{A}[\boldsymbol{M}^{-1}(-\boldsymbol{C}\dot{\boldsymbol{q}}-\boldsymbol{G})+\boldsymbol{M}^{-1}(\boldsymbol{p}_1+\boldsymbol{p}_2+\boldsymbol{p}_3)]-\boldsymbol{b}\}\\=&2\boldsymbol{\beta}^{\mathrm{T}}\boldsymbol{P}\boldsymbol{A}[(\boldsymbol{D}+\Delta\boldsymbol{D})(-\overline{\boldsymbol{C}}\dot{\boldsymbol{q}}-\overline{\boldsymbol{G}}-\Delta\boldsymbol{C}\dot{\boldsymbol{q}}-\Delta\boldsymbol{G})+\\&(\boldsymbol{D}+\Delta\boldsymbol{D})(\boldsymbol{p}_1+\boldsymbol{p}_2+\boldsymbol{p}_3)]-\boldsymbol{b}\\=&2\boldsymbol{\beta}^{\mathrm{T}}\boldsymbol{P}\boldsymbol{A}[\boldsymbol{D}(-\overline{\boldsymbol{C}}\dot{\boldsymbol{q}}-\overline{\boldsymbol{G}})+\boldsymbol{D}(\boldsymbol{p}_1+\boldsymbol{p}_2)+\boldsymbol{D}(-\Delta\boldsymbol{C}\dot{\boldsymbol{q}}-\Delta\boldsymbol{G})+\\&\Delta\boldsymbol{D}(-\boldsymbol{C}\dot{\boldsymbol{q}}-\boldsymbol{G}+\boldsymbol{p}_1+\boldsymbol{p}_2)+(\boldsymbol{D}+\Delta\boldsymbol{D})\boldsymbol{p}_3]-\boldsymbol{b}\end{aligned}\tag{5.43}$$

将式 (5.32) 代入式 (5.43) 中可得

$$\boldsymbol{A}[\boldsymbol{D}(-\overline{\boldsymbol{C}}\dot{\boldsymbol{q}}-\overline{\boldsymbol{G}})+\boldsymbol{D}\boldsymbol{p}_1]-\boldsymbol{b}=0\tag{5.44}$$

将式 (5.40) 代入式 (5.43) 中可得

$$\begin{aligned}&2\boldsymbol{\beta}^{\mathrm{T}}\boldsymbol{P}\boldsymbol{A}[\Delta\boldsymbol{D}(-\boldsymbol{C}\dot{\boldsymbol{q}}-\boldsymbol{G}+\boldsymbol{p}_1+\boldsymbol{p}_2)+\boldsymbol{D}(-\Delta\boldsymbol{C}\dot{\boldsymbol{q}}-\Delta\boldsymbol{G})]\\\leqslant&2\|\boldsymbol{\beta}\|\|\boldsymbol{P}\boldsymbol{A}[\Delta\boldsymbol{D}(-\boldsymbol{C}\dot{\boldsymbol{q}}-\boldsymbol{G}+\boldsymbol{p}_1+\boldsymbol{p}_2)+\boldsymbol{D}(-\Delta\boldsymbol{C}\dot{\boldsymbol{q}}-\Delta\boldsymbol{G})]\|\\\leqslant&2\|\boldsymbol{\beta}\|\rho\end{aligned}\tag{5.45}$$

将式 (5.33) 代入式 (5.43) 可得

$$\begin{aligned}2\boldsymbol{\beta}^{\mathrm{T}}\boldsymbol{P}\boldsymbol{A}\boldsymbol{D}\boldsymbol{p}_2&=2\boldsymbol{\beta}^{\mathrm{T}}\boldsymbol{P}\boldsymbol{A}\boldsymbol{D}[-\kappa\overline{\boldsymbol{M}}^{-1}(\boldsymbol{q},t)\boldsymbol{A}^{\mathrm{T}}(\boldsymbol{q},t)\boldsymbol{P}\boldsymbol{\beta}]\\&=-2\kappa\boldsymbol{\eta}^{\mathrm{T}}\boldsymbol{\eta}=-2\kappa\|\boldsymbol{\eta}\|^2\end{aligned}\tag{5.46}$$

根据 $\Delta\boldsymbol{D}=\boldsymbol{D}\boldsymbol{E}$, $\overline{\boldsymbol{M}}^{-1}=\boldsymbol{D}$, 将式 (5.35) 代入式 (5.43) 可得

$$\begin{aligned}2\boldsymbol{\beta}^{\mathrm{T}}\boldsymbol{P}\boldsymbol{A}(\boldsymbol{D}+\Delta\boldsymbol{D})\boldsymbol{p}_3&=-2\boldsymbol{\beta}^{\mathrm{T}}\boldsymbol{P}\boldsymbol{A}(\boldsymbol{D}+\boldsymbol{D}\boldsymbol{E})\gamma\boldsymbol{\mu}\rho\\&=2(\boldsymbol{D}\boldsymbol{A}\boldsymbol{P}\boldsymbol{\beta}\rho)^{\mathrm{T}}(\boldsymbol{I}+\boldsymbol{E})(-\gamma\boldsymbol{\mu})\\&=2\boldsymbol{\mu}^{\mathrm{T}}(\boldsymbol{I}+\boldsymbol{E})(-\gamma\boldsymbol{\mu})\\&=-2\gamma\boldsymbol{\mu}^{\mathrm{T}}\boldsymbol{\mu}-2\gamma\boldsymbol{\mu}^{\mathrm{T}}\boldsymbol{E}\boldsymbol{\mu}\\&\leqslant-2\gamma\|\boldsymbol{\mu}\|^2-2\gamma\lambda_m(\boldsymbol{E}+\boldsymbol{E}^{\mathrm{T}})\|\boldsymbol{\mu}\|^2\\&\leqslant-2\gamma(1+\rho_E)\|\boldsymbol{\mu}\|^2\end{aligned}\tag{5.47}$$

根据式 (5.35), 当 $\|\boldsymbol{\mu}\|>\varepsilon$ 时, 式 (5.47) 可写成

$$-2\gamma(1+\rho_E)\|\boldsymbol{\mu}\|^2=-2\frac{(1+\rho_E)^{-1}}{\|\overline{\boldsymbol{\mu}}\|\|\boldsymbol{\mu}\|}(1+\rho_E)\|\boldsymbol{\mu}\|^2=-2\|\boldsymbol{\beta}\|\rho\tag{5.48}$$

当 $\|\boldsymbol{\mu}\|\leqslant\varepsilon$ 时, 式 (5.47) 可写成

$$-2\gamma(1+\rho_E)\|\boldsymbol{\mu}\|^2=-2\frac{(1+\rho_E)^{-1}}{\|\overline{\boldsymbol{\mu}}\|^2\varepsilon}(1+\rho_E)\|\boldsymbol{\mu}\|^2=-2\|\boldsymbol{\beta}\|^2\rho^2/\varepsilon\tag{5.49}$$

根据式 (5.43)~ 式 (5.49), 且当 $\|\boldsymbol{\mu}\| > \varepsilon$, 式 (5.42) 可写成

$$\dot{V} \leqslant -2\kappa\|\boldsymbol{\eta}\|^2 + 2\|\boldsymbol{\beta}\|\rho - 2\|\boldsymbol{\beta}\|\rho = -2\kappa\|\boldsymbol{\eta}\|^2 \tag{5.50}$$

当 $\|\boldsymbol{\mu}\| \leqslant \varepsilon$ 时, 式 (5.42) 可写成

$$\dot{V} \leqslant -2\kappa\|\boldsymbol{\eta}\|^2 + 2\|\boldsymbol{\beta}\|\rho - \frac{2\|\boldsymbol{\beta}\|^2\rho^2}{\varepsilon} = -2\kappa\|\boldsymbol{\eta}\|^2 + \varepsilon/2 \tag{5.51}$$

最终, 式 (5.42) 可以写成

$$\dot{V} \leqslant -2\kappa\|\boldsymbol{\eta}\|^2 + \varepsilon/2 \tag{5.52}$$

根据 Rayleigh 原理和假设 5.6, 有

$$\|\boldsymbol{\eta}\|^2 = \boldsymbol{\eta}^{\mathrm{T}}\boldsymbol{\eta} = \boldsymbol{\beta}^{\mathrm{T}}\boldsymbol{PADDA}^{\mathrm{T}}\boldsymbol{P\beta} \geqslant \lambda_m(\boldsymbol{PADDA}^{\mathrm{T}}\boldsymbol{P})\|\boldsymbol{\beta}\|^2 \geqslant \lambda\|\boldsymbol{\beta}\|^2 \tag{5.53}$$

因此

$$\dot{V} \leqslant -2\kappa\underline{\lambda}\|\boldsymbol{\beta}\|^2 + \varepsilon/2 \tag{5.54}$$

基于上面的分析, 可以得到受控系统具有一致有界性

$$d(r) = \begin{cases} \sqrt{\dfrac{\lambda_{\mathrm{M}}(\boldsymbol{P})}{\lambda_{\mathrm{m}}(\boldsymbol{P})}}R & r \leqslant R \\ \sqrt{\dfrac{\lambda_{\mathrm{M}}(\boldsymbol{P})}{\lambda_{\mathrm{m}}(\boldsymbol{P})}}r & r > R \end{cases} \tag{5.55}$$

$$R = \sqrt{\frac{\varepsilon}{4\kappa\underline{\lambda}}} \tag{5.56}$$

同时, 受控系统也具有一致最终有界性

$$\overline{d} > \underline{d} = \sqrt{\frac{\lambda_{\mathrm{M}}(\boldsymbol{P})}{\lambda_{\mathrm{m}}(\boldsymbol{P})}}R \tag{5.57}$$

$$T(\overline{d}, r) = \begin{cases} 0 & r \leqslant \overline{d}\sqrt{\dfrac{\lambda_{\mathrm{M}}(\boldsymbol{P})}{\lambda_{\mathrm{m}}(\boldsymbol{P})}} \\ \dfrac{\lambda_{\mathrm{M}}(\boldsymbol{P})r^2 - [\lambda_{\mathrm{m}}^2(\boldsymbol{P})/\lambda_{\mathrm{M}}(\boldsymbol{P})]\overline{d}^2}{2\kappa\underline{\lambda}\overline{d}^2[\lambda_{\mathrm{m}}(\boldsymbol{P})/\lambda_{\mathrm{M}}(\boldsymbol{P})] - \left(\dfrac{\varepsilon}{2}\right)} & 其他 \end{cases} \tag{5.58}$$

5.5 基于 U–K 方程的鲁棒控制器典型应用——二自由度机械臂

图 5.4 所示为一平面二自由度机械手臂 [46-47], 其中连杆 1 和连杆 2 的相对转角为 θ_1 和 θ_2, 连杆 1 和连杆 2 长度分别为 l_1 和 l_2, 关节 1 与关节 2 处的力矩分

别为 τ_1 和 τ_2。假设连杆为均质杆, 质量分别为 m_1 和 m_2, 关节 2 处的电机质量为 m_3, 夹取物件的质量为 m_4, 重力加速度为 g。

根据拉格朗日方程可以推导出该系统的动力学方程为

$$\boldsymbol{M}(\boldsymbol{q}(t),\sigma(t),t)\ddot{\boldsymbol{q}}(t)+\boldsymbol{H}(\boldsymbol{q}(t),\dot{\boldsymbol{q}}(t),\sigma(t),t)+\boldsymbol{G}(\boldsymbol{q}(t),\sigma(t),t)=\boldsymbol{\tau}(t) \tag{5.59}$$

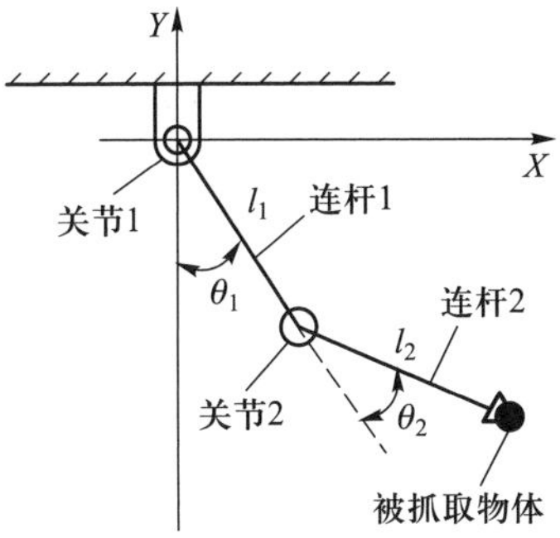

图 5.4 机械手臂模型

式中

$$\boldsymbol{q}=\begin{bmatrix}\theta_1\\ \theta_2\end{bmatrix},\dot{\boldsymbol{q}}=\begin{bmatrix}\dot\theta_1\\ \dot\theta_2\end{bmatrix},\ddot{\boldsymbol{q}}=\begin{bmatrix}\ddot\theta_1\\ \ddot\theta_2\end{bmatrix},\boldsymbol{\tau}=\begin{bmatrix}\tau_1\\ \tau_2\end{bmatrix}$$

$$\boldsymbol{M}=\begin{bmatrix}M_{11} & M_{12}\\ M_{21} & M_{22}\end{bmatrix}$$

$$M_{11}=\left(\frac{1}{3}m_1+m_2+m_3+m_4\right)l_1^2+\left(\frac{1}{3}m_2+m_4\right)l_2^2+(m_2+2m_4)l_1l_2\cos\theta_2$$

$$M_{12}=M_{21}=\left(\frac{1}{3}m_2+m_4\right)l_2^2+\frac{1}{2}(m_2+2m_4)l_1l_2\cos\theta_2$$

$$M_{22}=\left(\frac{1}{3}m_2+m_4\right)l_2^2$$

$$\boldsymbol{H}=\boldsymbol{C}\dot{\boldsymbol{q}}=\begin{bmatrix}-\left(\frac{1}{2}m_2+m_4\right)l_1l_2(\sin\theta_2)\dot\theta_2^2-(m_2+2m_4)l_1l_2(\sin\theta_2)\dot\theta_1\dot\theta_2\\ \left(\frac{1}{2}m_2+2m_4\right)l_1l_2(\sin\theta_2)\dot\theta_1^2\end{bmatrix}$$

$$\boldsymbol{G}=\begin{bmatrix}\left(\frac{1}{2}m_1+m_2+m_3+m_4\right)gl_1\sin\theta_1+\left(\frac{1}{2}m_2+m_4\right)gl_2\sin(\theta_1+\theta_2)\\ \left(\frac{1}{2}m_2+m_4\right)gl_2\sin(\theta_1+\theta_2)\end{bmatrix}$$

现假设该机械手臂系统需满足如下约束条件:

$$\begin{cases}\theta_1+\theta_2=0\\ \theta_1=2\cos\left(\frac{\pi}{2}t\right)\end{cases} \tag{5.60}$$

对上式对时间求一阶导数, 可得到二阶约束形式为

$$\begin{cases}\dot{\theta}_1+\dot{\theta}_2=0\\ \dot{\theta}_1=-\pi\sin\left(\dfrac{\pi}{2}t\right)\end{cases} \tag{5.61}$$

将上式写成式 (5.14) 的形式, 为

$$\boldsymbol{A}(\boldsymbol{q},t)\dot{\boldsymbol{q}}=\boldsymbol{c}(\boldsymbol{q},t) \tag{5.62}$$

式中

$$\boldsymbol{A}=\begin{bmatrix}1 & 1\\ 1 & 0\end{bmatrix},\quad \boldsymbol{c}=\begin{bmatrix}0\\ -\pi\sin\left(\dfrac{\pi}{2}t\right)\end{bmatrix}$$

上式对时间求二阶导数, 可得到二阶约束形式为

$$\begin{cases}\ddot{\theta}_1+\ddot{\theta}_2=0\\ \ddot{\theta}_1=-\dfrac{\pi^2}{2}\cos\left(\dfrac{\pi}{2}t\right)\end{cases} \tag{5.63}$$

将上式写成式 (5.19) 的形式, 为

$$\boldsymbol{A}(\boldsymbol{q},t)\ddot{\boldsymbol{q}}=\boldsymbol{b}(\boldsymbol{q},\dot{\boldsymbol{q}},t) \tag{5.64}$$

式中

$$\boldsymbol{b}=\begin{bmatrix}0\\ -\dfrac{\pi^2}{2}\cos\left(\dfrac{\pi}{2}t\right)\end{bmatrix}$$

假设质量是系统的不确定参数, 即 $\sigma=[m_1\ m_2\ m_3\ m_4]^{\mathrm{T}}$, 有 $m_1=\overline{m}_1+\Delta m_1(t)$, $m_2=\overline{m}_2+\Delta m_2(t)$, $m_3=\overline{m}_3+\Delta m_3(t)$, $m_4=\overline{m}_4+\Delta m_4(t)$。选择系统参数 $\overline{m}_1=1$ kg, $\overline{m}_2=1$ kg, $\overline{m}_3=1$ kg, $\overline{m}_4=1$ kg, $\Delta m_1(t)=0.1\sin(0.2t)$ kg, $\Delta m_2(t)=0.1\cos(0.1t)$ kg, $\Delta m_3(t)=0.05\sin(0.2t)$ kg, $\Delta m_4(t)=0.05\cos(0.1t)$ kg, $l_1=1$ m, $l_2=1$ m。

采用龙格库塔法 (ode15i) 在 MATLAB 软件上进行仿真实验。设初始条件为 $\boldsymbol{q}(0)=[1.5-1.2]^{\mathrm{T}}$, $\dot{\boldsymbol{q}}(0)=[0.2\quad -0.1]^{\mathrm{T}}$; 控制参数选择为 $\kappa=1$, $\rho=1$, $\varepsilon=0.01$, $\rho_E=-0.9$。仿真结果如图 5.5~ 图 5.9 所示。图 5.5~ 图 5.6 分别显示

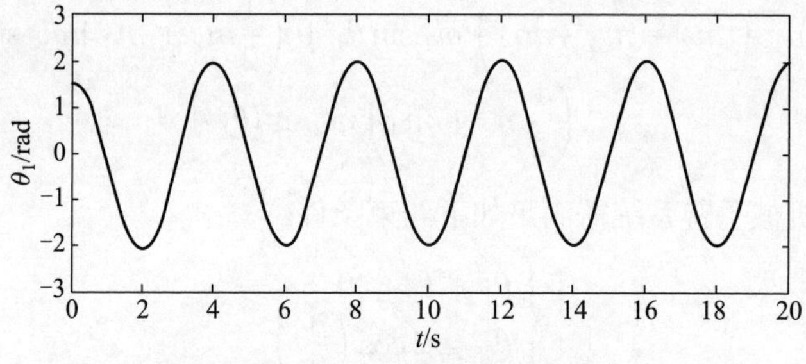

图 5.5 连杆 1 角位移变化曲线

了连杆 1 和连杆 2 的角位移变化曲线。图 5.7 所示为加在关节 1 上的电机转矩, 图 5.8 所示为加在关节 2 上的电机转矩。图 5.9 所示为连杆 1 与连杆 2 角位移之和变化曲线。从图 5.5～ 图 5.9 可以看出, 系统在所设计的控制器作用下达到了所要求的约束条件。

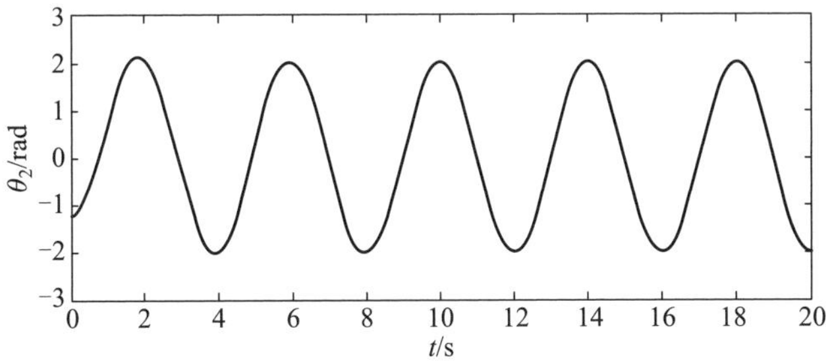

图 5.6 连杆 2 角位移变化曲线

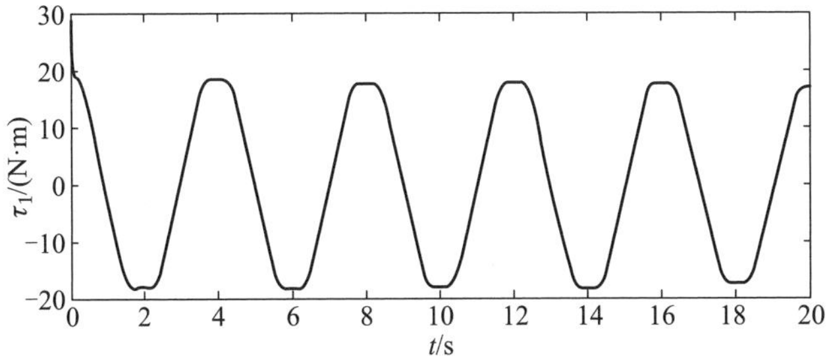

图 5.7 电机 1 控制转矩

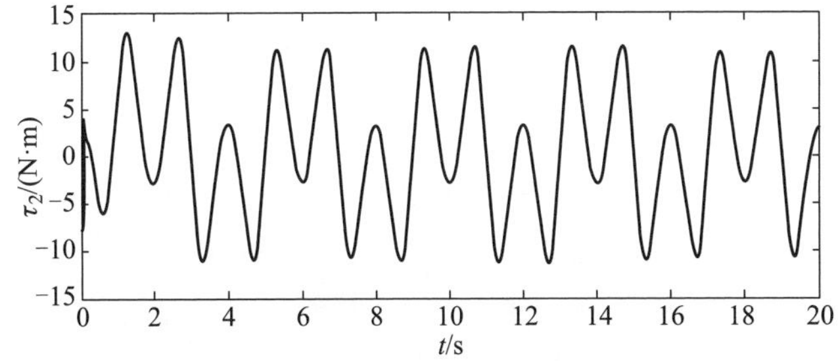

图 5.8 电机 2 控制转矩

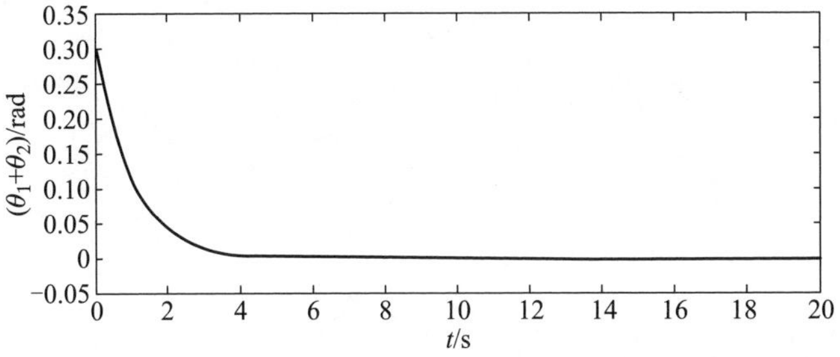

图 5.9 连杆 1 与连杆 2 角位移之和变化曲线

第 6 章 基于 U–K 方程的自适应鲁棒控制

第五章介绍了基于 U–K 方程的鲁棒控制器的设计, 可以看出, 鲁棒控制器可解决控制系统模型不确定性的影响。对于一般鲁棒控制系统设计需要提前知道系统的不确定性信息或时变参数的边界, 但是当不确定信息的边界获取不准确时, 系统的鲁棒性将难以保证。为解决这一问题, 本章在鲁棒控制器中引入自适应控制。

自适应控制是指针对被控系统参数变化或系统受不确定性因素干扰状态, 控制系统能自行调整参数或产生控制作用, 使系统仍能按某一性能指标运行的一种控制方法。自适应控制与鲁棒控制的不同之处在于, 它不需要提前知道不确定性信息或时变参数。鲁棒控制在系统不确定性边界一定时, 不需要改变控制规则来确保特定的系统性能表现, 而自适应控制是靠自行改变控制规律来实现控制效果。自适应控制和第五章提到的鲁棒控制一样, 也是一种基于数学模型的控制方法, 所不同的是自适应控制所依据的关于模型和扰动的先验知识比较少, 需要在系统的运行过程中不断提取有关模型的信息, 使模型逐步完善, 即模型参数的在线辨识, 这是自适应控制的基础。对于对象特性或扰动特性变化范围很大, 同时又要求经常保持高性能指标的一类系统, 适合采取自适应控制。虽然自适应控制可用于克服系统中的不确定参数, 但对于外界干扰和未建模动态比较敏感。由于鲁棒控制在抑制干扰和补偿未建模动态时具有良好的性能, 因此将自适应控制与鲁棒控制结合起来形成自适应鲁棒控制能够起到扬长避短的作用。

本章基于 U–K 方程提出基于两种不同自适应律的自适应鲁棒控制, 即基于增益型自适应律的自适应鲁棒控制与基于泄漏型自适应律的自适应鲁棒控制。基于增益型自适应律的自适应鲁棒控制可以根据系统性能实时调整不确定性信息的上界, 从而避免了第五章所述鲁棒控制中所存在的当不确定信息的边界获取不准确时, 系统的鲁棒性难以保证的问题。但是基于增益型自适应律的自适应鲁棒控制可能会将系统的边界调整得过大, 从而又产生系统控制代价过大的问题。对此, 基于泄漏型自适应律的自适应鲁棒控制可以解决系统控制代价过大的问题。最后, 以机械臂为例, 介绍两种自适应鲁棒控制的应用。

6.1 自适应鲁棒控制

6.1.1 自适应控制简介

在 20 世纪 50 年代初, 为设计出能使飞机在较宽的速度和高度范围内飞行的自动导航系统, 自适应控制研究得到重视。从 20 世纪 60 年代至今, 随着现代控制理论的完善以及微电子学的发展, 自适应控制在工业上可以简单而廉价地实现, 自适应控制领域得到了迅猛的发展 [48-54]。

所谓自适应控制, 即控制器可通过改变自身特性以适应过程动态及扰动的变化。自适应控制的优点在于通过在线的参数自适应, 可以减少模型不确定性对系统性能的影响, 从而在不需要高增益的情况下获得受控系统的渐近稳定性。然而, 在自适应控制方案中, 自适应律和控制器的设计和分析是基于未受噪声、扰动和建模误差影响的对象。因为实际对象与设计所采用的对象模型可能有偏差, 所以自适应控制可能会对外界干扰和建模误差过于敏感而导致其难以用于实际对象的控制。对此, 自适应鲁棒控制被提出, 以解决自适应控制与鲁棒控制中各自存在的应用问题。

6.1.2 自适应鲁棒控制简介

鲁棒控制可以克服对象所受到预先给定边界内的干扰和动态特性的变化。但是, 当对象参数和干扰发生显著变化且超出预先给定边界时, 就需要采用具有适应能力的控制器, 即自适应控制器, 才能满足高精度的要求。自适应控制可用于克服系统中的不确定参数, 但对外界干扰可能会过于敏感。由于鲁棒控制在抑制干扰和补偿建模误差方面具有良好的性能, 因此将自适应控制与鲁棒控制结合起来形成的自适应鲁棒控制能够起到扬长避短的作用。

自适应鲁棒控制实际上是针对系统在受到有界扰动和建模误差的影响时, 可能会导致系统不稳定这一事实, 应用鲁棒自适应律, 使得系统对一类有界扰动信号和建模误差具有鲁棒性。鲁棒自适应律是指对于有建模误差的参数化模型系统设计自适应律, 使得其对不确定干扰具有鲁棒性, 最终在自适应鲁棒控制器的作用下使得系统的性能指标保持或近似达到希望的性能指标 [55-57]。

6.2 基于 U–K 方程的增益型自适应鲁棒控制设计

6.2.1 增益型自适应鲁棒控制器设计

在 5.4 节中, 针对受约束的不确定机械系统设计了基于 U–K 方程的鲁棒控制器, 本节将在 5.4 节的基础上设计一种基于 U–K 方程的增益型自适应鲁棒控制器。

对于受约束的机械系统, 可建立如下的含有不确定性参数的动力学模型:

$$\boldsymbol{M}(\boldsymbol{q}(t),\sigma(t),t)\ddot{\boldsymbol{q}}(t)+\boldsymbol{C}(\boldsymbol{q}(t),\sigma(t),t)\dot{\boldsymbol{q}}(t)+\boldsymbol{G}(\boldsymbol{q}(t),\sigma(t),t)=\boldsymbol{\tau}(t) \tag{6.1}$$

式 (6.1) 所表示的动力学模型与式 (5.10) 所表示的动力学模型完全一致。因此, 对式 (6.1) 中的相关变量、参数、矩阵等的描述可参考第 5.4 节相关知识, 这里不再赘述。

同样地, 假定该系统受到 h 个完整约束和 $m-h$ 个非完整约束。通过相应的微分, 最终可以得到约束方程的一阶和二阶形式

$$\boldsymbol{A}(\boldsymbol{q},t)\dot{\boldsymbol{q}}=\boldsymbol{c}(\boldsymbol{q},t), \tag{6.2}$$

式中, $\boldsymbol{A}=[A_{li}]_{m\times n}$; $\boldsymbol{c}=[c_1\ c_2\ \cdots\ c_m]^{\mathrm{T}}$,

$$\boldsymbol{A}(\boldsymbol{q},t)\ddot{\boldsymbol{q}}=\boldsymbol{b}(\boldsymbol{q},\dot{\boldsymbol{q}},t) \tag{6.3}$$

式中, $\boldsymbol{b}(\boldsymbol{q},\dot{\boldsymbol{q}},t)=[b_1\ b_2\ \cdots\ b_m]^{\mathrm{T}}$。具体推导过程可参考第 5.4 节相关知识, 这里不再赘述。

基于式 (6.1) 所示的不确定机械系统以及式 (6.2) 和式 (6.3) 所示的约束方程, 下面提出一类增益型自适应鲁棒控制器的设计方法。设计过程可以按照以下三步进行。

第一步: 将式 (6.1) 中含有不确定参数的矩阵和向量进行分解。具体分解方式和式 (5.21)∼ 式 (5.27) 完全一致, 这里不再列出。

第二步: 提出与系统特性相关的假设条件。

假设 6.1 对于任意 $(\boldsymbol{q},t)\in\mathbf{R}^n\times\mathbf{R}$, $\boldsymbol{A}(\boldsymbol{q},t)$ 满秩, 即 $\boldsymbol{A}(\boldsymbol{q},t)\boldsymbol{A}^{\mathrm{T}}(\boldsymbol{q},t)$ 可逆。

假设 6.2 在假设 6.1 的条件下, 存在一个矩阵 $\boldsymbol{P}\in\mathbf{R}^{n\times n}$, $\boldsymbol{P}>0$, 令

$$\boldsymbol{W}(\boldsymbol{q},\sigma,t):=\boldsymbol{P}\boldsymbol{A}(\boldsymbol{q},t)\boldsymbol{D}(\boldsymbol{q},t)\boldsymbol{E}(\boldsymbol{q},\sigma,t)\overline{\boldsymbol{M}}(\boldsymbol{q},t)\boldsymbol{A}(\boldsymbol{q},t)[\boldsymbol{A}(\boldsymbol{q},t)\boldsymbol{A}^{\mathrm{T}}(\dot{\boldsymbol{q}},t)]^{-1}\boldsymbol{P}^{-1} \tag{6.4}$$

则存在一个常数 $\rho_E>-1$, 使所有的 $(\boldsymbol{q},t)\in\mathbf{R}^n\times\mathbf{R}$ 满足

$$\frac{1}{2}\min_{\sigma\in\Sigma}\lambda_m[\boldsymbol{W}(\boldsymbol{q},\sigma,t)+\boldsymbol{W}^{\mathrm{T}}(\boldsymbol{q},\sigma,t)]\geqslant\rho_E \tag{6.5}$$

假设 6.3 (1) 存在一个未知的向量 $\boldsymbol{\alpha}\in(0,\infty)^k$, 与一个已知的函数 $\Pi(\cdot):(0,\infty)^k\times\mathbf{R}^n\times\mathbf{R}^n\times\mathbf{R}\rightarrow\mathbf{R}_+$, 针对所有 $(\boldsymbol{q},\dot{\boldsymbol{q}},t)\in\mathbf{R}^n\times\mathbf{R}^n\times\mathbf{R}$, $\sigma\in\Sigma$, 有

$$\begin{aligned}&(1+\rho_E)^{-1}\max_{\sigma\in\Sigma}[\|\boldsymbol{P}\boldsymbol{A}(\boldsymbol{q},t)\Delta\boldsymbol{D}(\boldsymbol{q},\sigma,t)(-\boldsymbol{C}(\boldsymbol{q},\dot{\boldsymbol{q}},\sigma,t)\dot{\boldsymbol{q}}-\boldsymbol{G}(\boldsymbol{q},\sigma,t)+\\&\boldsymbol{p}_1(\boldsymbol{q},\dot{\boldsymbol{q}},t)+\boldsymbol{p}_2(\boldsymbol{q},\dot{\boldsymbol{q}},t))-\boldsymbol{P}\boldsymbol{A}(\boldsymbol{q},t)\boldsymbol{D}(\boldsymbol{q},t)(\Delta\boldsymbol{C}(\boldsymbol{q},\dot{\boldsymbol{q}},\sigma,t)\dot{\boldsymbol{q}}+\Delta\boldsymbol{G}(\boldsymbol{q},\sigma,t))\|]\\&\leqslant\Pi(\boldsymbol{\alpha},\boldsymbol{q},\dot{\boldsymbol{q}},t)\end{aligned} \tag{6.6}$$

(2) 对所有的 $(\boldsymbol{q},\dot{\boldsymbol{q}},t)\in\mathbf{R}^n\times\mathbf{R}^n\times\mathbf{R}$, 函数 $\Pi(\cdot):(0,\infty)^k\times\mathbf{R}^n\times\mathbf{R}^n\times\mathbf{R}\to\mathbf{R}_+$ 是凹函数, 即对任意的 $\boldsymbol{\alpha}_{1,2}\in(0,\infty)^k$ 有

$$\Pi(\boldsymbol{\alpha}_1,\boldsymbol{q},\dot{\boldsymbol{q}},t)-\Pi(\boldsymbol{\alpha}_2,\boldsymbol{q},\dot{\boldsymbol{q}},t)\leqslant\frac{\partial\Pi}{\partial\boldsymbol{\alpha}}(\boldsymbol{\alpha}_2,\boldsymbol{q},\dot{\boldsymbol{q}},t)(\boldsymbol{\alpha}_1-\boldsymbol{\alpha}_2)\tag{6.7}$$

第三步: 在上述假设成立的基础上, 给出基于 U–K 方程的增益型自适应鲁棒控制器 [58-59]

$$\boldsymbol{\tau}(t)=\boldsymbol{p}_1(\boldsymbol{q}(t),\dot{\boldsymbol{q}}(t),t)+\boldsymbol{p}_2(\boldsymbol{q}(t),\dot{\boldsymbol{q}}(t),t)+\boldsymbol{p}_3(\widehat{\boldsymbol{\alpha}}(t),\boldsymbol{q}(t),\dot{\boldsymbol{q}}(t),t)\tag{6.8}$$

式中

$$\begin{aligned}\boldsymbol{p}_1(\boldsymbol{q},\dot{\boldsymbol{q}},t):=&\overline{\boldsymbol{M}}^{\frac{1}{2}}(\boldsymbol{q},t)\left[\boldsymbol{A}(\boldsymbol{q},t)\overline{\boldsymbol{M}}^{-\frac{1}{2}}(\boldsymbol{q},t)\right]^{+}\times\{\boldsymbol{b}(\boldsymbol{q},\dot{\boldsymbol{q}},t)+\\&\boldsymbol{A}(\boldsymbol{q},t)\overline{\boldsymbol{M}}^{-1}(\boldsymbol{q},t)[\overline{\boldsymbol{C}}(\boldsymbol{q},\dot{\boldsymbol{q}},t)\dot{\boldsymbol{q}}+\overline{\boldsymbol{G}}(\boldsymbol{q},t)]\}\end{aligned}\tag{6.9}$$

$$\boldsymbol{p}_2(\boldsymbol{q},\dot{\boldsymbol{q}},t):=-\kappa\overline{\boldsymbol{M}}(\boldsymbol{q},t)\boldsymbol{A}(\boldsymbol{q},t)[\boldsymbol{A}(\boldsymbol{q},t)\boldsymbol{A}^{\mathrm{T}}(\boldsymbol{q},t)]^{-1}\boldsymbol{P}^{-1}[\boldsymbol{A}(\boldsymbol{q},t)\dot{\boldsymbol{q}}-\boldsymbol{c}(\boldsymbol{q},t)]\tag{6.10}$$

$$\begin{aligned}\boldsymbol{p}_3(\widehat{\boldsymbol{\alpha}},\boldsymbol{q},\dot{\boldsymbol{q}},t)=&-\{\overline{\boldsymbol{M}}(\boldsymbol{q},t)\boldsymbol{A}^{\mathrm{T}}(\boldsymbol{q},t)[\boldsymbol{A}(\boldsymbol{q},t)\boldsymbol{A}^{\mathrm{T}}(\boldsymbol{q},t)]^{-1}\boldsymbol{P}^{-1}\}\times\\&\gamma(\widehat{\boldsymbol{\alpha}},\boldsymbol{q},\dot{\boldsymbol{q}},t)\boldsymbol{\mu}(\widehat{\boldsymbol{\alpha}},\boldsymbol{q},\dot{\boldsymbol{q}},t)\Pi(\widehat{\boldsymbol{\alpha}},\boldsymbol{q},\dot{\boldsymbol{q}},t)\end{aligned}\tag{6.11}$$

$$\gamma(\widehat{\boldsymbol{\alpha}},\boldsymbol{q},\dot{\boldsymbol{q}},t)=\begin{cases}\dfrac{1}{\|\boldsymbol{\mu}(\widehat{\boldsymbol{\alpha}},\boldsymbol{q},\dot{\boldsymbol{q}},t)\|} & \|\boldsymbol{\mu}(\widehat{\boldsymbol{\alpha}},\boldsymbol{q},\dot{\boldsymbol{q}},t)\|>\varepsilon(t)\\[2ex]\dfrac{1}{\varepsilon(t)} & \|\boldsymbol{\mu}(\widehat{\boldsymbol{\alpha}},\boldsymbol{q},\dot{\boldsymbol{q}},t)\|\leqslant\varepsilon(t)\end{cases}\tag{6.12}$$

$$\boldsymbol{\mu}(\widehat{\boldsymbol{\alpha}},\boldsymbol{q},\dot{\boldsymbol{q}},t)=\boldsymbol{\beta}(\boldsymbol{q},\dot{\boldsymbol{q}},t)\Pi(\widehat{\boldsymbol{\alpha}},\boldsymbol{q},\dot{\boldsymbol{q}},t)\tag{6.13}$$

$$\dot{\varepsilon}(t)=-l\varepsilon(t),\varepsilon(t_0)>0,l>0\tag{6.14}$$

$$\boldsymbol{\beta}(\boldsymbol{q},\dot{\boldsymbol{q}},t)=\boldsymbol{A}(\boldsymbol{q},t)\dot{\boldsymbol{q}}-\boldsymbol{c}(\boldsymbol{q},t)\tag{6.15}$$

式中, $\kappa\in\mathbf{R}$ 且 $\kappa>0$, “+” 表示广义逆符号。

在此, 给出以下增益型自适应律来求解自适应参数 $\boldsymbol{\alpha}$:

$$\dot{\widehat{\boldsymbol{\alpha}}}=L\left(\frac{\partial\Pi^{\mathrm{T}}}{\partial\boldsymbol{\alpha}}\right)(\widehat{\boldsymbol{\alpha}},\boldsymbol{q},\dot{\boldsymbol{q}},t)\|\boldsymbol{\beta}(\boldsymbol{q},\dot{\boldsymbol{q}},t)\|\tag{6.16}$$

式中, $\widehat{\boldsymbol{\alpha}}(t_0)>0$, $\widehat{\alpha}_i$ 为向量 $\widehat{\boldsymbol{\alpha}}$ 的第 i 个参数, $i=1,2,\cdots,k$。

以上给出的基于 U–K 方程的增益型自适应鲁棒控制器, 满足以下稳定性定理。

稳定性定理 令

$$\widetilde{\boldsymbol{\delta}}(t)=[\boldsymbol{\beta}^{\mathrm{T}}(\widehat{\boldsymbol{\alpha}}-\boldsymbol{\alpha})^{\mathrm{T}}]^{\mathrm{T}}\in\mathbf{R}^{m+k}$$

考虑式 (6.1) 表述的受控机械系统在满足假设 6.1∼ 假设 6.3 的条件下, 由式 (6.8) 所示的控制器可以使受控系统具有如下两个性能。

(1) 一致稳定: 对所有 $\zeta>0$, 存在 $\xi>0$, 使 $\|\boldsymbol{\delta}(t_0)\|<\varepsilon$ 时, 有 $\|\boldsymbol{\delta}(t)\|<\zeta$, 其中 $t\geqslant t_0$。

(2) 收敛到零: 对任意给定的轨迹 $\delta(\cdot)$, $\lim\limits_{t\to\infty}\boldsymbol{\beta}=0$。

6.2.2 系统稳定性分析

为证明受控系统的稳定性, 选取以下合法的 Lyapunov 函数 (满足 Lyapunov 渐近稳定性函数的选取要求):

$$V(\boldsymbol{\beta},\widehat{\boldsymbol{\alpha}}-\boldsymbol{\alpha},\varepsilon)=\boldsymbol{\beta}^{\mathrm{T}}\boldsymbol{P}\boldsymbol{\beta}+(1+\rho_{E})(\widehat{\boldsymbol{\alpha}}-\boldsymbol{\alpha})^{\mathrm{T}}L^{-1}(\widehat{\boldsymbol{\alpha}}-\boldsymbol{\alpha})+\frac{1+\rho_{E}}{2l}\varepsilon \tag{6.17}$$

根据 $\sigma(\cdot)$、$\boldsymbol{q}(\cdot)$、$\dot{\boldsymbol{q}}(\cdot)$ 和 $\widehat{\boldsymbol{\alpha}}(\cdot)$ 的信息, 对式 (6.17) 求一阶导数可得 (为了简化证明过程, 在证明中省略部分函数中的元素)

$$\dot{V}=2\boldsymbol{\beta}^{\mathrm{T}}\boldsymbol{P}\dot{\boldsymbol{\beta}}+2(1+\rho_{E})(\widehat{\boldsymbol{\alpha}}-\boldsymbol{\alpha})^{\mathrm{T}}L^{-1}\dot{\widehat{\boldsymbol{\alpha}}}+\frac{1+\rho_{E}}{2l}\dot{\varepsilon} \tag{6.18}$$

式 (6.18) 等号右边的第一项可写为

$$\begin{aligned}2\boldsymbol{\beta}^{\mathrm{T}}\boldsymbol{P}\dot{\boldsymbol{\beta}}&=2\boldsymbol{\beta}^{\mathrm{T}}\boldsymbol{P}(\boldsymbol{A}\ddot{\boldsymbol{q}}-\boldsymbol{b})\\&=2\boldsymbol{\beta}^{\mathrm{T}}\boldsymbol{P}\{\boldsymbol{A}[\boldsymbol{M}^{-1}(-\boldsymbol{C}\dot{\boldsymbol{q}}-\boldsymbol{G})+\boldsymbol{M}^{-1}(\boldsymbol{p}_1+\boldsymbol{p}_2+\boldsymbol{p}_3)]-\boldsymbol{b}\}\end{aligned} \tag{6.19}$$

式中

$$\begin{aligned}&\boldsymbol{A}[\boldsymbol{M}^{-1}(-\boldsymbol{C}\dot{\boldsymbol{q}}-\boldsymbol{G})+\boldsymbol{M}^{-1}(\boldsymbol{p}_1+\boldsymbol{p}_2+\boldsymbol{p}_3)]-\boldsymbol{b}\\=&\boldsymbol{A}[(\boldsymbol{D}+\Delta\boldsymbol{D})(-\overline{\boldsymbol{C}}\dot{\boldsymbol{q}}-\overline{\boldsymbol{G}}-\Delta\boldsymbol{C}\dot{\boldsymbol{q}}-\Delta\boldsymbol{G})+(\boldsymbol{D}+\Delta\boldsymbol{D})(\boldsymbol{p}_1+\boldsymbol{p}_2+\boldsymbol{p}_3)]-\boldsymbol{b}\\=&\boldsymbol{A}[\boldsymbol{D}(-\overline{\boldsymbol{C}}\dot{\boldsymbol{q}}-\overline{\boldsymbol{G}})+\boldsymbol{D}(\boldsymbol{p}_1+\boldsymbol{p}_2)+\boldsymbol{D}(-\Delta\boldsymbol{C}\dot{\boldsymbol{q}}-\Delta\boldsymbol{G})+\\&\Delta\boldsymbol{D}(-\boldsymbol{C}\dot{\boldsymbol{q}}-\boldsymbol{G}+\boldsymbol{p}_1+\boldsymbol{p}_2)+(\boldsymbol{D}+\Delta\boldsymbol{D})\boldsymbol{p}_3]-\boldsymbol{b}\end{aligned} \tag{6.20}$$

将式 (6.9) 代入式 (6.20) 可得

$$\boldsymbol{A}[\boldsymbol{D}(-\overline{\boldsymbol{C}}\dot{\boldsymbol{q}}-\overline{\boldsymbol{G}})+\boldsymbol{D}\boldsymbol{p}_1]-\boldsymbol{b}=0 \tag{6.21}$$

将式 (6.6) 代入式 (6.20) 可得

$$\begin{aligned}&2\boldsymbol{\beta}^{\mathrm{T}}\boldsymbol{P}\boldsymbol{A}[\Delta\boldsymbol{D}(-\boldsymbol{C}\dot{\boldsymbol{q}}-\boldsymbol{G}+\boldsymbol{p}_1+\boldsymbol{p}_2)+\boldsymbol{D}(-\Delta\boldsymbol{C}\dot{\boldsymbol{q}}-\Delta\boldsymbol{G})]\\\leqslant&2\|\boldsymbol{\beta}\|\|\boldsymbol{P}\boldsymbol{A}[\Delta\boldsymbol{D}(-\boldsymbol{C}\dot{\boldsymbol{q}}-\boldsymbol{G}+\boldsymbol{p}_1+\boldsymbol{p}_2)+\boldsymbol{D}(-\Delta\boldsymbol{C}\dot{\boldsymbol{q}}-\Delta\boldsymbol{G})]\|\\\leqslant&2(1+\rho_{E})\|\boldsymbol{\beta}\|\varPi(\boldsymbol{\alpha},\boldsymbol{q},\dot{\boldsymbol{q}},t)\end{aligned} \tag{6.22}$$

将式 (6.10) 代入式 (6.20) 可得

$$\begin{aligned}&2\boldsymbol{\beta}^{\mathrm{T}}\boldsymbol{P}\boldsymbol{A}\boldsymbol{D}\boldsymbol{p}_2\\=&2\boldsymbol{\beta}^{\mathrm{T}}\boldsymbol{P}\boldsymbol{A}\boldsymbol{D}[-\kappa\overline{\boldsymbol{M}}\boldsymbol{A}^{\mathrm{T}}(\boldsymbol{A}\boldsymbol{A}^{\mathrm{T}})^{-1}\boldsymbol{P}^{-1}(\boldsymbol{A}\dot{\boldsymbol{q}}-\boldsymbol{c})]\\=&-2\kappa\boldsymbol{\beta}^{\mathrm{T}}(\boldsymbol{A}\dot{\boldsymbol{q}}-\boldsymbol{c})\\=&-2\kappa\|\boldsymbol{\beta}\|^2\end{aligned} \tag{6.23}$$

将式 (6.11) 及 $\Delta\boldsymbol{D}=\boldsymbol{D}\boldsymbol{E}$ 代入式 (6.20) 可得

$$\begin{aligned}&2\boldsymbol{\beta}^{\mathrm{T}}\boldsymbol{P}\boldsymbol{A}(\boldsymbol{D}+\Delta\boldsymbol{D})\boldsymbol{p}_3\\=&2\boldsymbol{\beta}^{\mathrm{T}}\boldsymbol{P}\boldsymbol{A}\boldsymbol{D}\{-[\overline{\boldsymbol{M}}\boldsymbol{A}^{\mathrm{T}}(\boldsymbol{A}\boldsymbol{A}^{\mathrm{T}})^{-1}\boldsymbol{P}^{-1}]\gamma\boldsymbol{\mu}\varPi(\widehat{\boldsymbol{\alpha}},\boldsymbol{q},\dot{\boldsymbol{q}},t)\}+\\&2\boldsymbol{\beta}^{\mathrm{T}}\boldsymbol{P}\boldsymbol{A}\boldsymbol{D}\boldsymbol{E}\{-[\overline{\boldsymbol{M}}\boldsymbol{A}^{\mathrm{T}}(\boldsymbol{A}\boldsymbol{A}^{\mathrm{T}})^{-1}\boldsymbol{P}^{-1}]\gamma\boldsymbol{\mu}\varPi(\widehat{\boldsymbol{\alpha}},\boldsymbol{q},\dot{\boldsymbol{q}},t)\}\end{aligned}\tag{6.24}$$

将式 (6.13) 代入式 (6.24) 等号右边第一项可得

$$\begin{aligned}&2\boldsymbol{\beta}^{\mathrm{T}}\boldsymbol{P}\boldsymbol{A}\boldsymbol{D}\{-[\overline{\boldsymbol{M}}\boldsymbol{A}^{\mathrm{T}}(\boldsymbol{A}\boldsymbol{A}^{\mathrm{T}})^{-1}\boldsymbol{P}^{-1}]\gamma\boldsymbol{\mu}\varPi(\widehat{\boldsymbol{\alpha}},\boldsymbol{q},\dot{\boldsymbol{q}},t)\}\\=&-2(\boldsymbol{\beta}\varPi(\widehat{\boldsymbol{\alpha}},\boldsymbol{q},\dot{\boldsymbol{q}},t))^{\mathrm{T}}\gamma\boldsymbol{\mu}=-2\gamma\|\boldsymbol{\mu}\|^2\end{aligned}\tag{6.25}$$

根据 Rayleigh 原理, 式 (6.24) 等号右边第二项可写为

$$\begin{aligned}&2\boldsymbol{\beta}^{\mathrm{T}}\boldsymbol{P}\boldsymbol{A}\boldsymbol{D}\boldsymbol{E}\{-[\overline{\boldsymbol{M}}\boldsymbol{A}^{\mathrm{T}}(\boldsymbol{A}\boldsymbol{A}^{\mathrm{T}})^{-1}\boldsymbol{P}^{-1}]\gamma\boldsymbol{\mu}\varPi(\widehat{\boldsymbol{\alpha}},\boldsymbol{q},\dot{\boldsymbol{q}},t)\}\\=&-2\boldsymbol{\mu}^{\mathrm{T}}[\boldsymbol{P}\boldsymbol{A}\boldsymbol{D}\boldsymbol{E}\overline{\boldsymbol{M}}\boldsymbol{A}^{\mathrm{T}}(\boldsymbol{A}\boldsymbol{A}^{\mathrm{T}})^{-1}\boldsymbol{P}^{-1}\gamma\boldsymbol{\mu}]\\=&-2\gamma\frac{1}{2}\boldsymbol{\mu}^{\mathrm{T}}[\boldsymbol{P}\boldsymbol{A}\boldsymbol{D}\boldsymbol{E}\overline{\boldsymbol{M}}\boldsymbol{A}^{\mathrm{T}}(\boldsymbol{A}\boldsymbol{A}^{\mathrm{T}})^{-1}\boldsymbol{P}^{-1}+\boldsymbol{P}^{-1}(\boldsymbol{A}\boldsymbol{A}^{\mathrm{T}})^{-1}\boldsymbol{A}\overline{\boldsymbol{M}}\boldsymbol{E}^{\mathrm{T}}\boldsymbol{D}\boldsymbol{A}^{\mathrm{T}}\boldsymbol{P}]\boldsymbol{\mu}\\\leqslant&-2\gamma\boldsymbol{\mu}^{\mathrm{T}}\frac{1}{2}\lambda_m(\boldsymbol{W}+\boldsymbol{W}^{\mathrm{T}})\boldsymbol{\mu}\leqslant-2\gamma\rho_E\|\boldsymbol{\mu}\|^2\end{aligned}\tag{6.26}$$

将式 (6.25) 和式 (6.26) 代入式 (6.24) 可得

$$2\boldsymbol{\beta}^{\mathrm{T}}\boldsymbol{P}\boldsymbol{A}(\boldsymbol{D}+\Delta\boldsymbol{D})\boldsymbol{p}_3\leqslant-2\gamma(1+\rho_E)\|\boldsymbol{\mu}\|^2\tag{6.27}$$

根据式 (6.12), 当 $\|\boldsymbol{\mu}\|>\varepsilon$ 时, 式 (6.27) 可写成

$$-2\gamma(1+\rho_E)\|\boldsymbol{\mu}\|^2=-2\gamma(1+\rho_E)\frac{1}{\|\boldsymbol{\mu}\|}\|\boldsymbol{\mu}\|^2=-2\gamma(1+\rho_E)\|\boldsymbol{\mu}\|\tag{6.28}$$

当 $\|\boldsymbol{\mu}\|\leqslant\varepsilon$ 时, 式 (6.27) 可写成

$$-2\gamma(1+\rho_E)\|\boldsymbol{\mu}\|^2=-2\gamma(1+\rho_E)\frac{1}{\varepsilon}\|\boldsymbol{\mu}\|^2=-2\gamma(1+\rho_E)\frac{\|\boldsymbol{\mu}\|^2}{\varepsilon}\tag{6.29}$$

根据式 (6.20)∼ 式 (6.29), 且当 $\|\boldsymbol{\mu}\|>\varepsilon$, 式 (6.19) 可以写成

$$\begin{aligned}2\boldsymbol{\beta}^{\mathrm{T}}\boldsymbol{P}\dot{\boldsymbol{\beta}}&\leqslant-2\kappa\|\boldsymbol{\beta}\|^2-2\gamma(1+\rho_E)\|\boldsymbol{\mu}\|+2(1+\rho_E)\|\boldsymbol{\beta}\|\varPi(\boldsymbol{\alpha},\boldsymbol{q},\dot{\boldsymbol{q}},t)\\&=-2\kappa\|\boldsymbol{\beta}\|^2+2(1+\rho_E)\{-\|\boldsymbol{\beta}\|\varPi(\widehat{\boldsymbol{\alpha}},\boldsymbol{q},\dot{\boldsymbol{q}},t)+\|\boldsymbol{\beta}\|\varPi(\boldsymbol{\alpha},\boldsymbol{q},\dot{\boldsymbol{q}},t)\}\end{aligned}\tag{6.30}$$

当 $\|\boldsymbol{\mu}\| \leqslant \varepsilon$ 时, 式 (6.19) 可以写成

$$\begin{aligned}
2\boldsymbol{\beta}^{\mathrm{T}}\boldsymbol{P}\dot{\boldsymbol{\beta}} \leqslant & -2\kappa\|\boldsymbol{\beta}\|^2-2(1+\rho_E)\frac{\|\boldsymbol{\mu}\|^2}{\varepsilon}+2(1+\rho_E)\|\boldsymbol{\beta}\|\varPi(\boldsymbol{\alpha},\boldsymbol{q},\dot{\boldsymbol{q}},t)\\
= & -2\kappa\|\boldsymbol{\beta}\|^2+(1+\rho_E)\left\{-2\frac{\|\boldsymbol{\mu}\|^2}{\varepsilon}+2\|\boldsymbol{\beta}\|\varPi(\widehat{\boldsymbol{\alpha}},\boldsymbol{q},\dot{\boldsymbol{q}},t)\right\}+\\
& (1+\rho_E)\{-2\|\boldsymbol{\beta}\|\varPi(\widehat{\boldsymbol{\alpha}},\boldsymbol{q},\dot{\boldsymbol{q}},t)+2\|\boldsymbol{\beta}\|\varPi(\boldsymbol{\alpha},\boldsymbol{q},\dot{\boldsymbol{q}},t)\}\\
\leqslant & -2\kappa\|\boldsymbol{\beta}\|^2+(1+\rho_E)\frac{\varepsilon}{2}+\\
& 2(1+\rho_E)\{-\|\boldsymbol{\beta}\|\varPi(\widehat{\boldsymbol{\alpha}},\boldsymbol{q},\dot{\boldsymbol{q}},t)+\|\boldsymbol{\beta}\|\varPi(\boldsymbol{\alpha},\boldsymbol{q},\dot{\boldsymbol{q}},t)\}
\end{aligned}\tag{6.31}$$

根据假设 6.3(2) 可得

$$\|\boldsymbol{\beta}\|\varPi(\boldsymbol{\alpha},\boldsymbol{q},\dot{\boldsymbol{q}},t)-\|\boldsymbol{\beta}\|\varPi(\widehat{\boldsymbol{\alpha}},\boldsymbol{q},\dot{\boldsymbol{q}},t)\leqslant\|\boldsymbol{\beta}\|\frac{\partial\varPi}{\partial\boldsymbol{\alpha}}(\widehat{\boldsymbol{\alpha}},\boldsymbol{q},\dot{\boldsymbol{q}},t)(\boldsymbol{\alpha}-\widehat{\boldsymbol{\alpha}})\tag{6.32}$$

将式 (6.32) 代入式 (6.30) 和式 (6.31) 可得

$$2\boldsymbol{\beta}^{\mathrm{T}}\boldsymbol{P}\dot{\boldsymbol{\beta}}\leqslant-2\kappa\|\boldsymbol{\beta}\|^2+(1+\rho_E)\frac{\varepsilon}{2}+2(1+\rho_E)\|\boldsymbol{\beta}\|\frac{\partial\varPi}{\partial\boldsymbol{\alpha}}(\widehat{\boldsymbol{\alpha}},\boldsymbol{q},\dot{\boldsymbol{q}},t)(\boldsymbol{\alpha}-\widehat{\boldsymbol{\alpha}})\tag{6.33}$$

将自适应律式 (6.16) 代入式 (6.18) 右边第二项可得

$$\begin{aligned}
&2(1+\rho_E)(\widehat{\boldsymbol{\alpha}}-\boldsymbol{\alpha})^{\mathrm{T}}L^{-1}\dot{\widehat{\boldsymbol{\alpha}}}\\
=&2(1+\rho_E)(\widehat{\boldsymbol{\alpha}}-\boldsymbol{\alpha})^{\mathrm{T}}L^{-1}L\frac{\partial\varPi^{\mathrm{T}}}{\partial\boldsymbol{\alpha}}(\widehat{\boldsymbol{\alpha}},\boldsymbol{q},\dot{\boldsymbol{q}},t)\|\boldsymbol{\beta}\|\\
=&2(1+\rho_E)(\widehat{\boldsymbol{\alpha}}-\boldsymbol{\alpha})^{\mathrm{T}}\frac{\partial\varPi^{\mathrm{T}}}{\partial\boldsymbol{\alpha}}(\widehat{\boldsymbol{\alpha}},\boldsymbol{q},\dot{\boldsymbol{q}},t)\|\boldsymbol{\beta}\|\\
=&2(1+\rho_E)(\widehat{\boldsymbol{\alpha}}-\boldsymbol{\alpha})^{\mathrm{T}}\frac{\partial\varPi^{\mathrm{T}}}{\partial\boldsymbol{\alpha}}(\widehat{\boldsymbol{\alpha}},\boldsymbol{q},\dot{\boldsymbol{q}},t)\|\boldsymbol{\beta}\|\\
=&2(1+\rho_E)\frac{\partial\varPi}{\partial\boldsymbol{\alpha}}(\widehat{\boldsymbol{\alpha}},\boldsymbol{q},\dot{\boldsymbol{q}},t)(\widehat{\boldsymbol{\alpha}}-\boldsymbol{\alpha})\|\boldsymbol{\beta}\|
\end{aligned}\tag{6.34}$$

将式 (6.14) 代入式 (6.18) 右边第三项可得

$$\frac{(1+\rho_E)}{2l}\dot{\varepsilon}=\frac{(1+\rho_E)}{2l}(-l\varepsilon)=-\frac{(1+\rho_E)}{2}\varepsilon\tag{6.35}$$

将式 (6.33)～ 式 (6.35) 代入式 (6.18) 可得

$$\dot{V}\leqslant-2\kappa\|\boldsymbol{\beta}\|^2\tag{6.36}$$

因为 Lyapunov 微分函数无正数项, 所以该系统是一致稳定的。

6.3 基于 U–K 方程的泄漏型自适应鲁棒控制设计

6.3.1 泄漏型自适应鲁棒控制器设计

针对增益型自适应鲁棒控制器可能产生控制代价过大的问题, 本节设计了一种泄漏型自适应鲁棒控制器来对控制代价进行管控, 先对假设 6.3(2) 进行修改, 得到

假设 6.4 (1) 存在一个未知的向量 $\boldsymbol{\alpha}\in(0,\infty)^k$, 与一个已知的函数 $\Pi(\cdot):(0,\infty)^k\times\mathbf{R}^n\times\mathbf{R}^n\times\mathbf{R}\to\mathbf{R}_+$, 对所有 $(\boldsymbol{q},\dot{\boldsymbol{q}},t)\in\mathbf{R}^n\times\mathbf{R}^n\times\mathbf{R},\sigma\in\Sigma$, 有

$$(1+\rho_E)^{-1}\max_{\sigma\in\Sigma}\{\|\boldsymbol{P}\boldsymbol{A}(\boldsymbol{q},t)\Delta\boldsymbol{D}(\boldsymbol{q},\sigma,t)[-\boldsymbol{C}(\boldsymbol{q},\dot{\boldsymbol{q}},\sigma,t)\dot{\boldsymbol{q}}-\boldsymbol{G}(\boldsymbol{q},\sigma,t)+\boldsymbol{p}_1(\boldsymbol{q},\dot{\boldsymbol{q}},t)+\boldsymbol{p}_2(\boldsymbol{q},\dot{\boldsymbol{q}},t)]-\boldsymbol{P}\boldsymbol{A}(\boldsymbol{q},t)\boldsymbol{D}(\boldsymbol{q},t)[\Delta\boldsymbol{C}(\boldsymbol{q},\dot{\boldsymbol{q}},\sigma,t)\dot{\boldsymbol{q}}+\Delta\boldsymbol{G}(\boldsymbol{q},\sigma,t)]\|\}\leqslant\Pi(\boldsymbol{\alpha},\boldsymbol{q},\dot{\boldsymbol{q}},t) \tag{6.37}$$

(2) 在假设 6.4(1) 的条件下, 对任意 $(\boldsymbol{\alpha},\boldsymbol{q},\dot{\boldsymbol{q}},t),\Pi(\boldsymbol{\alpha},\boldsymbol{q},\dot{\boldsymbol{q}},t)$ 可以被 $\boldsymbol{\alpha}$ 线性化。存在函数 $\Pi(\cdot):\mathbf{R}^n\times\mathbf{R}^n\times\mathbf{R}\to\mathbf{R}_+$ 使

$$\Pi(\boldsymbol{\alpha},\boldsymbol{q},\dot{\boldsymbol{q}},t)=\boldsymbol{\alpha}^{\mathrm{T}}\widetilde{\Pi}(\boldsymbol{q},\dot{\boldsymbol{q}},t) \tag{6.38}$$

基于假设 6.1~ 假设 6.2 和假设 6.4 成立, 提出泄漏型自适应鲁棒控制器 [60-62] 如下:

$$\boldsymbol{\tau}(t)=\boldsymbol{p}_1(\boldsymbol{q}(t),\dot{\boldsymbol{q}}(t),t)+\boldsymbol{p}_2(\boldsymbol{q}(t),\dot{\boldsymbol{q}}(t),t)+\boldsymbol{p}_4(\widetilde{\boldsymbol{\alpha}}(t),\boldsymbol{q}(t),\dot{\boldsymbol{q}}(t),t) \tag{6.39}$$

式中

$$\begin{aligned}\boldsymbol{p}_1(\boldsymbol{q},\dot{\boldsymbol{q}},t):=&\overline{\boldsymbol{M}}^{\frac{1}{2}}(\boldsymbol{q},t)\left[\boldsymbol{A}(\boldsymbol{q},t)\overline{\boldsymbol{M}}^{-\frac{1}{2}}(\boldsymbol{q},t)\right]^{+}\times\{\boldsymbol{b}(\boldsymbol{q},\dot{\boldsymbol{q}},t)+\\&\boldsymbol{A}(\boldsymbol{q},t)\overline{\boldsymbol{M}}^{-1}(\boldsymbol{q},t)[\overline{\boldsymbol{C}}(\boldsymbol{q},\dot{\boldsymbol{q}},t)\dot{\boldsymbol{q}}+\overline{\boldsymbol{G}}(\boldsymbol{q},t)]\}\end{aligned} \tag{6.40}$$

$$\boldsymbol{p}_2(\boldsymbol{q},\dot{\boldsymbol{q}},t):=-\kappa\overline{\boldsymbol{M}}(\boldsymbol{q},t)\boldsymbol{A}(\boldsymbol{q},t)[\boldsymbol{A}(\boldsymbol{q},t)\boldsymbol{A}^{\mathrm{T}}(\boldsymbol{q},t)]^{-1}\boldsymbol{P}^{-1}[\boldsymbol{A}(\boldsymbol{q},t)\dot{\boldsymbol{q}}-\boldsymbol{c}(\boldsymbol{q},t)] \tag{6.41}$$

$$\begin{aligned}\boldsymbol{p}_4(\widetilde{\boldsymbol{\alpha}},\boldsymbol{q},\dot{\boldsymbol{q}},t)=&-\{\overline{\boldsymbol{M}}(\boldsymbol{q},t)\boldsymbol{A}^{\mathrm{T}}(\boldsymbol{q},t)[\boldsymbol{A}(\boldsymbol{q},t)\boldsymbol{A}^{\mathrm{T}}(\boldsymbol{q},t)]^{-1}\boldsymbol{P}^{-1}\}\times\\&\widetilde{\gamma}(\widetilde{\boldsymbol{\alpha}},\boldsymbol{q},\dot{\boldsymbol{q}},t)\boldsymbol{\mu}(\widetilde{\boldsymbol{\alpha}},\boldsymbol{q},\dot{\boldsymbol{q}},t)\Pi(\widetilde{\boldsymbol{\alpha}},\boldsymbol{q},\dot{\boldsymbol{q}},t)\end{aligned} \tag{6.42}$$

$$\widetilde{\gamma}(\widetilde{\boldsymbol{\alpha}},\boldsymbol{q},\dot{\boldsymbol{q}},t)=\begin{cases}\dfrac{1}{\|\boldsymbol{\mu}(\widetilde{\boldsymbol{\alpha}},\boldsymbol{q},\dot{\boldsymbol{q}},t)\|} & \|\boldsymbol{\mu}(\widetilde{\boldsymbol{\alpha}},\boldsymbol{q},\dot{\boldsymbol{q}},t)\|>\widehat{\varepsilon}\\[2ex]\dfrac{1}{\varepsilon} & \|\boldsymbol{\mu}(\widetilde{\boldsymbol{\alpha}},\boldsymbol{q},\dot{\boldsymbol{q}},t)\|\leqslant\widehat{\varepsilon}\end{cases} \tag{6.43}$$

$\kappa\in\mathbf{R},\kappa>0$, “+” 表示广义逆符号。

在此, 给出以下泄漏型自适应律来求解自适应参数 $\widetilde{\boldsymbol{\alpha}}$:

$$\dot{\widetilde{\boldsymbol{\alpha}}}=k_1\widetilde{\Pi}(\boldsymbol{q},\dot{\boldsymbol{q}},t)\|\boldsymbol{\beta}(\boldsymbol{q},\dot{\boldsymbol{q}},t)\|-k_2\widetilde{\boldsymbol{\alpha}} \tag{6.44}$$

式中, $\widetilde{\boldsymbol{\alpha}}(t_0)>0$; $\widetilde{\alpha}_i$ 为向量 $\widetilde{\boldsymbol{\alpha}}$ 的第 i 个参数, $i=1,2,\cdots,k$; 非负参数 $k_1,k_2\in\mathbf{R}$。

实用稳定性定理 [45] 考虑式 (5.10) 描述的受控系统, 在满足假设 6.1~ 假设 6.2 和假设 6.4 的条件下, 由式 (5.31) 表述的控制器可以使受控系统具有如下两个性能。

(1) 一致有界: 如果对任意的 $r > 0$ 且 $\|\boldsymbol{\beta}(\boldsymbol{q}(t_0), \dot{\boldsymbol{q}}(t_0), t_0)\| < r$, 存在 $0 < d(r) < \infty$, 使 $\|\boldsymbol{\beta}(\boldsymbol{q}(t), \dot{\boldsymbol{q}}(t), t)\| \leqslant d(r)$ 对所有时间 $t \geqslant t_0$ 均成立, 则称该系统是一致有界的。

(2) 一致最终有界: 如果对任意的 $r > 0$ 且 $\|\boldsymbol{\beta}(\boldsymbol{q}(t_0), \dot{\boldsymbol{q}}(t_0), t_0)\| < r$, 存在 $0 < \underline{d} < \infty$ 且 $0 < T(\overline{d}, r) < \infty$, 使 $\|\boldsymbol{\beta}(\boldsymbol{q}(t), \dot{\boldsymbol{q}}(t), t)\| < \overline{d}$ 对于任意的 $\overline{d} < \underline{d}$ 且 $t \geqslant t_0 + T(\overline{d}, r)$ 均成立, 则称该系统是一致最终有界的。

6.3.2 系统稳定性分析

为证明受控系统的稳定性, 选取以下合法的 Lyapunov 函数 (满足 Lyapunov 渐近稳定性函数的选取要求):

$$V(\boldsymbol{\beta}, \widetilde{\boldsymbol{\alpha}} - \boldsymbol{\alpha}) = \boldsymbol{\beta}^{\mathrm{T}} \boldsymbol{P} \boldsymbol{\beta} + k_1^{-1}(1 + \rho_E)(\widetilde{\boldsymbol{\alpha}} - \boldsymbol{\alpha})^{\mathrm{T}}(\widetilde{\boldsymbol{\alpha}} - \boldsymbol{\alpha}) \tag{6.45}$$

对式 (6.45) 求一阶导数有

$$\dot{V} = 2\boldsymbol{\beta}^{\mathrm{T}} \boldsymbol{P} \dot{\boldsymbol{\beta}} + 2k_1^{-1}(1 + \rho_E)(\widetilde{\boldsymbol{\alpha}} - \boldsymbol{\alpha})^{\mathrm{T}} \dot{\widetilde{\boldsymbol{\alpha}}} \tag{6.46}$$

式 (6.46) 等号右边的第一项可写为

$$\begin{aligned} 2\boldsymbol{\beta}^{\mathrm{T}} \boldsymbol{P} \dot{\boldsymbol{\beta}} &= 2\boldsymbol{\beta}^{\mathrm{T}} \boldsymbol{P}(\boldsymbol{A}\ddot{\boldsymbol{q}} - \boldsymbol{b}) \\ &= 2\boldsymbol{\beta}^{\mathrm{T}} \boldsymbol{P}\{\boldsymbol{A}[\boldsymbol{M}^{-1}(-\boldsymbol{C}\dot{\boldsymbol{q}} - \boldsymbol{G} - \boldsymbol{F}) + \boldsymbol{M}^{-1}(\boldsymbol{p}_1 + \boldsymbol{p}_2 + \boldsymbol{p}_3)] - \boldsymbol{b}\} \end{aligned} \tag{6.47}$$

与式 (6.30)~ 式 (6.31) 的推导过程相似, 当 $\|\boldsymbol{\mu}\| > \widehat{\varepsilon}$ 时可得

$$2\boldsymbol{\beta}^{\mathrm{T}} \boldsymbol{P} \dot{\boldsymbol{\beta}} \leqslant -2\kappa\|\boldsymbol{\beta}\|^2 + 2(1 + \rho_E)\{-\|\boldsymbol{\beta}\| \varPi(\widetilde{\boldsymbol{\alpha}}, \boldsymbol{q}, \dot{\boldsymbol{q}}, t) + \|\boldsymbol{\beta}\| \varPi(\boldsymbol{\alpha}, \boldsymbol{q}, \dot{\boldsymbol{q}}, t)\} \tag{6.48}$$

当 $\|\boldsymbol{\mu}\| \leqslant \widehat{\varepsilon}$ 时, 有

$$2\boldsymbol{\beta}^{\mathrm{T}} \boldsymbol{P} \dot{\boldsymbol{\beta}} \leqslant 2\kappa\|\boldsymbol{\beta}\|^2 + (1 + \rho_E)\frac{\widehat{\varepsilon}}{2} + 2(1 + \rho_E)[-\|\boldsymbol{\beta}\| \varPi(\widetilde{\boldsymbol{\alpha}}, \boldsymbol{q}, \dot{\boldsymbol{q}}, t) + \|\boldsymbol{\beta}\| \varPi(\boldsymbol{\alpha}, \boldsymbol{q}, \dot{\boldsymbol{q}}, t)] \tag{6.49}$$

根据假设 6.4 可得

$$\begin{aligned} &\|\boldsymbol{\beta}\| \varPi(\boldsymbol{\alpha}, \boldsymbol{q}, \dot{\boldsymbol{q}}, t) - \|\boldsymbol{\beta}\| \varPi(\widetilde{\boldsymbol{\alpha}}, \boldsymbol{q}, \dot{\boldsymbol{q}}, t) \\ &= \|\boldsymbol{\beta}\| \boldsymbol{\alpha}^{\mathrm{T}} \widetilde{\varPi}(\boldsymbol{q}, \dot{\boldsymbol{q}}, t) - \|\boldsymbol{\beta}\| \widetilde{\boldsymbol{\alpha}}^{\mathrm{T}} \widetilde{\varPi}(\boldsymbol{q}, \dot{\boldsymbol{q}}, t) \\ &= \|\boldsymbol{\beta}\| (\boldsymbol{\alpha} - \widetilde{\boldsymbol{\alpha}})^{\mathrm{T}} \widetilde{\varPi}(\boldsymbol{q}, \dot{\boldsymbol{q}}, t) \end{aligned} \tag{6.50}$$

将式 (6.50) 代入式 (6.48) 和式 (6.49), 对所有的 $\|\boldsymbol{\mu}\|$ 都有

$$2\boldsymbol{\beta}^{\mathrm{T}}\boldsymbol{P}\dot{\boldsymbol{\beta}} \leqslant -2\kappa\|\boldsymbol{\beta}\|^2 + (1+\rho_E)\frac{\widehat{\varepsilon}}{2} + 2(1+\rho_E)\|\boldsymbol{\beta}\|(\boldsymbol{\alpha}-\widetilde{\boldsymbol{\alpha}})^{\mathrm{T}}\widetilde{\boldsymbol{\Pi}}(\boldsymbol{q},\dot{\boldsymbol{q}},t) \tag{6.51}$$

将自适应律式 (6.44) 代入式 (6.46) 右边第二项可得

$$\begin{aligned}
&2k_1^{-1}(1+\rho_E)(\widetilde{\boldsymbol{\alpha}}-\boldsymbol{\alpha})^{\mathrm{T}}\dot{\widetilde{\boldsymbol{\alpha}}}\\
=&\,2k_1^{-1}(1+\rho_E)(\widetilde{\boldsymbol{\alpha}}-\boldsymbol{\alpha})^{\mathrm{T}}[k_1\widetilde{\boldsymbol{\Pi}}(\boldsymbol{q},\dot{\boldsymbol{q}},t)\|\boldsymbol{\beta}(\boldsymbol{q},\dot{\boldsymbol{q}},t)\| - k_2\widetilde{\boldsymbol{\alpha}}]\\
=&\,2(1+\rho_E)(\widetilde{\boldsymbol{\alpha}}-\boldsymbol{\alpha})^{\mathrm{T}}\widetilde{\boldsymbol{\Pi}}(\boldsymbol{q},\dot{\boldsymbol{q}},t)\|\boldsymbol{\beta}\| - 2k_1^{-1}k_2(1+\rho_E)(\widetilde{\boldsymbol{\alpha}}-\boldsymbol{\alpha})^{\mathrm{T}}(\widetilde{\boldsymbol{\alpha}}-\boldsymbol{\alpha}+\boldsymbol{\alpha})\\
=&\,2(1+\rho_E)(\widetilde{\boldsymbol{\alpha}}-\boldsymbol{\alpha})^{\mathrm{T}}\widetilde{\boldsymbol{\Pi}}(\boldsymbol{q},\dot{\boldsymbol{q}},t)\|\boldsymbol{\beta}\| - 2k_1^{-1}k_2(1+\rho_E)(\widetilde{\boldsymbol{\alpha}}-\boldsymbol{\alpha})^{\mathrm{T}}(\widetilde{\boldsymbol{\alpha}}-\boldsymbol{\alpha}) -\\
&2k_1^{-1}k_2(1+\rho_E)(\widetilde{\boldsymbol{\alpha}}-\boldsymbol{\alpha})^{\mathrm{T}}\boldsymbol{\alpha}\\
\leqslant&\,2(1+\rho_E)(\widetilde{\boldsymbol{\alpha}}-\boldsymbol{\alpha})^{\mathrm{T}}\widetilde{\boldsymbol{\Pi}}(\boldsymbol{q},\dot{\boldsymbol{q}},t)\|\boldsymbol{\beta}\| - 2k_1^{-1}k_2(1+\rho_E)\|\widetilde{\boldsymbol{\alpha}}-\boldsymbol{\alpha}\|^2 +\\
&2k_1^{-1}k_2(1+\rho_E)\|\widetilde{\boldsymbol{\alpha}}-\boldsymbol{\alpha}\|\|\boldsymbol{\alpha}\|
\end{aligned} \tag{6.52}$$

将式 (6.51) 和式 (6.52) 代入式 (6.46), 并令 $\|\boldsymbol{\delta}\|^2 =: \|\boldsymbol{\beta}\|^2 + \|\widetilde{\boldsymbol{\alpha}}-\boldsymbol{\alpha}\|^2$, $\|\widetilde{\boldsymbol{\alpha}}-\boldsymbol{\alpha}\| \leqslant \|\boldsymbol{\delta}\|$, 可得

$$\begin{aligned}
\dot{V} \leqslant&-2\kappa\|\boldsymbol{\beta}\|^2 - 2k_1^{-1}k_2(1+\rho_E)\|\widetilde{\boldsymbol{\alpha}}-\boldsymbol{\alpha}\|^2 + 2k_1^{-1}k_2(1+\rho_E)\|\widetilde{\boldsymbol{\alpha}}-\boldsymbol{\alpha}\|\|\boldsymbol{\alpha}\| +\\
&(1+\rho_E)\frac{\widehat{\varepsilon}}{2} \leqslant -\underline{k}_1\|\boldsymbol{\delta}\|^2 + \underline{k}_2\|\boldsymbol{\delta}\| + \underline{k}_3
\end{aligned} \tag{6.53}$$

式中

$$\begin{aligned}
\underline{k}_1 &= \min\{2k, 2k_1^{-1}k_2(1+\rho_E)\}\\
\underline{k}_2 &= 2k_1^{-1}k_2(1+\rho_E)\|\boldsymbol{\alpha}\|\\
\underline{k}_3 &= (1+\rho_E)\frac{\widehat{\varepsilon}}{2}
\end{aligned}$$

基于上面的分析, 可以得到受控系统具有一致有界性

$$d(r) = \begin{cases} \sqrt{\dfrac{\lambda_2}{\lambda_1}}R & r \leqslant R \\ \sqrt{\dfrac{\lambda_2}{\lambda_1}}r & r > R \end{cases} \tag{6.54}$$

$$R = \frac{1}{2\underline{k}_1}\left(\underline{k}_2 + \sqrt{\underline{k}_2^2 + 4\underline{k}_1\underline{k}_3}\right) \tag{6.55}$$

式中

$$\begin{aligned}
\lambda_1 &= \min\{\lambda_{\min}(\boldsymbol{P}), k_1^{-1}(1+\rho_E)\}\\
\lambda_2 &= \max\{\lambda_{\max}(\boldsymbol{P}), k_1^{-1}(1+\rho_E)\}
\end{aligned}$$

另外受控系统也具有一致最终有界性

$$\overline{d} > \underline{d} = \sqrt{\frac{\lambda_2}{\lambda_1}}R \tag{6.56}$$

$$T(\overline{d}, r) = \begin{cases} 0 & r \leqslant \overline{d}\sqrt{\dfrac{\gamma_1}{\gamma_2}} \\ \dfrac{\lambda_2 r^2 - (\lambda_1^2/\lambda_2)\overline{d}^2}{\underline{k}_1\overline{d}^2(\lambda_1/\lambda_2) - \underline{k}_2\overline{d}(\lambda_1/\lambda_2)^{1/2} - \underline{k}_3} & \text{其他} \end{cases} \tag{6.57}$$

6.4 典型应用分析 —— 三自由度机械臂

6.4.1 基于 U–K 方程的增益型自适应鲁棒控制

为了验证基于 U–K 方程的自适应鲁棒控制设计的控制效果，选用如图 6.1 所示的三自由度机械臂，其参数及物理意义如表 6.1 所示。

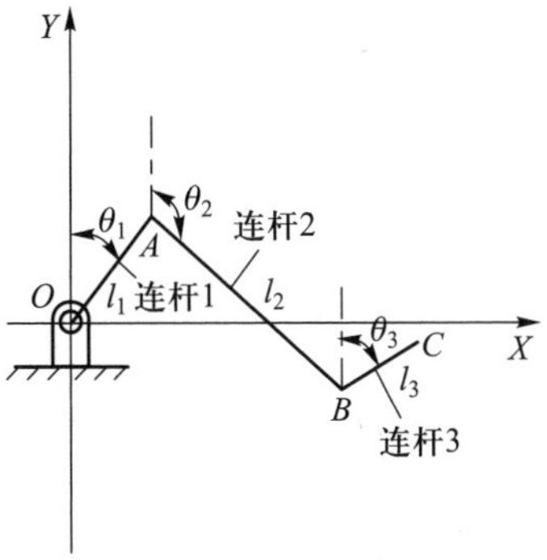

图 6.1 三自由度机械臂简图

表 6.1 三自由度机械臂系统参数及其物理意义

参数	物理意义	单位
i	第 i 连杆 ($i = 1, 2, 3$)	
I_i	第 i 连杆的转动惯量	$\mathrm{kg \cdot m^2}$
m_i	第 i 连杆的质量	kg
l_i	第 i 连杆的长度	m
τ_i	第 i 连杆的输入力矩	$\mathrm{N \cdot m}$
f_i	第 i 连杆的干扰力	$\mathrm{N \cdot m}$
θ_i	第 i 连杆与 Y 轴的夹角 (顺时针为正)	rad
g	重力加速度	$\mathrm{m/s^2}$

用拉格朗日方法建立该三自由度系统的动力学模型如下:

$$\begin{bmatrix} I_1+m_2l_1^2+m_3l_1^2 & m_{23}l_1l_2c_{12} & \frac{1}{2}m_3l_1l_3c_{13} \\ m_{23}l_1l_2c_{12} & I_2+\frac{1}{4}m_2l_2^2+m_3l_2^2 & \frac{1}{2}m_3l_2l_3c_{23} \\ \frac{1}{2}m_3l_1l_3c_{13} & \frac{1}{2}m_3l_2l_3c_{23} & I_3+\frac{1}{4}m_3l_3^2 \end{bmatrix}\begin{bmatrix}\ddot{\theta}_1\\ \ddot{\theta}_2\\ \ddot{\theta}_3\end{bmatrix}+\boldsymbol{Q}=\begin{bmatrix}\tau_1\\ \tau_2\\ \tau_3\end{bmatrix} \tag{6.58}$$

式中

$$\begin{aligned}\boldsymbol{Q}(\boldsymbol{q}(t),\dot{\boldsymbol{q}}(t),t)&=\boldsymbol{C}(\boldsymbol{q}(t),\dot{\boldsymbol{q}}(t),\sigma(t),t)\dot{\boldsymbol{q}}(t)+\boldsymbol{G}(\boldsymbol{q}(t),\sigma(t),t)+\boldsymbol{F}(\boldsymbol{q}(t),\dot{\boldsymbol{q}}(t),\sigma(t),t)\\ &=\begin{bmatrix}Q_1\\ Q_2\\ Q_3\end{bmatrix}\end{aligned}$$

$$\begin{aligned}Q_1=&\ m_{23}l_1l_2\dot{\theta}_2^2s_{12}-m_{23}l_1l_2\dot{\theta}_1\dot{\theta}_2s_{12}+\frac{1}{2}m_3l_1l_3\dot{\theta}_3^2s_{13}-\frac{1}{2}m_3l_1l_3\dot{\theta}_1\dot{\theta}_3s_{13}+\\ &m_{23}l_1l_2\dot{\theta}_1^2\dot{\theta}_2s_{12}+\frac{1}{2}m_3l_1l_3\dot{\theta}_1^2\dot{\theta}_3s_{13}-\left(\frac{1}{2}m_1+m_2+m_3\right)gl_1\dot{\theta}_1\sin\theta_1+f_1\\ Q_2=&-m_{23}l_1l_2\dot{\theta}_1^2s_{12}+m_{23}l_1l_2\dot{\theta}_1\dot{\theta}_2s_{12}+\frac{1}{2}m_3l_2l_3\dot{\theta}_3^2s_{23}-\frac{1}{2}m_3l_2l_3\dot{\theta}_2\dot{\theta}_3s_{23}+\\ &m_{23}l_1l_2\dot{\theta}_1\dot{\theta}_2^2s_{12}+\frac{1}{2}m_3l_2l_3\dot{\theta}_2^2\dot{\theta}_3s_{23}-m_{23}gl_2\dot{\theta}_2\sin\theta_2+f_2\\ Q_3=&-\frac{1}{2}m_3l_1l_3\dot{\theta}_1^2s_{13}+\frac{1}{2}m_3l_1l_3\dot{\theta}_1\dot{\theta}_3s_{13}-\frac{1}{2}m_3l_2l_3\dot{\theta}_2^2s_{23}+\frac{1}{2}m_3l_2l_3\dot{\theta}_2\dot{\theta}_3s_{23}+\\ &\frac{1}{2}m_3l_1l_3\dot{\theta}_1\dot{\theta}_3^2s_{13}+\frac{1}{2}m_3l_2l_3\dot{\theta}_2\dot{\theta}_3^2s_{23}-\frac{1}{2}m_3gl_3\dot{\theta}_3\sin\theta_3+f_3\end{aligned}$$

$$\begin{aligned}m_{23}&=\frac{1}{2}m_2+m_3,s_{12}=\sin(\theta_1-\theta_2),s_{23}=\sin(\theta_2-\theta_3)\\ s_{13}&=\sin(\theta_1-\theta_3),c_{12}=\cos(\theta_1-\theta_2),c_{23}=\cos(\theta_2-\theta_3)\\ c_{13}&=\cos(\theta_1-\theta_3)\end{aligned}$$

假设该系统受如下约束:

$$\begin{cases}X_B=l_1\sin\theta_1+l_2\sin\theta_2=0.15\cos\dfrac{t}{2}+0.5\\ Y_B=l_1\cos\theta_1+l_2\cos\theta_2=0.15\sin\dfrac{t}{2}-0.3\\ \theta_3=\dfrac{\pi}{12}\cos\dfrac{t}{2}+\dfrac{\pi}{2}\end{cases} \tag{6.59}$$

对式 (6.59) 分别求一阶导和二阶导, 并分别表示成式 (6.2) 和式 (6.3) 的形式,

有

$$\boldsymbol{A}(\boldsymbol{q},t)\dot{\boldsymbol{q}}=\boldsymbol{c}(\boldsymbol{q},t) \tag{6.60}$$

$$\boldsymbol{A}(\boldsymbol{q},t)\ddot{\boldsymbol{q}}=\boldsymbol{b}(\boldsymbol{q},\dot{\boldsymbol{q}},t) \tag{6.61}$$

其中

$$\boldsymbol{A}=\begin{bmatrix} l_1\cos\theta_1 & l_2\cos\theta_2 & 0 \\ -l_1\sin\theta_1 & -l_2\sin\theta_2 & 0 \\ 0 & 0 & 1\end{bmatrix},\quad \boldsymbol{c}=\begin{bmatrix} -0.075\sin\dfrac{t}{2} \\ 0.075\cos\dfrac{t}{2} \\ -\dfrac{\pi}{24}\cos\dfrac{t}{2}\end{bmatrix}$$

$$\boldsymbol{b}=\begin{bmatrix} l_1\dot{\theta}_1^2\sin\theta_1+l_2\dot{\theta}_2^2\sin\theta_2-0.037\,5\cos\dfrac{t}{2} \\ l_1\dot{\theta}_1^2\cos\theta_1+l_2\dot{\theta}_2^2\cos\theta_2-0.037\,5\sin\dfrac{t}{2} \\ -\dfrac{\pi}{48}\cos\dfrac{t}{2}\end{bmatrix}$$

假设质量是系统的不确定参数, 即 $\boldsymbol{\sigma}=[m_1\ m_2\ m_3]^{\mathrm{T}}$, 有 $m_1=\overline{m}_1+\Delta m_1(t)$, $m_2=\overline{m}_2+\Delta m_2(t)$, $m_3=\overline{m}_3+\Delta m_3(t)$。选择系统相关参数值为 $\overline{m}_1=35\ \mathrm{kg}$, $\overline{m}_2=25\ \mathrm{kg}$, $\overline{m}_3=5\ \mathrm{kg}$, $l_1=0.45\ \mathrm{m}$, $l_2=0.4\ \mathrm{m}$, $l_3=0.25\ \mathrm{m}$, $I_1=2.5\ \mathrm{kg\cdot m^2}$, $I_2=0.3\ \mathrm{kg\cdot m^2}$, $I_3=0.05\ \mathrm{kg\cdot m^2}$, $g=9.8\ \mathrm{m/s^2}$。同时, 选择 $\Delta m_1(t)=2\sin(0.01t)$, $\Delta m_2(t)=\sin(0.01t)$, $\Delta m_3(t)=0.1\sin(0.01t)$, $\boldsymbol{P}=\boldsymbol{I}_{3\times3}$。对此, 假设 6.1~ 假设 6.2 可以很容易被证明。对于假设 6.3, 可以选择

$$\varPi(\boldsymbol{\alpha},\boldsymbol{q},\dot{\boldsymbol{q}},t)=\alpha_1\|\dot{\boldsymbol{q}}\|^3+\alpha_2\|\dot{\boldsymbol{q}}\|^2+\alpha_3\|\dot{\boldsymbol{q}}\|+\alpha_4\leqslant\alpha(\|\dot{\boldsymbol{q}}\|+1)^3 \tag{6.62}$$

式中, $\alpha_i>0(i=1,2,3,4)$ 是未知常数; $\alpha=\max(\alpha_1,\alpha_2/4,\alpha_3/4,\alpha_4)$。由此可以得到自适应律为

$$\dot{\widehat{\boldsymbol{\alpha}}}=L(\|\dot{\boldsymbol{q}}\|+1)^3\|\boldsymbol{\beta}\| \tag{6.63}$$

式中, L 是常数。

采用龙格库塔法 (ode15i) 在 MATLAB 软件上进行仿真实验。设初始条件为 $\boldsymbol{q}(0)=\begin{bmatrix}\dfrac{7\pi}{8} & \dfrac{\pi}{3} & \dfrac{2\pi}{3}\end{bmatrix}^{\mathrm{T}}$, $\dot{\boldsymbol{q}}(0)=[0\quad 0\quad 0]^{\mathrm{T}}$; 控制参数为 $\kappa=0.5$, $L=0.1$, $\varepsilon=0.001$, $\widehat{\alpha}(0)=0.5$, $f_1=\sin t$, $f_2=\sin t$, $f_3=0.1\sin t$。图 6.2~ 图 6.13 给出了仿真结果。图 6.2~ 图 6.4 显示了 θ_1、θ_2、θ_3 的仿真轨迹曲线; 图 6.5 给出了 B 点在 X 方向和 Y 方向的实际轨迹与理想轨迹之间的对比; 图 6.6 直观地展示了 B 点在 XY 坐标上的轨迹曲线; 图 6.7~ 图 6.9 给出了 X_B、Y_B、θ_3 的误差曲线; 图 6.10 给出了 $\widehat{\alpha}$ 的轨迹曲线; 图 6.11~ 图 6.13 给出了各关节输出力矩 τ_1、τ_2 和 τ_3 的仿真曲线。通过以上几个轨迹图及其误差曲线, 可以看到系统的不确定性被很好的抑制。

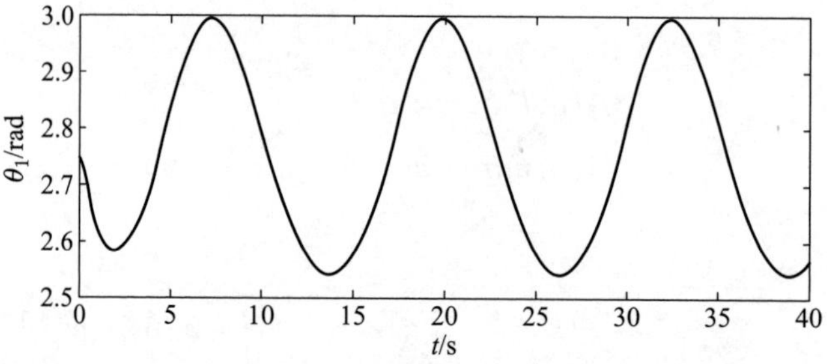

图 6.2 θ_1 的实际轨迹曲线

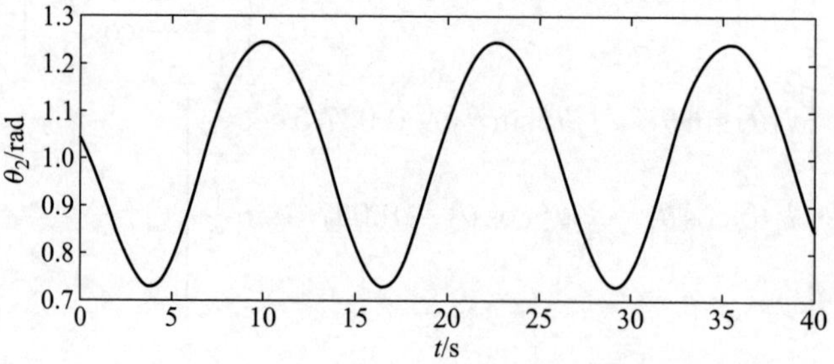

图 6.3 θ_2 的实际轨迹曲线

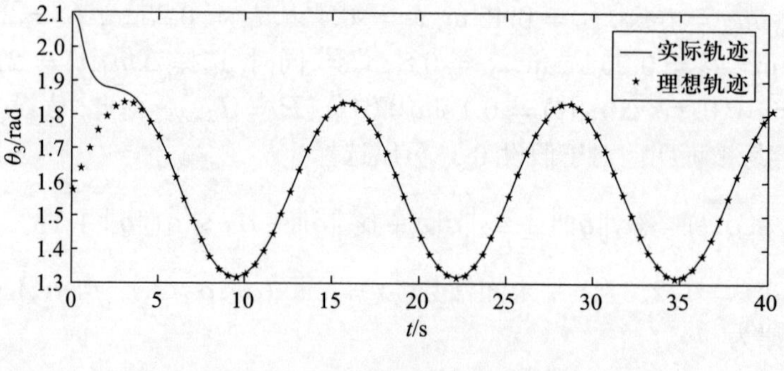

图 6.4 θ_3 的理想轨迹与实际轨迹对比

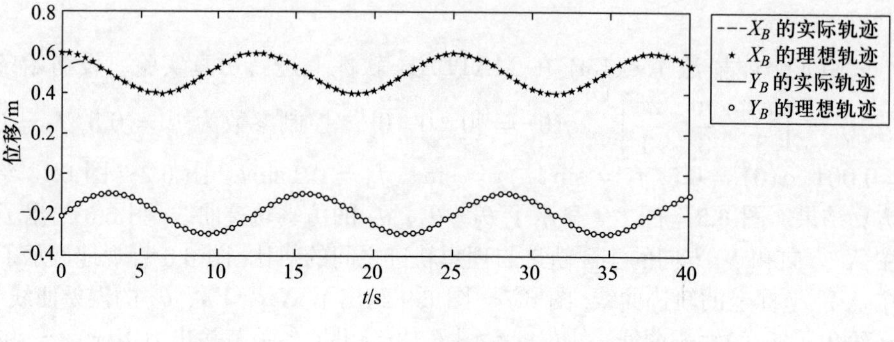

图 6.5 X_B 和 Y_B 的理想轨迹与实际轨迹对比

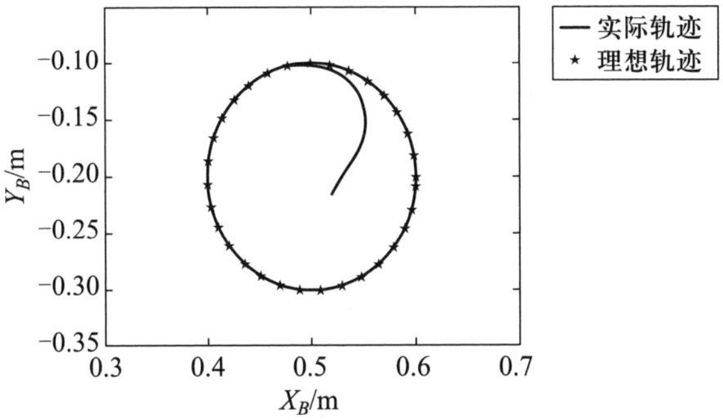

图 6.6　B 点的仿真轨迹

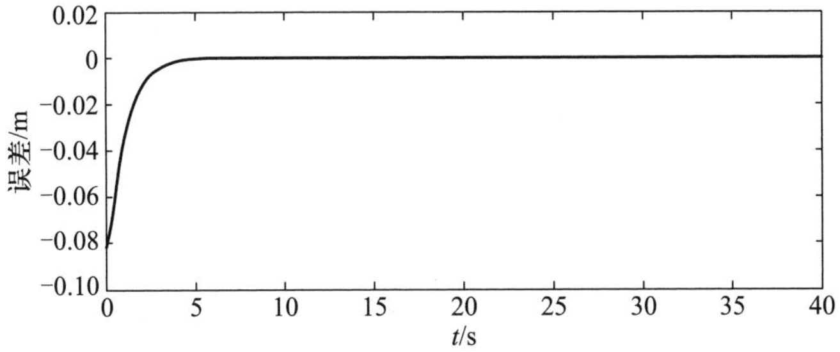

图 6.7　X_B 的误差曲线

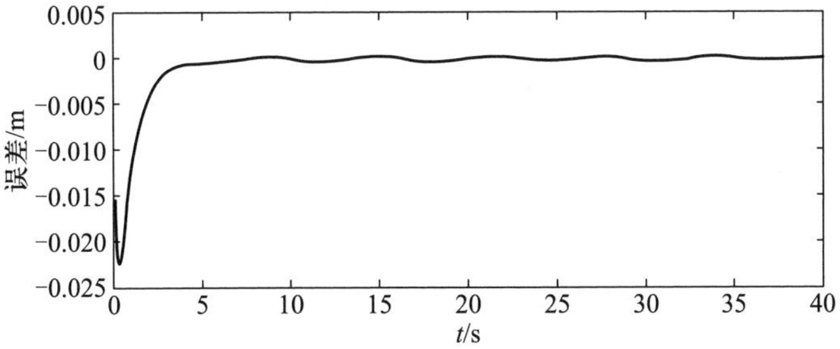

图 6.8　Y_B 的误差曲线

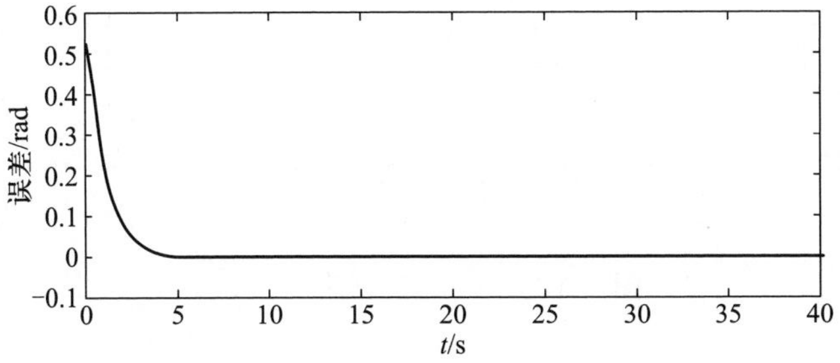

图 6.9　θ_3 的误差曲线

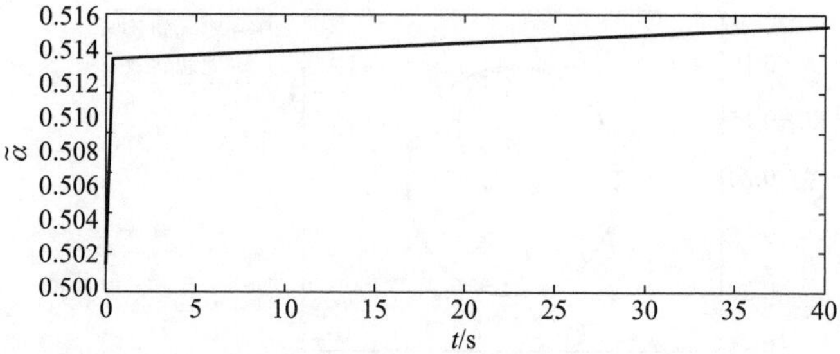

图 6.10　$\widehat{\alpha}$ 的仿真曲线

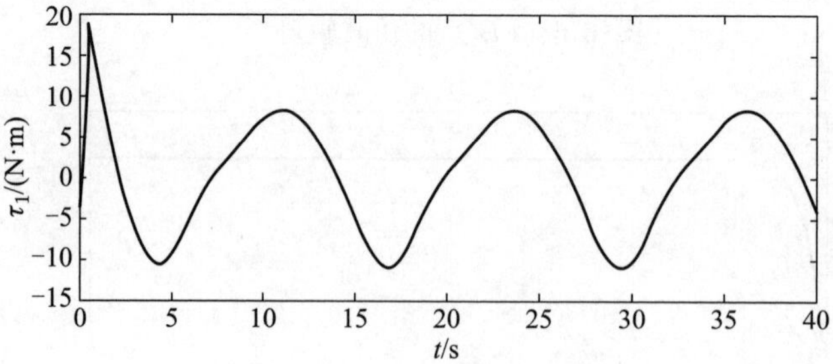

图 6.11　τ_1 的仿真曲线

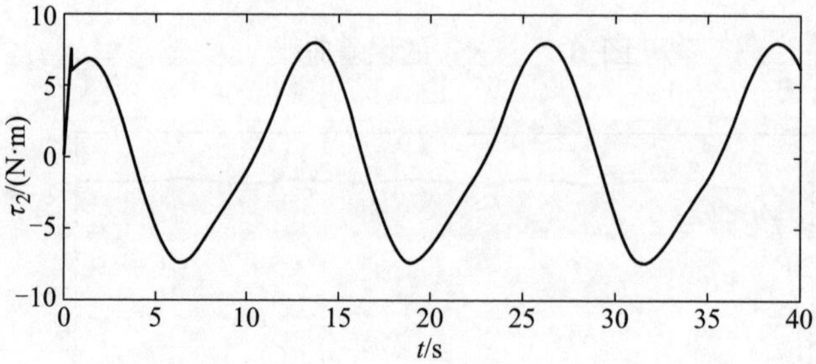

图 6.12　τ_2 的仿真曲线

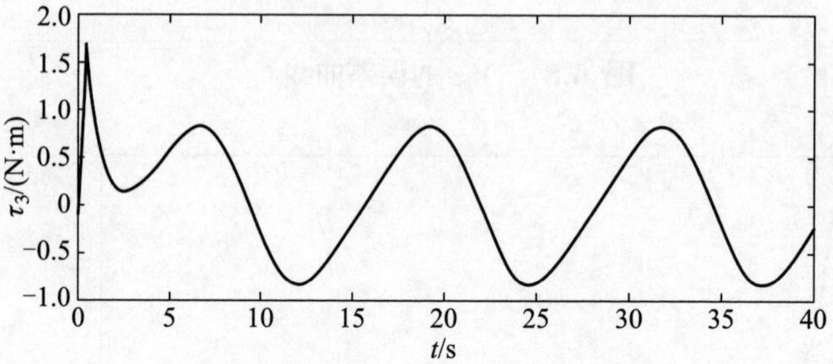

图 6.13　τ_3 的仿真曲线

6.4.2 基于 U–K 方程的泄漏型自适应鲁棒控制

6.4.1 节验证了三自由度机械臂在基于 U–K 方程的增益型自适应鲁棒控制下的效果。可以看出，自适应律为增益型的控制会不断地探索不确定性的最大边界，虽然可以有效地抑制不确定性, 但其值的增长会导致控制代价过大。因此, 使用泄漏型自适应律来管控三自由度机械臂的控制代价十分有必要。本节将基于 6.4.1 节所示的三自由度机械臂的动力学模型 [式 (6.73)] 和约束条件 [式 (6.75)~ 式 (6.76)], 来验证基于 U–K 方程的泄漏型自适应鲁棒控制设计的有效性。

假设质量是系统的不确定参数, 即 $\boldsymbol{\sigma}=[m_1\ m_2\ m_3]^{\mathrm{T}}$, 有 $m_1=\overline{m}_1+\Delta m_1(t)$, $m_2=\overline{m}_2+\Delta m_2(t)$, $m_3=\overline{m}_3+\Delta m_3(t)$。系统相关参数值为 $\overline{m}_1=50\,\mathrm{kg}$, $\overline{m}_2=30\,\mathrm{kg}$, $\overline{m}_3=10\,\mathrm{kg}$, $l_1=1\,\mathrm{m}$, $l_2=1\,\mathrm{m}$, $l_3=0.5\,\mathrm{m}$, $I_1=16.7\ \mathrm{kg}\cdot\mathrm{m}^2$, $I_2=10\,\mathrm{kg}\cdot\mathrm{m}^2$, $I_3=0.8\,\mathrm{kg}\cdot\mathrm{m}^2$, $g=9.8\,\mathrm{m/s^2}$。同时, 选择 $\Delta m_1(t)=5\cos(0.01t)$, $\Delta m_2(t)=3\sin(0.01t)$, $\Delta m_3(t)=\cos(0.01t)$, $\boldsymbol{P}=\boldsymbol{I}_{3\times3}$。对此, 假设 6.1 和假设 6.2 可以很容易被证明。对于假设 6.4, 则可以选择

$$\begin{aligned}\mathit{\Pi}(\boldsymbol{\alpha},\boldsymbol{q},\dot{\boldsymbol{q}},t)&=\alpha_1\|\dot{\boldsymbol{q}}\|^3+\alpha_2\|\dot{\boldsymbol{q}}\|^2+\alpha_3\|\dot{\boldsymbol{q}}\|+\alpha_4=[\alpha_1\ \alpha_2\ \alpha_3\ \alpha_4]\begin{bmatrix}\|\dot{\boldsymbol{q}}\|^3\\ \|\dot{\boldsymbol{q}}\|^2\\ \|\dot{\boldsymbol{q}}\|\\ 1\end{bmatrix}\\&=:\boldsymbol{\alpha}^{\mathrm{T}}\widetilde{\mathit{\Pi}}(\boldsymbol{q},\dot{\boldsymbol{q}},t)\end{aligned}\tag{6.64}$$

其中, $\alpha_i>0(i=1,2,3,4)$ 是未知常数。式 (6.64) 可进一步写成

$$\mathit{\Pi}(\boldsymbol{\alpha},\boldsymbol{q},\dot{\boldsymbol{q}},t)=\alpha_1\|\dot{\boldsymbol{q}}\|^3+\alpha_2\|\dot{\boldsymbol{q}}\|^2+\alpha_3\|\dot{\boldsymbol{q}}\|+\alpha_4\leqslant\alpha(\|\dot{\boldsymbol{q}}\|+1)^3=:\boldsymbol{\alpha}^{\mathrm{T}}\widetilde{\mathit{\Pi}}(\boldsymbol{q},\dot{\boldsymbol{q}},t)\tag{6.65}$$

这里 $\alpha=\max(\alpha_1,\alpha_2/4,\alpha_3/4,\alpha_4)$, 由此可以得到自适应律为

$$\dot{\widetilde{\boldsymbol{\alpha}}}=k_1(\|\dot{\boldsymbol{q}}\|+1)^3\|\boldsymbol{\beta}\|-k_2\widetilde{\boldsymbol{\alpha}}\tag{6.66}$$

其中, k_1、k_2 是常数。

采用龙格库塔法 (ode15i) 在 MATLAB 软件上进行仿真实验。设初始条件为 $\boldsymbol{q}(0)=\begin{bmatrix}\dfrac{\pi}{7} & -\dfrac{\pi}{4} & 0\end{bmatrix}^{\mathrm{T}}$, $\dot{\boldsymbol{q}}(0)=[0\quad 0\quad 0]^{\mathrm{T}}$; 控制参数为 $\kappa=0.1$, $k_1=0.1$, $k_2=0.001$, $\varepsilon=0.001$, $\widetilde{\alpha}(0)=0.5$, $f_1=0.1\sin t$, $f_2=\cos t$, $f_3=\sin t$。图 6.14~ 图 6.25 给出了仿真结果。其中, 图 6.14~ 图 6.16 是 θ_1、θ_2、θ_3 的仿真轨迹曲线。

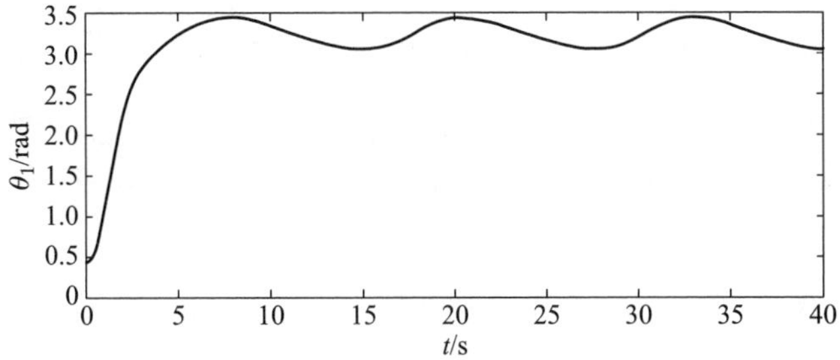

图 6.14　θ_1 的实际轨迹曲线

图 6.17 是 B 点在 X 方向和 Y 方向的实际轨迹与理想轨迹之间的对比。图 6.18 直观展示了 B 点在 XY 坐标上的轨迹曲线。图 6.19~ 图 6.21 给出了 X_B、Y_B、θ_3 的误差曲线。图 6.22 给出了 $\widetilde{\alpha}$ 的轨迹曲线。通过以上几个轨迹图及其误差曲线可以看出, 系统的不确定性被很好地抑制。通过对比 6.4.1 节中的自适应律参数曲线, 可清楚看到, 泄漏型自适应律在泄漏项的帮助下, 会有收敛过程, 从而可降低控制器的输出值, 降低控制代价。图 6.23~ 图 6.25 分别给出了关节力矩 τ_1、τ_2 和 τ_3 的仿真曲线。

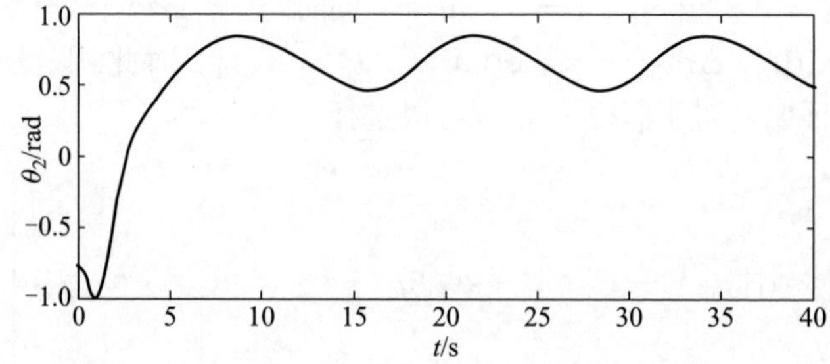

图 6.15　θ_2 的实际轨迹曲线

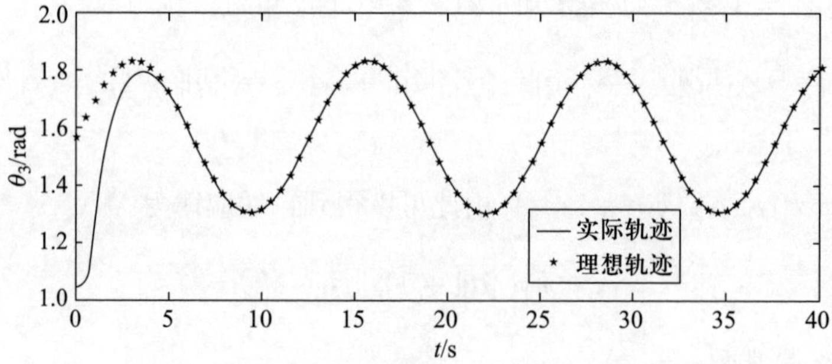

图 6.16　θ_3 的理想轨迹与实际轨迹对比

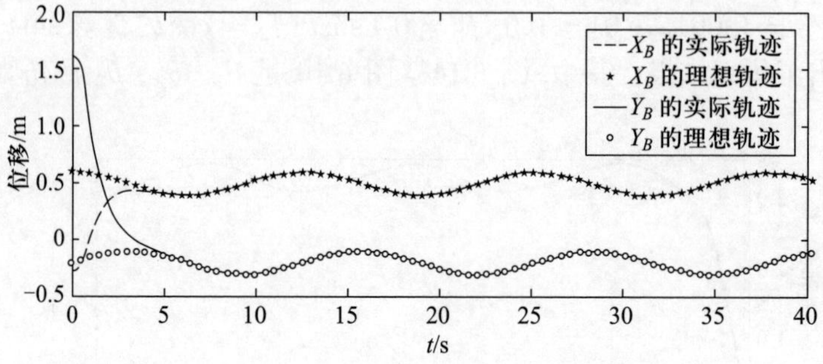

图 6.17　X_B 和 Y_B 的理想轨迹与实际轨迹对比

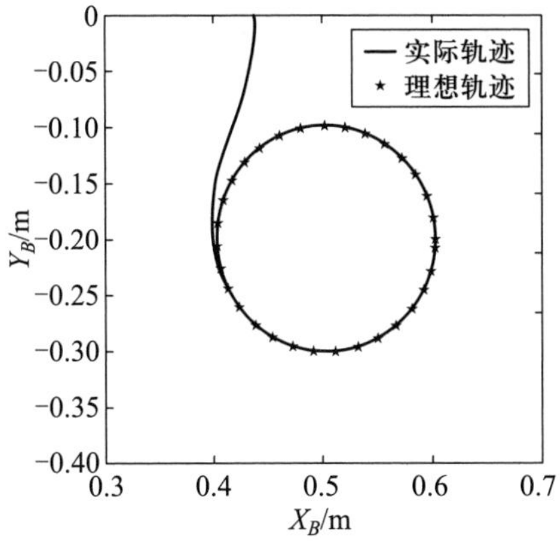

图 6.18　B 点的仿真轨迹

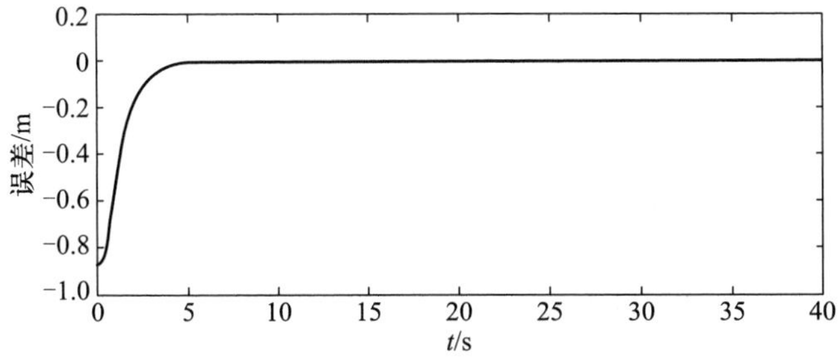

图 6.19　X_B 的误差曲线

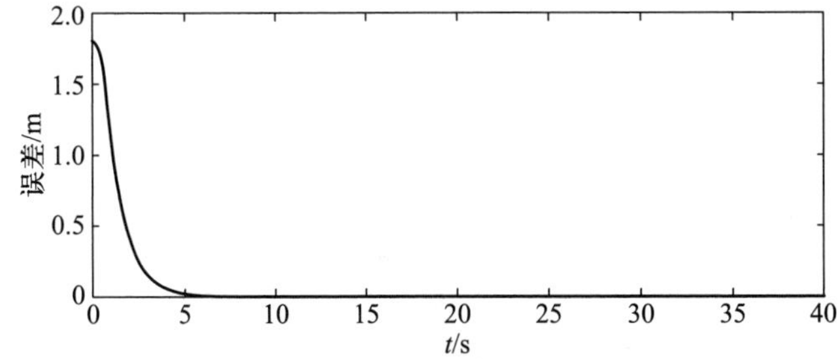

图 6.20　Y_B 的误差曲线

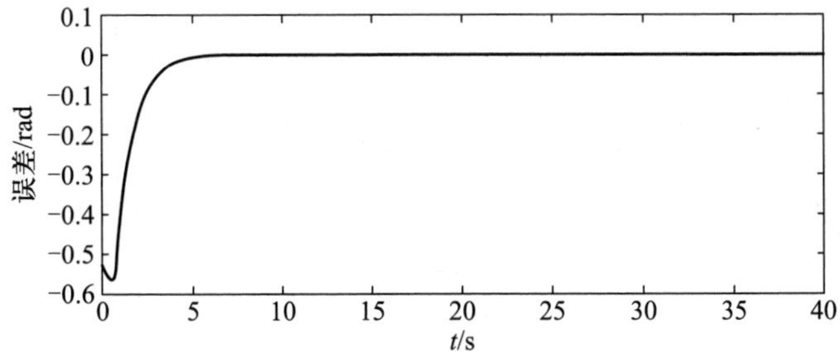

图 6.21　θ_3 的误差曲线

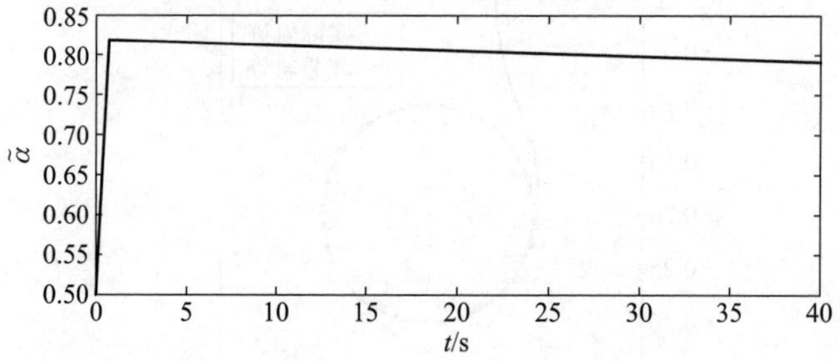

图 6.22 $\tilde{\alpha}$ 的仿真曲线

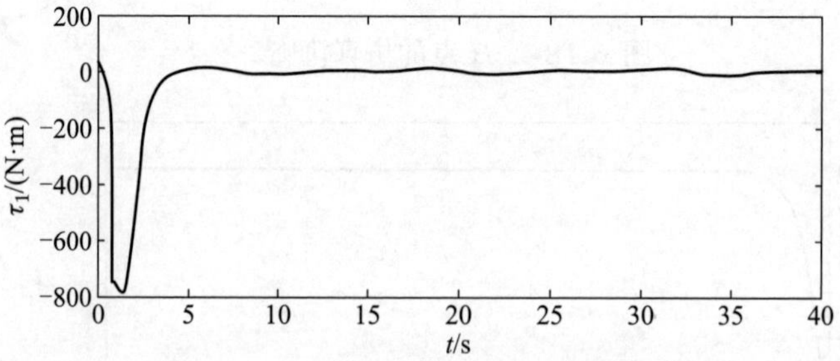

图 6.23 τ_1 的仿真曲线

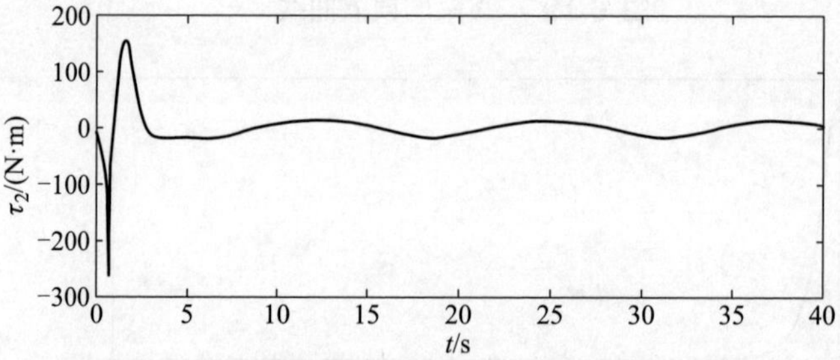

图 6.24 τ_2 的仿真曲线

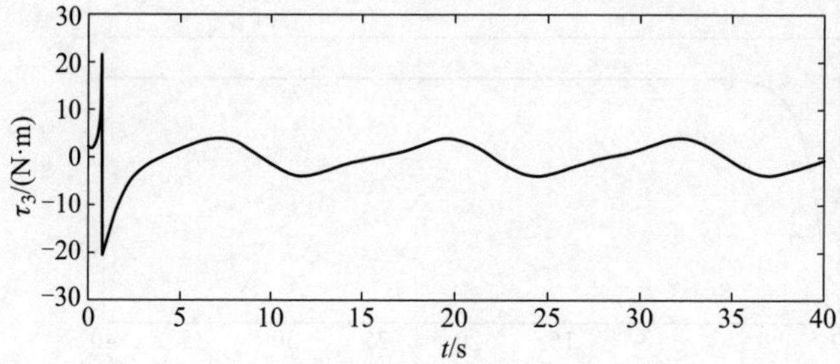

图 6.25 τ_3 的仿真

第 7 章 基于 U–K 方程的模糊动力学系统控制及优化

传统的模糊控制器主要是基于 IF–THEN 规则设计的, 虽然已经在很多领域获得应用, 但主要是用于处理比较简单以及有大量经验数据的情况, 而要处理复杂系统和动态系统却比较困难。本章则介绍基于模型和 U–K 方程的模糊机械系统动力学不确定性控制以及模糊机械系统的最优鲁棒控制。主要内容有以下三点: 第一, 基于模糊集理论对系统的不确定性进行描述, 建立一般形式的模糊机械系统动力学模型, 并基于 U–K 理论提出一种鲁棒约束跟随控制器; 第二, 通过理论推导的方式证明在基于 U–K 理论的鲁棒控制器的作用下, 该模糊动力学系统能实现实际稳定性, 即一致有界和一致最终有界; 第三, 基于模糊不确定性信息, 提出一个综合性能指标来研究模糊机械系统约束跟随的最优控制问题, 通过极小化该指标得到最优控制参数的解析解。本章所研究的不确定性最优鲁棒控制是基于 U–K 方程并针对模糊机械系统进行的, 是前述内容的深化、扩展与相关理论的运用。

7.1 基于 U–K 方程的模糊动力学系统控制器设计

7.1.1 基于 U–K 方程的模糊机械系统

模糊理论和系统理论的结合, 可得到相应的模糊动力学系统, 而不确定性则是模糊动力学系统中最为常见的干扰问题, 考虑含有不确定性的机械系统可表述如下 [63]:

$$\begin{aligned}&\boldsymbol{M}(\boldsymbol{q}(t),\sigma(t),t)\ddot{\boldsymbol{q}}(t)+\boldsymbol{K}(q(t),\dot{\boldsymbol{q}}(t),\sigma(t),t)+\boldsymbol{G}(\boldsymbol{q}(t),\sigma(t),t)+\\&\boldsymbol{T}(\boldsymbol{q}(t),\dot{\boldsymbol{q}}(t),\sigma(t),t)=\boldsymbol{\tau}(t)\end{aligned} \tag{7.1}$$

式中, $t\in\mathbf{R}$ 是独立的时间变量, $\boldsymbol{q}\in\mathbf{R}^n$ 为系统的坐标向量, $\dot{\boldsymbol{q}}\in\mathbf{R}^n$ 为系统的速度向量, $\ddot{\boldsymbol{q}}\in\mathbf{R}^n$ 为系统的加速度向量, $\sigma\in\mathbf{R}^p$ 为系统的不确定参数, $\boldsymbol{\tau}\in\mathbf{R}^n$ 为系统控制输入, $\boldsymbol{M}(\boldsymbol{q}(t),\sigma(t),t)\in\mathbf{R}^{n\times n}$ 为系统的惯性矩阵, $\boldsymbol{K}(\boldsymbol{q}(t),\dot{\boldsymbol{q}}(t),\sigma(t),t)\in\mathbf{R}^n$ 为科氏力, $\boldsymbol{G}(\boldsymbol{q}(t),\sigma(t),t)\in\mathbf{R}^n$ 为重力向量, $\boldsymbol{M}(\cdot)$、$\boldsymbol{K}(\cdot)$、$\boldsymbol{G}(\cdot)$ 和 $\boldsymbol{T}(\cdot)$ 均为连续函数。

假设 7.1 (1) 对于 $\boldsymbol{q}$ 中的每项, 称作 $q_i(i=1,2,\cdots,n)$, 存在一个模糊集 Ξ_i 在论域 $\Sigma_i \subset \mathbf{R}$ 中, 其隶属度函数表征为 $\mu_{\Sigma_i}: \Sigma_i \to [0,1]$, 即

$$\Xi_i = \{(q_i, \mu_{\Sigma_i}(q_i)) | q_i \in \Sigma_i\} \tag{7.2}$$

式中, Σ_i 是已知且紧致的。

(2) 对于 $\dot{\boldsymbol{q}}$ 中的每项, 称作 $\dot{q}_i(i=1,2,\cdots,n)$, 存在一个模糊集 Ξ_{2i} 在论域 $\Sigma_{2i} \subset \mathbf{R}$ 中, 其隶属度函数表征为 $\mu_{\Sigma_{2i}}: \Sigma_{2i} \to [0,1]$, 即

$$\Xi_{2i} = \{(\dot{q}_i, \mu_{\Sigma_{2i}}(\dot{q}_i)) | \dot{q}_i \in \Sigma_{2i}\} \tag{7.3}$$

式中, Σ_{2i} 是已知且紧致的。

尽管模糊机械系统存在不确定性, 但仍可采用确定性表述形式, 而非 Takagi-Sugeno 类型。在上述动力学系统中, 对系统不确定性使用模糊表述具有很多优势。本系统在工程上的不确定性包括 $\boldsymbol{q}(t)$、$\dot{\boldsymbol{q}}(t)$ 和 $\sigma(t)$, 这些不确定性数据往往由观测数据获得并由实践者分析产生, 而这些观测得来的数据信息很显然总是有限的。

7.1.2 模糊机械系统特性

鉴于机械系统的控制设计与系统特性有很大关联, 尤其是系统惯性矩阵特性, 所以首先介绍机械系统的一些基础特性。

假设 7.2 存在一个常数 $\widetilde{\gamma} > 0$, 使得矩阵 $\widetilde{\boldsymbol{M}}(\boldsymbol{q},\sigma,t) := \boldsymbol{M}(\boldsymbol{q},\sigma,t) - \widetilde{\gamma}\boldsymbol{I}$ 半正定, 即

$$\widetilde{\boldsymbol{M}}(\boldsymbol{q},\sigma,t) \geqslant 0 \tag{7.4}$$

对于所有的 $(\boldsymbol{q},t) \in \mathbf{R}^n \times \mathbf{R}$ 成立, $\sigma \in \Sigma$。

由于矩阵 $\widetilde{\boldsymbol{M}}(\boldsymbol{q},\sigma,t)$ 中第 ij 项为 $\widetilde{m}_{ij}(\boldsymbol{q},\sigma,t)$, 所以上述假设对各 $\widetilde{m}_{ij}$ 加入了限制。

假设 7.3 令 $m_{ij}(\boldsymbol{q},\sigma,t)$ 表示惯性矩阵 $\boldsymbol{M}(\boldsymbol{q},\sigma,t)$ 中的第 ij 项, 存在常数 $\overline{\gamma}_{ijk} \geqslant 0(k=0,1,\cdots,s)$, 使得对于所有的 $(\boldsymbol{q},t) \in \mathbf{R}^n \times \mathbf{R}$, $\sigma \in \Sigma$, 每一项都符合下列多项式界定条件:

$$|m_{ij}(\boldsymbol{q},\sigma,t)| \leqslant \sum_{k=0}^{s} \overline{\gamma}_{ijk} \|\boldsymbol{q}\|^k \tag{7.5}$$

该界定条件属性适用于所有的具有转动副和滑动副的串联机械手臂系统 [64]。该属性也被证明可适用于其他机械系统, 如机器人系统 [65]、飞行器 [66]、汽车系统 [67]、轨道车辆 [68] 等。

定理 7.1 在假设 7.3 的条件下, 总存在常数 $\gamma_k \geqslant 0(k=0,1,\cdots,s)$, 使得 $\|\boldsymbol{M}(\boldsymbol{q},\sigma,t)\|$ 符合多项式界定

$$\|\boldsymbol{M}(\boldsymbol{q},\sigma,t)\| \leqslant \sum_{k=0}^{s} \gamma_k \|\boldsymbol{q}\|^k \tag{7.6}$$

证明 对于给定的向量 $\boldsymbol{x}=[x_1\ x_2\ \cdots\ x_n]^{\mathrm{T}}$, 它的 l_1 范数 [69] 为

$$\|\boldsymbol{x}\|_1=\sum_{i=1}^{n}|x_i| \tag{7.7}$$

其对应的诱导矩阵范数为

$$\|\boldsymbol{M}\|_1=\sup_{\|\boldsymbol{x}\|_1=1}\|\boldsymbol{M}\boldsymbol{x}\|_1=\max_{j}\sum_{i=1}^{n}|m_{ij}| \tag{7.8}$$

将式 (7.5) 代入式 (7.8) 可得

$$\|\boldsymbol{M}\|_1\leqslant\sum_{i,j}|m_{ij}|\leqslant\sum_{k=0}^{s}\overline{\gamma}_k\|\boldsymbol{q}\|^k \tag{7.9}$$

式中

$$\overline{\gamma}_k=\sum_{i,j}\overline{\gamma}_{ijk} \tag{7.10}$$

鉴于对所有的矩阵 $\boldsymbol{M}\in\mathbf{R}^{n\times n}$, 它的 l_1 范数和 l_2 范数有如下关系 [69]:

$$\|\boldsymbol{M}\|\leqslant\sqrt{n}\|\boldsymbol{M}\|_1 \tag{7.11}$$

令

$$\gamma_k=\sqrt{n}\overline{\gamma}_k \tag{7.12}$$

则有

$$\|\boldsymbol{M}\|\leqslant\sum_{k=0}^{s}\gamma_k\|\boldsymbol{q}\|^k \tag{7.13}$$

上述属性的重要作用将在后续控制器设计中构建合法的 Lyapunov 函数得以体现。

定理 7.2 对于给定的科氏力矩阵 $\boldsymbol{K}(\boldsymbol{q},\dot{\boldsymbol{q}},\sigma,t)$, 总存在一个分解

$$\boldsymbol{K}(\boldsymbol{q},\dot{\boldsymbol{q}},\sigma,t)=\boldsymbol{C}(\boldsymbol{q},\dot{\boldsymbol{q}},\sigma,t)\dot{\boldsymbol{q}} \tag{7.14}$$

使得 $\dot{\boldsymbol{M}}(\boldsymbol{q},\dot{\boldsymbol{q}},\sigma,t)-2\boldsymbol{C}(\boldsymbol{q},\dot{\boldsymbol{q}},\sigma,t)$ 是反对称的 [70]。

以上定理将在之后的 Lyapunov 函数的稳定性证明中用到。

在设计控制器之前先要介绍被动约束问题。约束动力学领域存在两种力学问题: 被动约束问题 (passive constraint problem) 和伺服约束问题 (servo constraint problem)。在被动约束问题中, 周围环境 (或结构) 提供约束力以便系统遵守一定约束; 而在伺服约束问题中, 控制执行器输入将作为系统运动所需要力的来源。以下探讨伺服约束问题。

考虑式 (7.1) 所述机械系统, 假设该机械系统受如下约束:

$$\sum_{i=1}^{n} A_{li}(\boldsymbol{q},t)\dot{q}_i = c_l(\boldsymbol{q},t), \quad l=1,2,\cdots,m, \tag{7.15}$$

式中, $A_{li}(\cdot)$ 和 $c_l(\cdot)$ 为 C^1 连续。该约束可以表达为如下的矩阵形式:

$$\boldsymbol{A}(\boldsymbol{q},t)\dot{\boldsymbol{q}} = \boldsymbol{c}(\boldsymbol{q},t) \tag{7.16}$$

式中

$$\boldsymbol{A} = [A_{li}]_{m\times n}, \quad \boldsymbol{c} = [c_1\ c_2\ \cdots\ c_m]^{\mathrm{T}}$$

式 (7.15) 和式 (7.16) 中所描述的约束为一阶形式约束, 取上述约束对时间 t 的导数, 可以得到上述约束方程的二阶形式

$$\boldsymbol{A}(\boldsymbol{q},t)\ddot{\boldsymbol{q}} = \boldsymbol{b}(\boldsymbol{q},\dot{\boldsymbol{q}},t) \tag{7.17}$$

7.1.3 伺服约束跟随控制器设计

此节探讨由式 (7.1) 描述的具有不确定性的机械系统的控制器 τ 的设计。首先分解系统矩阵 $\boldsymbol{M}$、$\boldsymbol{K}$、$\boldsymbol{G}$ 和 $\boldsymbol{T}$ 如下:

$$\begin{aligned}
&\boldsymbol{M}(\boldsymbol{q},\sigma,t) = \overline{\boldsymbol{M}}(\boldsymbol{q},t) + \Delta\boldsymbol{M}(\boldsymbol{q},\sigma,t)\\
&\boldsymbol{K}(\boldsymbol{q},\dot{\boldsymbol{q}},\sigma,t) = \overline{\boldsymbol{K}}(\boldsymbol{q},\dot{\boldsymbol{q}},t) + \Delta\boldsymbol{K}(\boldsymbol{q},\dot{\boldsymbol{q}},\sigma,t)\\
&\boldsymbol{G}(\boldsymbol{q},\sigma,t) = \overline{\boldsymbol{G}}(\boldsymbol{q},t) + \Delta\boldsymbol{G}(\boldsymbol{q},\sigma,t)\\
&\boldsymbol{T}(\boldsymbol{q},\dot{\boldsymbol{q}},\sigma,t) = \overline{\boldsymbol{T}}(\boldsymbol{q},\dot{\boldsymbol{q}},t) + \Delta\boldsymbol{T}(\boldsymbol{q},\dot{\boldsymbol{q}},\sigma,t).
\end{aligned} \tag{7.18}$$

式中, $\overline{\boldsymbol{M}}$、$\overline{\boldsymbol{K}}$、$\overline{\boldsymbol{G}}$ 和 $\overline{\boldsymbol{T}}$ 表示系统参数的 “标称部分”, 而 $\Delta\boldsymbol{M}$、$\Delta\boldsymbol{K}$、$\Delta\boldsymbol{G}$ 和 $\Delta\boldsymbol{T}$ 为不确定部分, 矩阵函数 $\overline{\boldsymbol{M}}$、$\overline{\boldsymbol{K}}$、$\overline{\boldsymbol{G}}$、$\overline{\boldsymbol{T}}$ 和 $\Delta\boldsymbol{M}$、$\Delta\boldsymbol{K}$、$\Delta\boldsymbol{G}$、$\Delta\boldsymbol{T}$ 均连续。然后令

$$\begin{aligned}
&\boldsymbol{D}(\boldsymbol{q},t) := \overline{\boldsymbol{M}}^{-1}(\boldsymbol{q},t)\\
&\Delta\boldsymbol{D}(\boldsymbol{q},\sigma,t) := \boldsymbol{M}^{-1}(\boldsymbol{q},\sigma,t) - \overline{\boldsymbol{M}}^{-1}(\boldsymbol{q},t)\\
&\boldsymbol{E}(\boldsymbol{q},\sigma,t) = \overline{\boldsymbol{M}}(\boldsymbol{q},t)\boldsymbol{M}^{-1}(\boldsymbol{q},\sigma,t) - \boldsymbol{I}
\end{aligned}$$

则有

$$\Delta\boldsymbol{D}(\boldsymbol{q},\sigma,t) = \boldsymbol{D}(\boldsymbol{q},t)\boldsymbol{E}(\boldsymbol{q},\sigma,t)$$

假设 7.4 对于任意 $(\boldsymbol{q},t)\in\mathbf{R}^n\times\mathbf{R}$, $\boldsymbol{A}(\boldsymbol{q},t)$ 满秩, 即 $\boldsymbol{A}(\boldsymbol{q},t)\boldsymbol{A}^{\mathrm{T}}(\boldsymbol{q},t)$ 可逆。

对于给定的 $\boldsymbol{P}\in\mathbf{R}^{m\times m}$, $\boldsymbol{P}>0$, 则有

$$\boldsymbol{W}(\boldsymbol{q},\sigma,t) := \boldsymbol{P}\boldsymbol{A}(\boldsymbol{q},t)\boldsymbol{D}(\boldsymbol{q},t)\boldsymbol{E}(\boldsymbol{q},\sigma,t)\overline{\boldsymbol{M}}(\boldsymbol{q},t)\boldsymbol{A}^{\mathrm{T}}(\boldsymbol{q},t)[\boldsymbol{A}(\boldsymbol{q},t)\boldsymbol{A}^{\mathrm{T}}(\boldsymbol{q},t)]^{-1}\boldsymbol{P}^{-1} \tag{7.19}$$

假设 7.5 存在 $\rho_E(\cdot):\mathbf{R}^n\times\mathbf{R}\to(-1,\infty)$, 使得对于所有 $(\boldsymbol{q},t)\in\mathbf{R}^n\times\mathbf{R}$, 下式成立:

$$\frac{1}{2}\min_{\sigma\in\Sigma}\lambda_{\rm m}[\boldsymbol{W}(\boldsymbol{q},\sigma,t)+\boldsymbol{W}^{\rm T}(\boldsymbol{q},\sigma,t)]\geqslant\rho_E(\boldsymbol{q},t) \tag{7.20}$$

式中, $\lambda_{\rm m}$ 表示矩阵的最小特征值。当 $\boldsymbol{M}=\overline{\boldsymbol{M}}$ 时, 即系统惯性矩阵不存在不确定性时, 则有 $\boldsymbol{E}=\boldsymbol{M}\boldsymbol{M}^{-1}-\boldsymbol{I}=0$, 因而 $\boldsymbol{W}=0$。这里选择 $\rho_E\equiv 0$ 可以满足假设 7.5。

根据 U–K 理论并结合上述动力学系统, 这里提出下述控制项 [63]:

$$\begin{aligned}\boldsymbol{p}_1(\boldsymbol{q},\dot{\boldsymbol{q}},t):=&\overline{\boldsymbol{M}}^{\frac{1}{2}}(\boldsymbol{q},t)[\boldsymbol{A}(\boldsymbol{q},t)\overline{\boldsymbol{M}}^{-\frac{1}{2}}(\boldsymbol{q},t)]^{+}\times\{\boldsymbol{b}(\boldsymbol{q},\dot{\boldsymbol{q}},t)+\\&\boldsymbol{A}(\boldsymbol{q},t)\overline{\boldsymbol{M}}^{-1}(\boldsymbol{q},t)[\overline{\boldsymbol{K}}(\boldsymbol{q},\dot{\boldsymbol{q}},t)+\overline{\boldsymbol{G}}(\boldsymbol{q},t)+\overline{\boldsymbol{T}}(\boldsymbol{q},\dot{\boldsymbol{q}},t)]\}\end{aligned} \tag{7.21}$$

$$\boldsymbol{p}_2(\boldsymbol{q},\dot{\boldsymbol{q}},t):=-\frac{1}{2}\kappa\overline{\boldsymbol{M}}(\boldsymbol{q},t)\boldsymbol{A}^{\rm T}(\boldsymbol{q},t)[\boldsymbol{A}(\boldsymbol{q},t)\boldsymbol{A}^{\rm T}(\boldsymbol{q},t)]^{-1}\boldsymbol{P}^{-1}[\boldsymbol{A}(\boldsymbol{q},t)\dot{\boldsymbol{q}}-\boldsymbol{c}(\boldsymbol{q},t)] \tag{7.22}$$

本节中 $\kappa>0$ 为标量, 该参数为设计参数。另外, 为了便于分析, 下面定义一个 n 维矢量 $\boldsymbol{U}(\boldsymbol{q},\dot{\boldsymbol{q}},\sigma,t)$ 来表征系统的所有不确定信息:

$$\begin{aligned}\boldsymbol{U}(\boldsymbol{q},\dot{\boldsymbol{q}},\sigma,t):=&\boldsymbol{P}\boldsymbol{A}(\boldsymbol{q},t)\Delta\boldsymbol{D}(\boldsymbol{q},\sigma,t)[-\boldsymbol{K}(\boldsymbol{q},\dot{\boldsymbol{q}},\sigma,t)\dot{\boldsymbol{q}}-\boldsymbol{G}(\boldsymbol{q},\sigma,t)-\\&\boldsymbol{T}(\boldsymbol{q},\dot{\boldsymbol{q}},\sigma,t)+\boldsymbol{p}_1(\boldsymbol{q},\dot{\boldsymbol{q}},t)+\boldsymbol{p}_2(\boldsymbol{q},\dot{\boldsymbol{q}},t)]-\\&\boldsymbol{P}\boldsymbol{A}(\boldsymbol{q},t)\boldsymbol{D}(\boldsymbol{q},\sigma,t)[\Delta\boldsymbol{K}(\boldsymbol{q},\dot{\boldsymbol{q}},\sigma,t)+\\&\Delta\boldsymbol{G}(\boldsymbol{q},\sigma,t)+\Delta\boldsymbol{T}(\boldsymbol{q},\dot{\boldsymbol{q}},\sigma,t)]\end{aligned} \tag{7.23}$$

式中, $\boldsymbol{p}_1(\boldsymbol{q},\dot{\boldsymbol{q}},t)\in\mathbf{R}^n$, $\boldsymbol{p}_2(\boldsymbol{q},\dot{\boldsymbol{q}},t)\in\mathbf{R}^n$, $\boldsymbol{U}(\boldsymbol{q},\dot{\boldsymbol{q}},\sigma,t)\in\mathbf{R}^n$。

假设 7.6 对于每组 $(\boldsymbol{q},\dot{\boldsymbol{q}},\sigma,t)$, 存在模糊数 $\widehat{\xi}_i(\sigma,t)$ 和已知的明确数 $\rho_i(\boldsymbol{q},\dot{\boldsymbol{q}},t)$, $i=1,2,\cdots,r$, 使得 $\|\boldsymbol{U}(\boldsymbol{q},\dot{\boldsymbol{q}},\sigma,t)\|$ 可以线性分解为

$$\begin{aligned}\|\boldsymbol{U}(\boldsymbol{q},\dot{\boldsymbol{q}},\sigma,t)\|&=[\widehat{\xi}_1(\sigma,t)\quad\widehat{\xi}_2(\sigma,t)\quad\cdots\quad\widehat{\xi}_r(\sigma,t)]\begin{bmatrix}\widehat{\rho}_1(\boldsymbol{q},\dot{\boldsymbol{q}},t)\\\widehat{\rho}_2(\boldsymbol{q},\dot{\boldsymbol{q}},t)\\\vdots\\\widehat{\rho}_r(\boldsymbol{q},\dot{\boldsymbol{q}},t)\end{bmatrix}\\&=\widehat{\boldsymbol{\xi}}^{\rm T}(\sigma,t)\widehat{\boldsymbol{\rho}}(\boldsymbol{q},\dot{\boldsymbol{q}},t)\end{aligned} \tag{7.24}$$

因此通过矩阵范数的不等式知识可以得出

$$\|\boldsymbol{U}(\boldsymbol{q},\dot{\boldsymbol{q}},\sigma,t)\|\leqslant\xi(\sigma,t)\rho(\boldsymbol{q},\dot{\boldsymbol{q}},t) \tag{7.25}$$

式中, $\xi(\sigma,t)=\|\widehat{\boldsymbol{\xi}}(\sigma,t)\|$; $\rho(\boldsymbol{q},\dot{\boldsymbol{q}},t)=\|\widehat{\boldsymbol{\rho}}(\boldsymbol{q},\dot{\boldsymbol{q}},t)\|$。

这里提出系统的控制输入 τ 如下:

$$\tau(t)=\boldsymbol{p}_1(\boldsymbol{q}(t),\dot{\boldsymbol{q}}(t),t)+\boldsymbol{p}_2(\boldsymbol{q}(t),\dot{\boldsymbol{q}}(t),t)+\boldsymbol{p}_3(\boldsymbol{q}(t),\dot{\boldsymbol{q}}(t),t) \tag{7.26}$$

式中

$$\begin{aligned}\boldsymbol{p}_3(\boldsymbol{q},\dot{\boldsymbol{q}},t)= & -\gamma[1+\rho_E(\boldsymbol{q},t)]^{-1}\rho^2(\boldsymbol{q},\dot{\boldsymbol{q}},t)\overline{\boldsymbol{M}}(\boldsymbol{q},t)\boldsymbol{A}^{\mathrm{T}}(\boldsymbol{q},t)\times \\ & [\boldsymbol{A}(\boldsymbol{q},t)\boldsymbol{A}^{\mathrm{T}}(\boldsymbol{q},t)]^{-1}\boldsymbol{P}^{-1}[\boldsymbol{A}(\boldsymbol{q},t)\dot{\boldsymbol{q}}-\boldsymbol{c}(\boldsymbol{q},t)]\end{aligned} \tag{7.27}$$

$\gamma>0$ 为设计参数。

式 (7.26) 中的 τ 不含不确定性因素, 所以控制 τ 为确定性形式, 它既不同于 Takagi-Sugeno 形式, 也不同于 Mamdani 形式。

下面定义约束跟随误差为

$$\boldsymbol{e}(t)=\boldsymbol{A}(\boldsymbol{q}(t),t)\dot{\boldsymbol{q}}(t)-\boldsymbol{c}(\boldsymbol{q}(t),t) \tag{7.28}$$

式 (7.28) 表示被控系统实际状态与期望跟随约束间的偏差大小, 此偏差以一阶形式给出。理想状态下, 当系统不存在模型不确定性且系统初始状态符合系统约束, 即 $e(t_0)=0$ 时, 设计一个控制器驱动系统做完美约束跟随运动是完全可行的。然而在实际情况下, 系统通常存在不确定性, 这时仅近似约束跟随可以实现, 7.2 节将重点讲述约束跟踪控制的稳定性证明问题。

7.2 基于 U–K 方程的模糊系统稳定性证明

考虑式 (7.1) 描述的机械系统, 对于给定的 $\kappa>0$ 和 $\gamma>0$, 由式 (7.26) 表述的控制器驱动系统约束误差 $\boldsymbol{e}$ 一致有界且一致最终有界。首先假定 Lyapunov 候选函数 $V(\boldsymbol{e})=\boldsymbol{e}^{\mathrm{T}}\boldsymbol{P}\boldsymbol{e}$[71], 对于某给定 $\sigma(\cdot)$, V 沿被控系统轨迹的时间导数为

$$\dot{V}=2\boldsymbol{e}^{\mathrm{T}}\boldsymbol{P}(\boldsymbol{A}\ddot{\boldsymbol{q}}-\boldsymbol{b})=2\boldsymbol{e}^{\mathrm{T}}\boldsymbol{P}\{\boldsymbol{A}[\boldsymbol{M}^{-1}(-\boldsymbol{K}-\boldsymbol{G}-\boldsymbol{T})+\boldsymbol{M}^{-1}(\boldsymbol{p}_1+\boldsymbol{p}_2+\boldsymbol{p}_3)]-\boldsymbol{b}\} \tag{7.29}$$

现做如下分解:

$$\boldsymbol{M}^{-1}=\boldsymbol{D}+\Delta\boldsymbol{D}, -\boldsymbol{K}-\boldsymbol{G}-\boldsymbol{T}=(-\overline{\boldsymbol{K}}-\overline{\boldsymbol{G}}-\overline{\boldsymbol{T}})+(-\Delta\boldsymbol{K}-\Delta\boldsymbol{G}-\Delta\boldsymbol{T})$$

则有

$$\begin{aligned}&\boldsymbol{A}[\boldsymbol{M}^{-1}(-\boldsymbol{K}-\boldsymbol{G}-\boldsymbol{T})+\boldsymbol{M}^{-1}(\boldsymbol{p}_1+\boldsymbol{p}_2+\boldsymbol{p}_3)]-\boldsymbol{b}\\ =&\boldsymbol{A}[(\boldsymbol{D}+\Delta\boldsymbol{D})(-\overline{\boldsymbol{K}}-\overline{\boldsymbol{G}}-\overline{\boldsymbol{T}}-\Delta\boldsymbol{K}-\Delta\boldsymbol{G}-\Delta\boldsymbol{T})+\\ &(\boldsymbol{D}+\Delta\boldsymbol{D})(\boldsymbol{p}_1+\boldsymbol{p}_2+\boldsymbol{p}_3)]-\boldsymbol{b}\\ =&\boldsymbol{A}[\boldsymbol{D}(-\overline{\boldsymbol{K}}-\overline{\boldsymbol{G}}-\overline{\boldsymbol{T}}+\boldsymbol{p}_1)+\boldsymbol{D}(-\Delta\boldsymbol{K}-\Delta\boldsymbol{G}-\Delta\boldsymbol{T})+\\ &\Delta\boldsymbol{D}(-\boldsymbol{K}-\boldsymbol{G}-\boldsymbol{T}+\boldsymbol{p}_1+\boldsymbol{p}_2)+\boldsymbol{D}\boldsymbol{p}_2+(\boldsymbol{D}+\Delta\boldsymbol{D})\boldsymbol{p}_3]-\boldsymbol{b}\end{aligned} \tag{7.30}$$

令 $\boldsymbol{M}^{-1}=\overline{\boldsymbol{M}}^{-1}=\boldsymbol{D}$, $\boldsymbol{K}=\overline{\boldsymbol{K}}$, $\boldsymbol{G}=\overline{\boldsymbol{G}}$ 和 $\boldsymbol{T}=\overline{\boldsymbol{T}}$, 则有

$$\boldsymbol{A}[\boldsymbol{D}(-\overline{\boldsymbol{K}}-\overline{\boldsymbol{G}}-\overline{\boldsymbol{T}})+\boldsymbol{D}\boldsymbol{p}_1]-\boldsymbol{b}=\boldsymbol{A}\ddot{\boldsymbol{q}}-\boldsymbol{b}=0 \tag{7.31}$$

然后, 利用式 (7.23)~ 式 (7.25) 可得

$$
\begin{aligned}
2e^{\mathrm{T}}\boldsymbol{PA}[\boldsymbol{D}(-\Delta\boldsymbol{K}-\Delta\boldsymbol{G}-\Delta\boldsymbol{T})+\Delta\boldsymbol{D}(-\boldsymbol{K}-\boldsymbol{G}-\boldsymbol{T}+\boldsymbol{p}_1+\boldsymbol{p}_2)] &\leqslant 2\|\boldsymbol{e}\|\|\boldsymbol{U}\| \\
&= 2\|\boldsymbol{e}\|[\widehat{\xi}_1\ \widehat{\xi}_2\ \cdots\ \widehat{\xi}_r]\begin{bmatrix}\widehat{\rho}_1\\ \widehat{\rho}_2\\ \vdots\\ \widehat{\rho}_r\end{bmatrix} \\
&\leqslant 2\xi\rho\|\boldsymbol{e}\|
\end{aligned} \tag{7.32}
$$

基于式 (7.22) 和式 (7.28), 并将 $\boldsymbol{p}_2$ 的展开式代入下式可得

$$
\begin{aligned}
2\boldsymbol{e}^{\mathrm{T}}\boldsymbol{PADp}_2 &= 2\boldsymbol{e}^{\mathrm{T}}\boldsymbol{PAD}\left\{-\frac{1}{2}k\overline{\boldsymbol{M}}\boldsymbol{A}^{\mathrm{T}}(\boldsymbol{AA}^{\mathrm{T}})^{-1}\boldsymbol{P}^{-1}(\boldsymbol{A}\dot{\boldsymbol{q}}-\boldsymbol{c})\right\} \\
&= -\kappa\boldsymbol{e}^{\mathrm{T}}\boldsymbol{PAD}\overline{\boldsymbol{M}}\boldsymbol{A}^{\mathrm{T}}(\boldsymbol{AA}^{\mathrm{T}})^{-1}\boldsymbol{P}^{-1}\boldsymbol{e} \\
&= -\kappa\|\boldsymbol{e}\|^2
\end{aligned} \tag{7.33}
$$

基于式 (7.27) 和 $\Delta\boldsymbol{D}=\boldsymbol{DE}$, 并将 $\boldsymbol{p}_3$ 的展开式代入下式可得

$$
\begin{aligned}
&2\boldsymbol{e}^{\mathrm{T}}\boldsymbol{PA}(\boldsymbol{D}+\Delta\boldsymbol{D})\boldsymbol{p}_3 \\
=&-2\gamma(1+\rho_E)^{-1}\rho^2\boldsymbol{e}^{\mathrm{T}}\boldsymbol{PAD}\overline{\boldsymbol{M}}\boldsymbol{A}^{\mathrm{T}}(\boldsymbol{AA}^{\mathrm{T}})^{-1}\boldsymbol{P}^{-1}\boldsymbol{e}- \\
&2\gamma(1+\rho_E)^{-1}\rho^2\boldsymbol{PADE}\overline{\boldsymbol{M}}\boldsymbol{A}^{\mathrm{T}}(\boldsymbol{AA}^{\mathrm{T}})^{-1}\boldsymbol{P}^{-1}\boldsymbol{e}
\end{aligned} \tag{7.34}
$$

对于式 (7.34) 中的第一项, 根据相关矩阵运算的数学知识, 可以得到

$$
\begin{aligned}
&-2\gamma(1+\rho_E)^{-1}\rho^2\boldsymbol{PADE}\overline{\boldsymbol{M}}\boldsymbol{A}^{\mathrm{T}}(\boldsymbol{AA}^{\mathrm{T}})^{-1}\boldsymbol{P}^{-1}\boldsymbol{e} \\
=&-2\gamma(1+\rho_E)^{-1}\rho^2\|\boldsymbol{e}\|^2
\end{aligned} \tag{7.35}
$$

利用 Rayleigh 原则 [71] 且由式 (7.19) 和式 (7.20), 可得

$$
\begin{aligned}
&-2\gamma(1+\rho_E)^{-1}\rho^2\boldsymbol{e}^{\mathrm{T}}\boldsymbol{PADE}\overline{\boldsymbol{M}}\boldsymbol{A}^{\mathrm{T}}(\boldsymbol{AA}^{\mathrm{T}})^{-1}\boldsymbol{P}^{-1}\boldsymbol{e} \\
=&-2\gamma(1+\rho_E)^{-1}\rho^2\boldsymbol{e}^{\mathrm{T}}\frac{1}{2}[\boldsymbol{PADE}\overline{\boldsymbol{M}}\boldsymbol{A}^{\mathrm{T}}(\boldsymbol{AA}^{\mathrm{T}})^{-1}\boldsymbol{P}^{-1}+ \\
&\boldsymbol{P}^{-1}(\boldsymbol{AA}^{\mathrm{T}})^{-1}\boldsymbol{A}\overline{\boldsymbol{M}}\boldsymbol{E}^{\mathrm{T}}\boldsymbol{DA}^{\mathrm{T}}\boldsymbol{P}]\boldsymbol{e} \\
\leqslant&-2\gamma(1+\rho_E)^{-1}\rho^2\boldsymbol{e}^{\mathrm{T}}\frac{1}{2}\lambda_m(\boldsymbol{W}+\boldsymbol{W}^{\mathrm{T}})\boldsymbol{e} \\
\leqslant&-2\gamma(1+\rho_E)^{-1}\rho^2\rho_E\|\boldsymbol{e}\|^2
\end{aligned} \tag{7.36}
$$

将式 (7.35) 和式 (7.36) 代入式 (7.34) 有

$$
\begin{aligned}
&2\boldsymbol{e}^{\mathrm{T}}\boldsymbol{PA}(\boldsymbol{D}+\Delta\boldsymbol{D})\boldsymbol{p}_3 \\
\leqslant&-2\gamma(1+\rho_E)^{-1}\rho^2\|\boldsymbol{e}\|^2-2\gamma(1+\rho_E)^{-1}\rho^2\rho_E\|\boldsymbol{e}\|^2 \\
=&-2\gamma(1+\rho_E)(1+\rho_E)^{-1}\rho^2\|\boldsymbol{e}\|^2 \\
=&-2\gamma\rho^2\|\boldsymbol{e}\|^2
\end{aligned} \tag{7.37}
$$

合并式 (7.31)～ 式 (7.37) 可得

$$\dot{V} \leqslant -\kappa\|\boldsymbol{e}\|^2 + 2\xi\rho\|\boldsymbol{e}\| - 2\gamma\rho^2\|\boldsymbol{e}\|^2 \tag{7.38}$$

鉴于 (根据 $ax - bx^2 \leqslant a^2/4b$ 原理)

$$2\xi\rho\|\boldsymbol{e}\| - 2\gamma\rho^2\|\boldsymbol{e}\|^2 \leqslant \frac{\xi^2}{2\gamma} \tag{7.39}$$

可得

$$\dot{V} \leqslant -\kappa\|\boldsymbol{e}\|^2 + \frac{\delta}{\gamma} \tag{7.40}$$

式中,

$$\delta = \frac{\xi^2}{2} \tag{7.41}$$

这也意味着, 当 $\boldsymbol{e}$ 满足

$$\|\boldsymbol{e}\| > \sqrt{\frac{\delta}{\kappa\gamma}} \tag{7.42}$$

时, $\dot{V}$ 将保持负定。

各 Σ_i 论域均紧致 (封闭且有界), 即 δ 有界, 且 γ 和 κ 均为明确数, 因此被控系统的约束误差 $\boldsymbol{e}$ 一致有界且一致最终有界。

仔细分析式 (7.26) 中控制方案, 可以看到, 控制器前两项 (即 $\boldsymbol{p}_1$ 和 $\boldsymbol{p}_2$) 是用来处理标称系统的控制 (即无不确定性系统控制), 而第三项 (即 $\boldsymbol{p}_3$) 是用来消除系统不确定性的影响。另外, 在前两项中, $\boldsymbol{p}_1$ 是保持标称系统约束跟随特性的, 而 $\boldsymbol{p}_2$ 则用来消除标称系统初始状态下系统约束的偏差。本文在控制器设计中使用已知信息 $\boldsymbol{U}$, 即式 (7.25) 中的 ρ, 使得即便系统不确定性边界未知, 系统控制器仍能够很好地工作。并且, 可以将第三项看作由以下两部分组成: γ 为该控制部分的大小; 其余部分确定该控制部分的方向。当该控制部分方向已定, 其大小 γ 具有设计柔性。这可以用来操纵被控系统约束误差的一致有界范围的大小。特别地, γ 越大, 该范围越小。这就意味着该系统存在着系统性能和控制成本间的平衡。

7.3 基于 U–K 方程的模糊系统控制增益约束优化

为了进一步优化控制器的控制效果, 保证控制误差和控制代价之间的平衡, 这里基于系统模糊信息进行被控系统的控制增益的优化设计。

根据 Rayleigh 原则 [71], 具体可参见相关参考文献, 然后可得

$$\lambda_{\mathrm{m}}(\boldsymbol{P})\|\boldsymbol{e}\|^2 \leqslant \boldsymbol{e}^{\mathrm{T}}\boldsymbol{P}\boldsymbol{e} = V \leqslant \lambda_{\mathrm{M}}(\boldsymbol{P})\|\boldsymbol{e}\|^2 \tag{7.43}$$

式中, $\lambda_{\mathrm{m}}(\boldsymbol{P})$ 为矩阵 $\boldsymbol{P}$ 的最小特征值; $\lambda_{\mathrm{M}}(\boldsymbol{P})$ 为矩阵 $\boldsymbol{P}$ 的最大特征值。因此

$$-\|\boldsymbol{e}\|^2 \leqslant -\frac{1}{\lambda_{\mathrm{M}}(\boldsymbol{P})}V \tag{7.44}$$

将上式代入式 (7.40), 可以得到微分不等式

$$\dot{V}(t) \leqslant -\frac{\kappa}{\lambda_{\mathrm{M}}(\boldsymbol{P})}V(t) + \frac{\delta}{\gamma} \tag{7.45}$$

其中, $V(t_0) = \boldsymbol{e}^{\mathrm{T}}(t_0)\boldsymbol{P}\boldsymbol{e}(t_0)$。

现研究微分不等式 (7.45) 的上界问题。先考虑下述与微分不等式 (7.45) 相对应的微分方程:

$$\dot{r}(t) = -\frac{\kappa}{\lambda_{\mathrm{M}}(\boldsymbol{P})}r(t) + \frac{\delta}{\gamma}, \quad r(t_0) = V_0 = V(t_0) \tag{7.46}$$

方程右边满足广义 Lipschitz 条件, 即

$$L = \frac{\kappa}{\lambda_{\mathrm{M}}(\boldsymbol{P})} \tag{7.47}$$

求解微分方程式 (7.46), 可以得到

$$r(t) = \left[V_0 - \frac{\lambda_{\mathrm{M}}(\boldsymbol{P})\delta}{\kappa\gamma}\right]\exp\left[-\frac{\kappa(t-t_0)}{\lambda_{\mathrm{M}}(\boldsymbol{P})}\right] + \frac{\lambda_{\mathrm{M}}(\boldsymbol{P})\delta}{\kappa\gamma} \tag{7.48}$$

其中, $V_0 = V(t_0) = \boldsymbol{e}^{\mathrm{T}}(t_0)\boldsymbol{P}\boldsymbol{e}(t_0)$。因此

$$V(t) \leqslant \left[V_0 - \frac{\lambda_{\mathrm{M}}(\boldsymbol{P})\delta}{\kappa\gamma}\right]\exp\left[-\frac{\kappa(t-t_0)}{\lambda_{\mathrm{M}}(\boldsymbol{P})}\right] + \frac{\lambda_{\mathrm{M}}(\boldsymbol{P})\delta}{\kappa\gamma}, \forall t \geqslant t_0 \tag{7.49}$$

这里的 V_0 基于初始系统误差, 也可能具有不确定性。

根据不等式 (7.43), 不等式 (7.49) 右边提供了 $\|\boldsymbol{e}\|^2$ 的上界, 对于任意 $t \geqslant t_0$, 有

$$\eta(\delta,\gamma,t,t_0) := \left[V_0 - \frac{\lambda_{\mathrm{M}}(\boldsymbol{P})\delta}{\kappa\gamma}\right]\exp\left[-\frac{\kappa(t-t_0)}{\lambda_{\mathrm{M}}(\boldsymbol{P})}\right] \tag{7.50}$$

$$\eta_\infty(\delta,\gamma) := \frac{\lambda_{\mathrm{M}}(\boldsymbol{P})\delta}{\kappa\gamma} \tag{7.51}$$

对于任意 δ、γ 和 t_0, 随着 $t \to \infty$, $\eta(\delta,\gamma,t,t_0) \to 0$, 式 (7.50) 所述的 $\eta(\delta,\gamma,t,t_0)$ 在一定程度反映了系统瞬态性能, 而式 (7.51) 所述的 $\eta_\infty(\delta,\gamma)$ 则在一定程度反映了系统稳态性能。本节将通过 $\eta(\delta,\gamma,t,t_0)$ 和 $\eta_\infty(\delta,\gamma)$ 来分析系统特性, 其中相关参数都依赖于 δ, 其隶属函数可以由式 (7.41) 求解得出。

定义 7.1 考虑模糊集 $N = \{(v,\mu_N(v))|v \in N\}$, 对于任意函数 $f: N \to \mathbf{R}$, 有 D–操作 [72]

$$D[f(v)] = \frac{\displaystyle\int_N f(v)\mu_N(v)\mathrm{d}v}{\displaystyle\int_N \mu_N(v)\mathrm{d}v} \tag{7.52}$$

在特殊的情况下 $f(v)=v$, 即为著名的重心去模糊化方法。如果 N 是明晰的 (对所有的 $v\in N$, 有 $\mu_N(v)=1$), 则有 $D[f(v)]=f(v)$。

对于任意常数 $a\in\mathbf{R}$

$$D[af(v)]=aD[f(v)] \tag{7.53}$$

通过定义 7.1 可得

$$D[af(v)]=\frac{\displaystyle\int_N af(v)\mu_N(v)\mathrm{d}v}{\displaystyle\int_N \mu_N(v)\mathrm{d}v}=a\frac{\displaystyle\int_N f(v)\mu_N(v)\mathrm{d}v}{\displaystyle\int_N \mu_N(v)\mathrm{d}v}=aD[f(v)] \tag{7.54}$$

下面给出二次型性能指标 [71], 即对于任意 t_0, 有

$$\begin{aligned}J(\gamma,t_0)&:=D\left[\int_{t_0}^{\infty}\eta^2(\delta,\gamma,\tau,t_0)\mathrm{d}t\right]+\alpha D[\eta_\infty^2(\delta,\gamma)]+\beta\gamma^2\\&=:J_1(\gamma,t_s)+\alpha J_2(\gamma)+\beta J_3(\gamma)\end{aligned} \tag{7.55}$$

式中, α、$\beta>0$, 且为标量, 是性能指标的权重参数。该二次型性能指标由三部分组成: 第一部分, $J_1(\gamma,t_s)$ 可以看作从时间 t_s 开始的平均化 (通过 D–操作实现) 的系统整体性能 (通过积分操作实现); 第二部分, $J_2(\gamma)$ 可以看作平均化 (通过 D–操作实现) 的系统稳态性能; 第三部分, $J_3(\gamma)$ 是系统的控制成本。

对于给定的 $\boldsymbol{P}$ 和 κ, 相关设计问题可转化为使得系统性能指标 $J(\gamma)$ 最小化的问题。对式 (7.55) 执行 D–操作, 可以得到

$$\begin{aligned}J(\gamma,t_0)=&\left(D[V_0^2]-2\frac{\lambda_{\mathrm{M}}(\boldsymbol{P})}{\kappa\gamma}D[V_0\delta]+\frac{\lambda_{\mathrm{M}}^2(\boldsymbol{P})}{\kappa\gamma^2}D[\delta^2]\right)\frac{\lambda_{\mathrm{M}}(\boldsymbol{P})}{2\kappa}+\\&\alpha\frac{\lambda_{\mathrm{M}}^2(\boldsymbol{P})}{\kappa^2\gamma^2}D[\delta^2]+\beta\gamma^2\\=:&\,\kappa_1-\frac{\kappa_2}{\gamma}+\frac{\kappa_3}{\gamma^2}+\alpha\frac{\kappa_4}{\gamma^2}+\beta\gamma^2\end{aligned} \tag{7.56}$$

其中

$$\begin{aligned}\kappa_1&=\frac{\lambda_{\mathrm{M}}(\boldsymbol{P})D[V_0^2]}{2\kappa}\\\kappa_2&=\frac{\lambda_{\mathrm{M}}^2(\boldsymbol{P})D[V_0\delta]}{\kappa^2}\\\kappa_3&=\frac{\lambda_{\mathrm{M}}^3(\boldsymbol{P})}{2\kappa^3}D[\delta^2]\\\kappa_4&=\frac{\lambda_{\mathrm{M}}^2(\boldsymbol{P})D[\delta^2]}{\kappa^2}\end{aligned}$$

上述设计问题等效于下述约束优化问题: 对于任意 t_0,

$$\min_{\gamma} J(\gamma,t_0),\quad \text{s.t.}\quad \gamma>0 \tag{7.57}$$

满足式 (7.57) 的增益 γ 即为最优控制增益。

下面给出式 (7.57) 所述优化问题的最优控制增益。基于下面三式所表述的变量 D、u、v:

$$D=\left[\frac{4(\kappa_1+\alpha\kappa_4)}{3\beta}\right]^3+\left(\frac{\kappa_2^2}{8\beta^2}\right)^2 \tag{7.58}$$

$$u=\left(\frac{\kappa_2^2}{8\beta^2}+\sqrt{D}\right)^{\frac{1}{3}} \tag{7.59}$$

$$v=\left(\frac{\kappa_2^2}{8\beta^2}-\sqrt{D}\right)^{\frac{1}{3}} \tag{7.60}$$

系统最优控制增益可写成

$$\gamma_{\text{opt}}=\frac{1}{2}\left(\sqrt{u+v}+\sqrt{7u^2+7v^2-10uv}\cos\frac{\theta}{2}\right) \tag{7.61}$$

式中

$$\theta=\arctan\frac{\sqrt{\dfrac{3}{2}}(u-v)}{-\dfrac{1}{2}(u+v)} \tag{7.62}$$

将式 (7.61) 的最优控制增益代入式 (7.56), 得出对应的性能指标, 为

$$\begin{aligned}J_{\min}=\kappa_1-&\frac{4}{\left(\sqrt{u+v}+\sqrt{7u^2+7v^2-10uv}\cos\dfrac{\theta}{2}\right)^2}\times\\&\left[\kappa_3+\alpha\kappa_4+\frac{3}{16}\beta\left(\sqrt{u+v}+\sqrt{7u^2+7v^2-10uv}\cos\frac{\theta}{2}\right)^4\right]\end{aligned} \tag{7.63}$$

7.4 典型应用分析——二自由度汽车悬架二阶系统

凡用二阶微分方程描述的系统称为二阶系统。许多高阶系统在一定的条件下,常常近似地作为二阶系统来研究。考虑到研究二阶动力学系统具有通用性, 这里选择典型的二自由度汽车悬架二阶系统来研究相关动力学控制问题, 具体如图 7.1 所示。

其运动方程为

$$\begin{aligned}m_1\ddot{x}&=-k_1(x-h)-d_1(\dot{x}-\dot{h})+k_2(y-x)+d_2(\dot{y}-\dot{x})+\tau_1\\m_2\ddot{y}&=-k_2(y-x)-d_2(\dot{y}-\dot{x})+\tau_2\end{aligned} \tag{7.64}$$

式中, x 和 y 为初始参考坐标系中的位置坐标; $m_{1,2}>0$ 为系统质量参数; $k_{1,2}>0$ 为系统弹簧刚度参数; $d_{1,2}>0$ 为系统阻尼系数; $\tau_{1,2}$ 为系统控制输入; h 为路面干

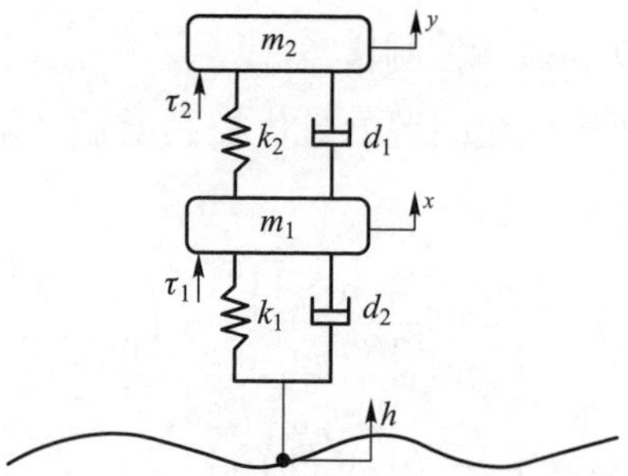

图 7.1 二自由度悬架系统模型示意图

扰输入。取 $\boldsymbol{q}=[x \quad y]^{\mathrm{T}}$, 结合之前提到的相关理论, 则上述运动方程可以写成以下形式:

$$\boldsymbol{M}\ddot{\boldsymbol{q}}+\boldsymbol{C}\dot{\boldsymbol{q}}+\boldsymbol{g}=\boldsymbol{\tau} \tag{7.65}$$

式中

$$\boldsymbol{M}=\begin{bmatrix} m_1 & 0 \\ 0 & m_2 \end{bmatrix}, \quad \boldsymbol{C}=\begin{bmatrix} d_1+d_2 & -d_2 \\ -d_2 & d_2 \end{bmatrix}, \quad \boldsymbol{\tau}=\begin{bmatrix} \tau_1 \\ \tau_2 \end{bmatrix} \tag{7.66}$$

$$\boldsymbol{g}=\boldsymbol{G}+\boldsymbol{T}=\begin{bmatrix} (k_1+k_2)x-k_2y-k_1v-d_1\dot{h} \\ k_2y-k_2x \end{bmatrix} \tag{7.67}$$

在实际工程设计中, 如汽车主动悬架系统设计, 质量 m_2 的运动通常要求尽量避免振动, 即设计系统控制, 使得

$$\dot{y}=0 \tag{7.68}$$

式 (7.68) 可以看作系统的期望约束, 将该约束写成如下形式:

$$\boldsymbol{A}=[0 \quad 1], \quad \boldsymbol{c}=0, \quad \boldsymbol{b}=0 \tag{7.69}$$

考虑到系统质量参数和路面干扰输入均存在不确定性, 即

$$\boldsymbol{\sigma}=[m_1 \quad m_2 \quad h]^{\mathrm{T}}$$

有

$$m_1=\overline{m}_1+\Delta m_1, \quad m_2=\overline{m}_2+\Delta m_2, \quad h=\overline{h}+\Delta h \tag{7.70}$$

同时有

$$\overline{\boldsymbol{M}}=\begin{bmatrix} \overline{m}_1 & 0 \\ 0 & \overline{m}_2 \end{bmatrix}, \quad \boldsymbol{D}=\overline{\boldsymbol{M}}^{-1}=\begin{bmatrix} \overline{M}_1^{-1} & 0 \\ 0 & \overline{M}_2^{-1} \end{bmatrix} \tag{7.71}$$

$$\Delta\boldsymbol{D}=\begin{bmatrix} (\overline{m}_1+\Delta m_1)^{-1}-\overline{m}_1^{-1} & 0 \\ 0 & (\overline{m}_2+\Delta m_2)^{-1}-\overline{m}_2^{-1} \end{bmatrix} \tag{7.72}$$

$$\overline{\boldsymbol{C}}=\boldsymbol{C}=\begin{bmatrix} d_1+d_2 & -d_2 \\ -d_2 & d_2 \end{bmatrix}, \quad \Delta\boldsymbol{C}=0 \tag{7.73}$$

$$\overline{\boldsymbol{g}} = \begin{bmatrix} (k_1+k_2)x - k_2y - k_1\overline{h} - d_1\overline{\dot{h}} \\ k_2y - k_2x \end{bmatrix} \tag{7.74}$$

$$\Delta\boldsymbol{g} = \begin{bmatrix} -k_1\Delta h - d_1\Delta\dot{h} \\ 0 \end{bmatrix} \tag{7.75}$$

选取 $\boldsymbol{P} = \boldsymbol{I}$ 且 $\rho_E = -0.5$, 以满足假设 7.5 中的式 (7.20)。分别根据式 (7.21) 和式 (7.22) 给出相应的 $\boldsymbol{p}_1$ 和 $\boldsymbol{p}_2$, 因此可以定义

$$\boldsymbol{X} = \begin{bmatrix} X_1 \\ X_2 \end{bmatrix} := -\boldsymbol{C}\dot{\boldsymbol{q}} - \overline{\boldsymbol{g}} + \boldsymbol{p}_1 + \boldsymbol{p}_2 \tag{7.76}$$

可以导出

$$\begin{aligned} &\boldsymbol{PA}\Delta\boldsymbol{D}(-\boldsymbol{C}\dot{\boldsymbol{q}} - \overline{\boldsymbol{g}} + \boldsymbol{p}_1 + \boldsymbol{p}_2) - \boldsymbol{PAD}(\Delta\boldsymbol{C}\dot{\boldsymbol{q}} + \Delta\boldsymbol{g}) \\ =&[(\overline{m}_2 + \Delta m_2)^{-1} \quad -1]\begin{bmatrix} X_2 \\ \overline{m}_2^{-1}X_2 \end{bmatrix} \end{aligned} \tag{7.77}$$

根据以上理论推导结果, 现取具体的参数对其进行数值仿真。选择 $\overline{m}_{1,2} = 1$ kg, $k_{1,2} = 1$ N/cm, $d_{1,2} = 1$ N · s/cm, $\kappa = 1$, Δm_1 接近 0.3 kg, Δm_2 接近 0.2 kg, 且 Δh 接近 1 cm, 其相应的隶属函数方程如下 (均取三角形式)[72]

$$\mu_{\Delta m_1}(v) = \begin{cases} \dfrac{10}{3}v & 0 \leqslant v \leqslant 0.3 \\ -\dfrac{10}{3}v + 2 & 0.3 \leqslant v \leqslant 0.6 \end{cases} \tag{7.78}$$

$$\mu_{\Delta m_2}(v) = \begin{cases} \dfrac{10}{2}v & 0 \leqslant v \leqslant 0.2 \\ -\dfrac{10}{2}v + 2 & 0.2 \leqslant v \leqslant 0.4 \end{cases} \tag{7.79}$$

$$\mu_{\Delta h}(v) = \begin{cases} v & 0 \leqslant v \leqslant 1 \\ -v + 2 & 1 \leqslant v \leqslant 2 \end{cases} \tag{7.80}$$

设系统初始状态为 $\boldsymbol{q}(t_0) = [1 \quad 1]^{\mathrm{T}}$, $\dot{\boldsymbol{q}}(t_0) = [1 \quad 1]^{\mathrm{T}}$, 有 $V_0 = 1$。使用模糊数学和分解定理, 可以得到 $\kappa_1 = 0.5$, $\kappa_2 = 2.74$, $\kappa_3 = 2.84$, $\kappa_4 = 5.69$。再选择五组相应的权重 α 和 β, 可以求得相应的最优控制增益 γ_{opt} 和 $J_{\min}$。上述参数计算结果见表 7.1。

仿真中使用 $\Delta m_1 = 0.3\sin 2t$, $\Delta m_2 = 0.2\cos 3t$, $\Delta h = \sin t$ 来模拟变化的系统不确定性, 则仿真结果如图 7.2 和图 7.3 所示。

图 7.2 展示了三种情况下约束跟随误差 $\boldsymbol{e}$ [式 (7.28)] 的表现: ① $\boldsymbol{\tau} = 0$ 时, 即没有控制项作用于被控系统时, 由于道路干扰的输入, 系统约束跟随误差持续振荡; ② $\boldsymbol{\tau} = \boldsymbol{p}_1$ 时, 即仅标称控制起作用时, 没有鲁棒性补偿, 控制驱动变量 $\boldsymbol{e} = \dot{y}$ 在 1 附近取值, 而期望值为 $\dot{y} = 0$; ③ $\boldsymbol{\tau} = \boldsymbol{p}_1 + \boldsymbol{p}_2 + \boldsymbol{p}_3$ 时, 即取 $\alpha = \beta = 1$ 时, 最优鲁

表 7.1　自由度悬架系统各权重组合下控制增益与控制成本列表

(α,β)	α/β	$\gamma_{\rm opt}$	$J_{\min}$
(1,1)	1	5.97	107.12
(1,10)	0.1	1.89	104.72
(1,100)	0.01	0.60	83.02
(10,1)	10	15.50	721.03
(100,1)	100	47.83	6 862.72

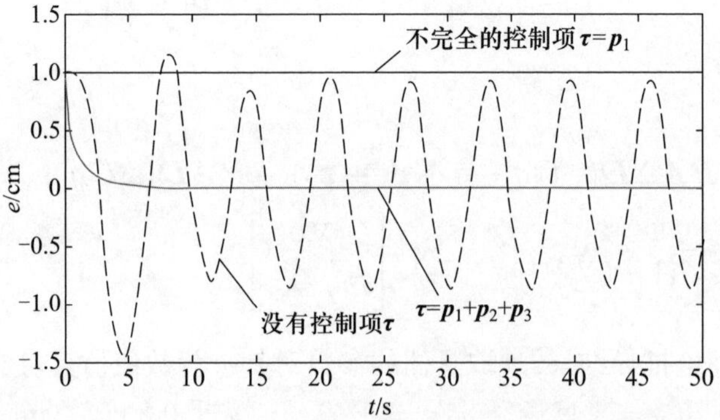

图 7.2　有无控制状态下悬架系统约束跟随误差对比仿真分析

棒控制起作用, 即使在初始约束误差不为 0 的情况下, 控制器仍可以驱动系统在有限的时间内进入并保持在一个很小的范围内, 即一致有界且一致最终有界。图 7.3 展示了当最优控制增益 $\gamma_{\rm opt}$ 取不同值时系统约束跟随误差 $\boldsymbol{e}$ 的对比情况。可以看出, $\gamma_{\rm opt}$ 取值越大, 系统约束跟随误差越小, 系统性能表现越好。

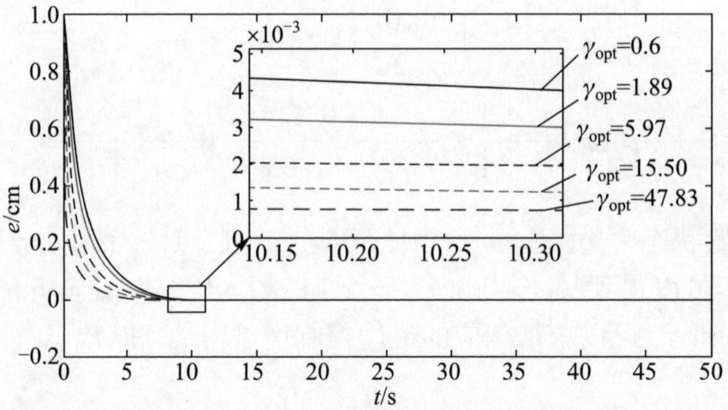

图 7.3　不同 $\gamma_{\rm opt}$ 下的悬架系统约束误差对比仿真分析

通过对无控制器、普通的标称控制器以及基于 U–K 理论的模糊控制器三种控制器进行仿真对比, 并结合相关的参数优化可以看出, 本书所提出和设计的最优鲁棒控制器能够有效地控制模糊动力学系统, 使其在比较小的控制代价下, 实现较小的跟踪误差。

第 8 章　基于 cSPACE 系统平台的算法实现

cSPACE (control signal process and control engineering) 系统是一套具有快速控制原型 (rapid control prototyping, RCP) 开发和硬件在环 (hardware in the loop, HIL) 实时仿真功能的软硬件平台。该平台是基于 TI DSP、MATLAB/Simulink 开发的, 能将计算机仿真和实时控制密切结合起来, 并可以自动生成嵌入式代码, 直接用于实时控制, 所以能够极大地提高控制系统的设计效率。

通过 MATLAB/Simulink 搭建控制算法, 并将输入、输出接口替换为 cSPACE 模块后, 编译整个程序, 就能自动生成 DSP 代码; 将自动生成的 DSP 代码在 cSPACE 控制卡上运行, 就可以实现对被控对象的控制。在整个运行过程中, 可通过 cSPACE 提供的控制接口, 实时修改控制参数, 并在 PC 界面上显示实时控制结果, 而且 DSP 采集的数据也可以保存到本地磁盘, 利用 MATLAB 可对这些数据进行离线处理。

8.1　快速控制原型与硬件在环简介

8.1.1　快速控制原型

RCP 是一种实时仿真的方法, 用于产品研发的算法设计阶段与具体实现阶段之间。该方法是利用某种形式将开发的算法下载到当前计算机硬件平台上实时运行, 模拟控制器通过实际 I/O 设备与被控对象的实物连接, 以此验证算法的可靠性和准确度。

要实现快速控制原型, 必须有便于建模、设计和离线仿真的实时测试工具。用户所选择的实时系统应满足多次修改设计模型以及实时离线仿真的要求, 只有这样才能将错误消灭于设计初期, 节省设计费用。

使用 RCP 技术有如下优点:

(1) 可以在使用成本和性能之间进行综合考虑;

(2) 在最终产品投产之前, 方便仔细研究离散化及采样频率等对控制系统的影响, 优化算法的性能;

(3) 通过将快速控制原型与所要控制的实际设备相连, 可以反复研究不同传感器及驱动器的性能特性。

国外开发的 RCP 系列控制器主要有德国的 dSPACE (图 8.1)、加拿大的 RT–LAB (图 8.2) 等产品。国内开发的 RCP 系列控制器主要有恒润科技的 ControlBase、北京九州华海科技有限公司的 RapidECU、北京灵思创奇的 Links–Box、上海远宽能源科技有限公司的 StarSim 等。

与上述产品相比,cSPACE 系统性能与 dSPACE 相当, 且源代码开放和价格低廉。用 cSPACE 设计好控制系统后, 可以把生成的目标代码直接烧写进主控芯片, 从而构成脱离计算机而独立运行的嵌入式控制系统, 进而用于控制被控对象。上述过程可减少用户对硬件、C 语言及汇编语言的使用, 缩短构建控制系统的时间, 同时可降低成本。

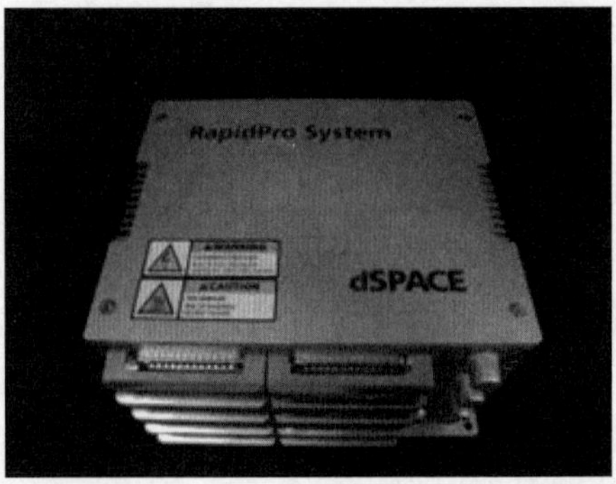

图 8.1 德国 dSPACE 系统

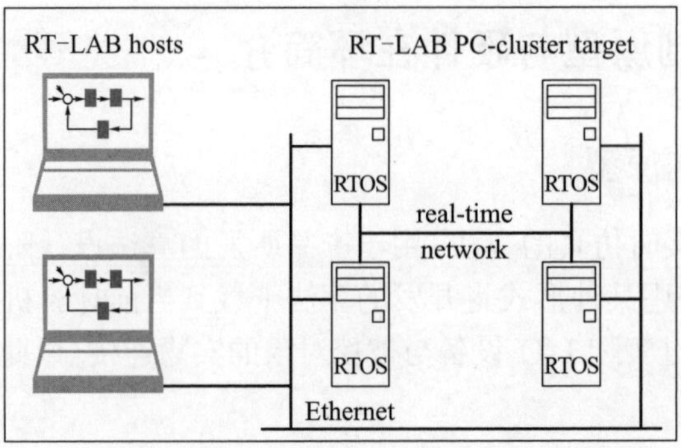

图 8.2 加拿大 RT–LAB 系统

8.1.2 硬件在环

当控制系统搭建完成时, 需要在闭环下对其进行详细测试。但由于各种原因, 如极限测试、失效测试或在真实环境中测试费用较昂贵等, 往往使测试难以进行。例如, 在积雪覆盖的路面上进行汽车防抱死 (ABS) 控制器的小摩擦测试, 就只能在冬季冰雪天气进行。因此, 就需要利用某种计算机硬件平台在实验室中模拟操控对象在实际工作条件下的运行过程, 并且通过相应的 I/O 设备将信号传递给控制器。同时, 可通过修改控制对象参数来模拟各种工况, 达到全面考察和验证控制器开发质量及控制算法可靠程度的目的。图 8.3 所示为半物理仿真系统逻辑图。

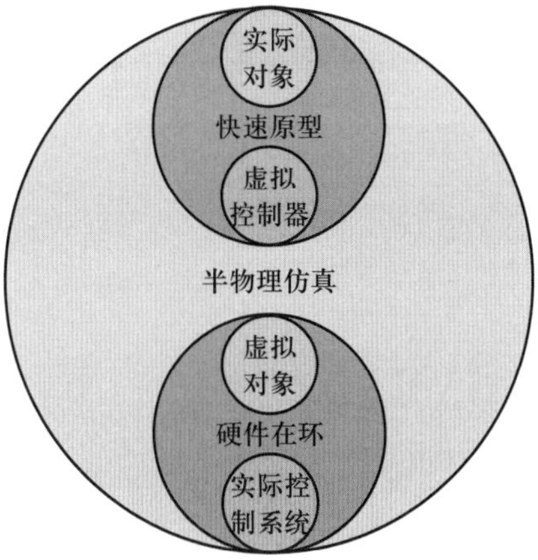

图 8.3 半物理仿真系统逻辑图

8.2 cSPACE 系统硬件平台

cSPACE 系统是一款基于 TMS320F28335DSP 芯片开发的、与 dSPACE 公司的 DS1104 控制器性能相当的产品, 拥有 AD、DA、IO、EQEP、PWM 模块和快速控制原型开发、硬件在环仿真功能。它采用 MATLAB/Simulink 设计控制算法, 再将输入、输出接口替换为 cSPACE 模块, 通过编译整个模块就能自动生成 DSP 代码。在控制器上运行该代码就能生成相应的控制信号, 从而方便地实现对被

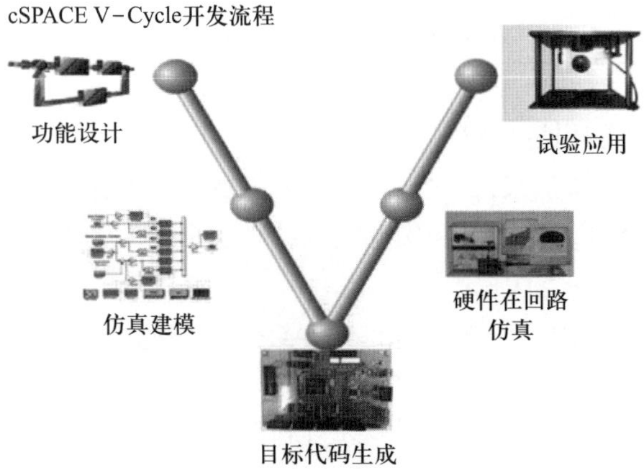

图 8.4 cSPACE 系统“V”字形开发流程图

控对象的控制。运行过程中, 可通过 cSPACE 提供的 MATLAB 接口模块和图形化界面实时修改控制参数, 并以图形方式实时显示控制结果; DSP 采集的实时数据可以保存到磁盘, 用户可利用 MATLAB 对这些数据进行离线处理。图 8.4 所示为 cSPACE 系统“V”字形开发流程图。

利用 cSPACE 系统工具, 用户能方便地使用 MATLAB/Simulink 进行控制算法设计并在线控制。cSPACE 控制器实物图如图 8.5 所示, 硬件资源如表 8.1 所示。

图 8.5 cSPACE 控制器

表 8.1 cSPACE 控制器硬件资源

1	TMS320F28335 主控芯片	主频 150 M	
2	16 通道的 12 位 ADC 模块	转换时间: 250 ns	输入范围: (0 V, 3 V)
3	6 通道的 16 位 AD 模块	转换时间: 3.1 μs	输入范围: (−10 V, 10 V)
4	4 通道的 16 位 DA 模块	转换时间: 10 μs	输入范围: (−10, 10 V)
5	3 通道独立 PWM 模块	分辨率: 16 位	每通道有两路互补对称的输出, 共 6 路输出
6	4 通道 QEP 模块	两路为 TI DSP 片内自带, 两路为外扩芯片	
7	4 个 16 bit 通用定时器, 3 个 32 bit 系统定时器		
8	2 路 SCI 模块		
9	3 个外部中断口, 可支持 54 个外围中断的 PIE 模块		

cSPACE 硬件在环控制系统的特点概括如下。

(1) 采用硬件在环的设计。采用国际控制系统设计常用方法 (硬件在环实时仿真与控制) 设计, 将计算机仿真和实时控制结合起来, 极大地提高了控制系统的设计效率和性能。

(2) 使用 MATLAB/Simulink 对 cSPACE 系统进行开发。采用科研人员所熟悉的 MATLAB/Simulink 软件对 cSPACE 进行开发, 设计控制系统只是搭建 Simulink 模块、图形化编程, 并且可以充分利用 MATLAB 的资源。

(3) 丰富的硬件资源。cSPACE 的硬件系统基于 TMS320F28335DSP 开发, 集成这款 DSP 丰富的外设资源, 并且外扩 6 路 AD、4 路 DA 模块以及 2 路正交编码信号模块, 使得这套系统拥有更强大的功能。

(4) 变量实时观测、修改和存储。在 MATLAB 环境下, 能实时观察变量、实时修改控制参数, 以图形方式实时显示控制结果, 并且 DSP 采集的数据能以 MATLAB 数据文件的形式保存到磁盘。

(5) 源代码开放。控制器是开放式的, 熟悉 TI DSP 编程的研发人员可以直接对生成的代码进行编程, 以添加用户自定义代码, 并且可以使用这个 DSP 控制器构建其他控制系统。

8.3 cSPACE 系统软件平台

8.3.1 cSPACE 工具箱

cSPACE 系统的开发环境是基于广大科研及工程技术人员所熟悉的 MATLAB/Simulink 软件, 以方便用户使用, 同时还能充分利用 MATLAB 软件强大的科学计算功能、信号分析处理功能、图形处理功能。图 8.6 所示为 cSPACE 使用 Simulink 搭建的工具箱, 该工具箱含有 DSP 卡硬件单元的接口模块。

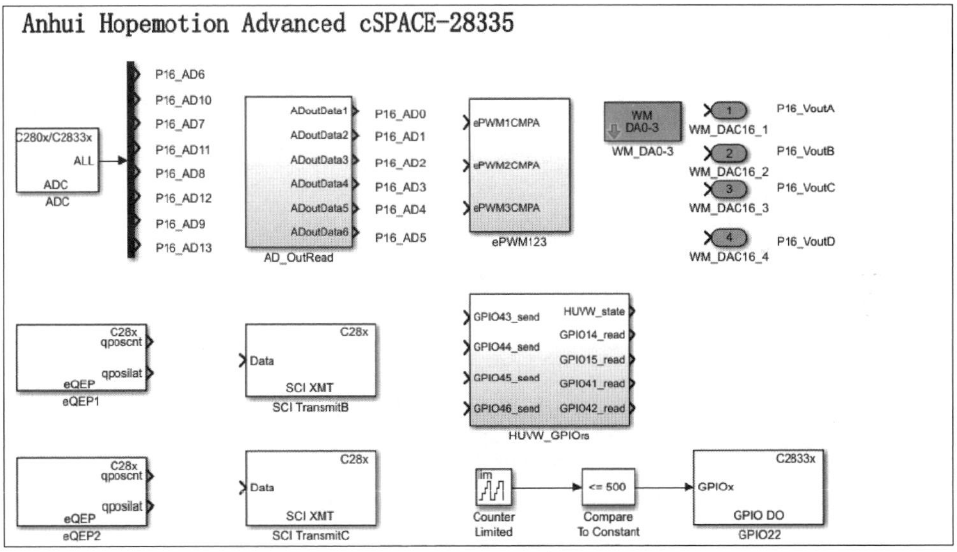

图 8.6 cSPACE 的工具箱

1. ADC 模块

如图 8.7 所示, ADC 模块的基本情况如下。

(1) 功能。用于将模拟形式的连续信号转换为数字形式的离散信号, 该模块为 DSP 芯片的内置模块, 具有 12 位转换精度。

(2) 使用原理。ADC 模块的模拟输入信号范围为 (0 V, +3.0 V), 转换后的数字信号范围为 (0,4 095), 转换过程中模拟量和数字量满足线性关系。模拟量 Y 和

数字量 X 的关系为

$$Y = 3 \times \frac{X}{4\,095}$$

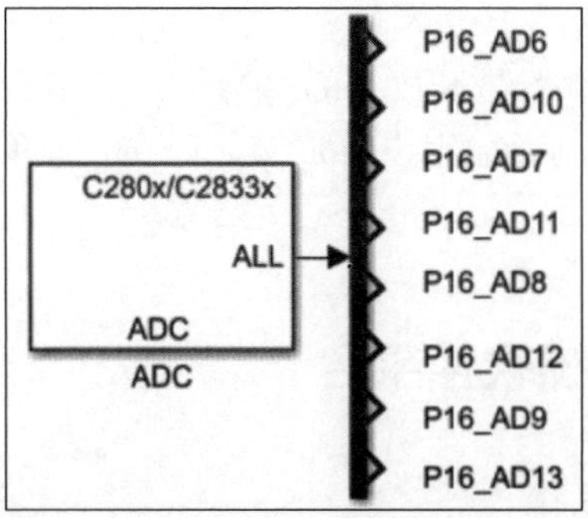

图 8.7 ADC 模块

2. AD 模块

如图 8.8 所示, AD 模块的基本情况如下。

(1) 功能。也用于将模拟形式的连续信号转换为数字形式的离散信号, 但是该模块为 DSP 芯片的外围电路扩展模块, 能够实现 6 路 AD 转换功能, 具有 16 位转换精度。

(2) 使用原理。AD 模块的模拟输入信号范围为 (−10 V, +10 V), 转换后的数字信号范围为 (−32 768, 32 767), 转换过程中模拟量和数字量满足线性关系。模拟量 Y 和数字量 X 的关系为

$$Y = 10 \times \frac{X}{32\,768}$$

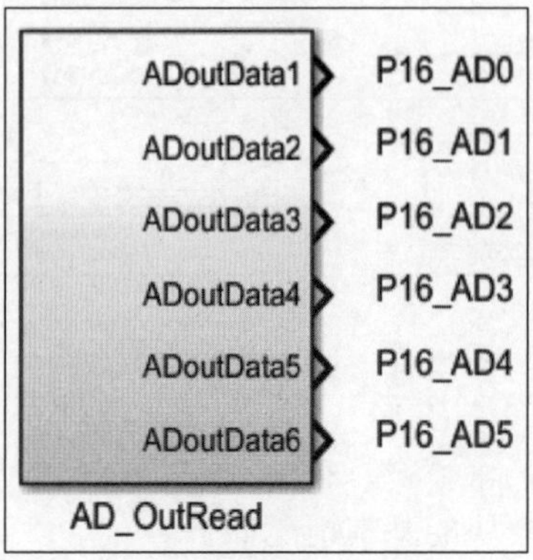

图 8.8 AD 模块

3. DA 模块

如图 8.9 所示, DA 模块的基本情况如下。

(1) 功能。用于将数字形式的离散信号转换为模拟形式的连续信号, 模块为 DSP 芯片的外围电路扩展模块, 能够实现 4 路 DA 转换功能, 具有 16 位转换精度。

(2) 使用原理。DA 模块的数字输入信号范围为 (−32 768,32 767), 转换后的模拟输入信号范围为 (−10 V,+10 V), 转换过程中模拟量和数字量满足线性关系。模拟量 Y 和数字量 X 的关系为

$$Y = 10 \times \frac{X}{32\,768}$$

4. ePWM 模块

如图 8.10 所示, ePWM 模块的基本情况如下。

(1) 功能。用于产生增强型的 PWM 波, 其高电平 5 V, 低电平 0 V, 该模块为 DSP 芯片的内置模块, 默认的计数方式为增减计数。

(2) 使用原理。在使用过程中用户可以根据自身需求配置 PWM 波的频率, 频率 f 和与比较寄存器的值 x 满足

$$f = \frac{150}{2x}$$

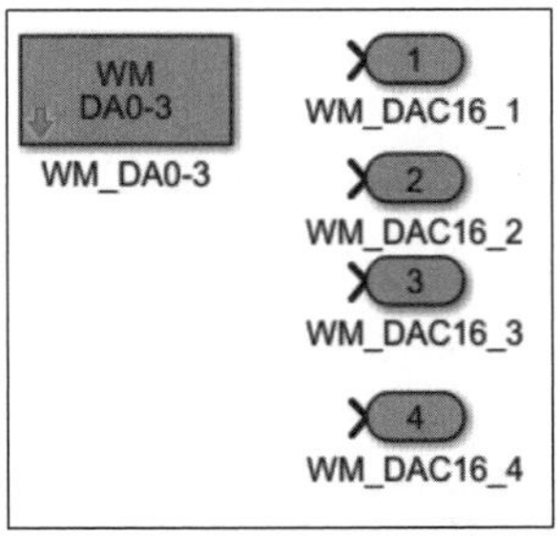

图 8.9 DA 模块

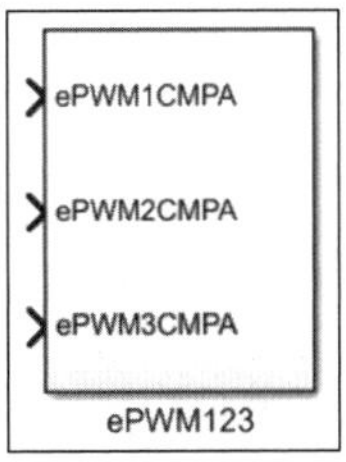

图 8.10 ePWM 模块

5. eQEP 模块

如图 8.11 所示, eQEP 模块的基本情况如下。

(1) 功能。用于测量编码器的脉冲数, 编码器 5 V 差分输入。

(2) 使用原理。在使用过程中用户可以根据自身需求配置 eQEP 模块。

6. SCI 模块

如图 8.12 所示, SCI 模块的基本情况如下。

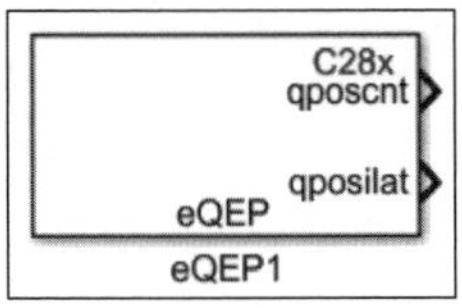

图 8.11 eQEP 模块

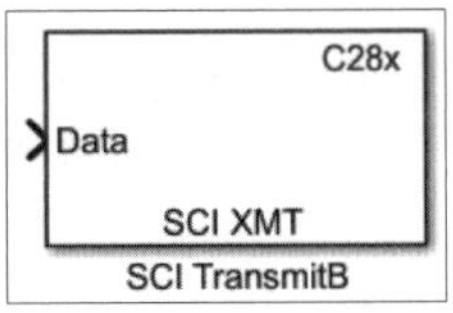

图 8.12 SCI 模块

(1) 功能。用于实现串口通信功能, 实现数据接收和发送。

(2) 使用原理。在使用过程中用户可以根据自身需求配置 SCI 模块。

7. GPIO 模块

如图 8.13 所示, GPIO 模块的基本情况如下。

(1) 功能。用于实现电平控制功能, 高电平 +5 V, 低电平 0 V。

(2) 使用原理。在使用过程中用户可以根据自身需求配置 GPIO 模块。

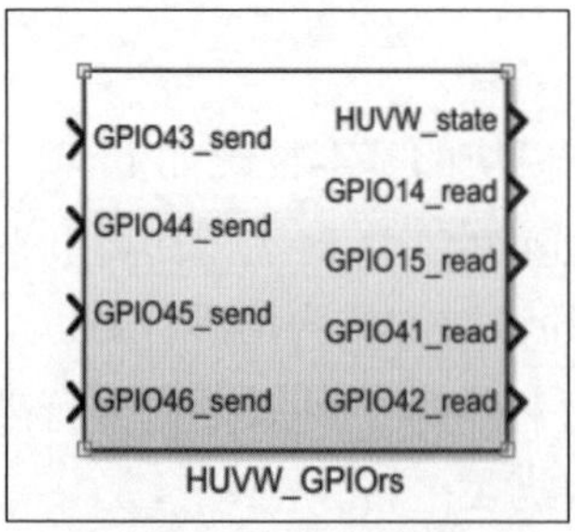

图 8.13 GPIO 模块

8.3.2 cSPACE 上位机控制软件

cSPACE 系统还提供一个上位机监测界面软件, 能够在线修改 15 个变量和实时显示 4 个变量, 自动存储数据, 具有结构简单、使用方便等特点。图 8.14 所示为 cSPACE 系统的上位机界面。

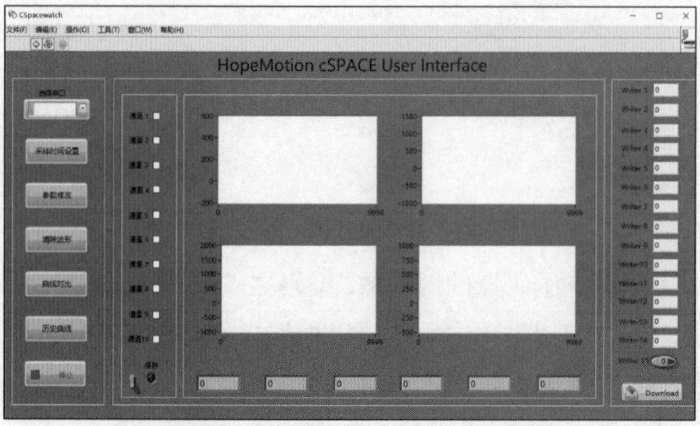

图 8.14 cSPACE 系统的上位机界面

该上位机界面通过在 Simulink 中搭建的数据接收模块 Get_GUIdata 和发送模块 Send_GUIdata, 以及串口通信 RS232, 完成上位机中对应窗口与控制器 cSPACE 间的数据通信。

1. Get_GUIdata 模块

如图 8.15 所示, 此模块接收来自上位机界面发送的 15 个数据值, 数据类型均为 int16, 数据范围为 [−32 768,32 767], 点击 Get_GUIdata 模块, 可进行数据下发。

2. Send_GUIdata 模块

如图 8.16 所示, 此模块向界面上传要显示的 4 个数据值, 数据类型均为 int16, 数据范围为 [−32 768,32 767], 点击 Send_GUIdata 模块, 即可进行数据上传。

图 8.15　Get_GUIdata 模块

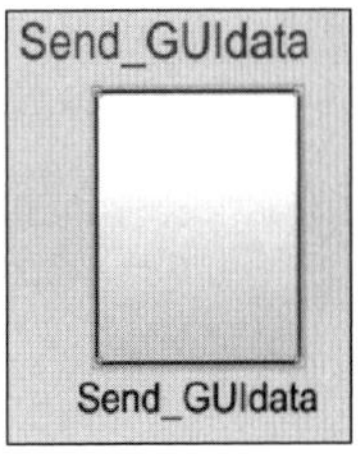

图 8.16　Send_GUIdata 模块

8.3.3　cSPACE 上位机软件与 Simulink 的配置

在实现上位机界面的功能之前, 需要对 Simulink 编译环境进行配置。

1. 求解器配置

如图 8.17 所示, 第一步, 点击 Simulink“设置”按钮; 第二步, 选择“Solver”, 即求解器选项; 第三步, 在求解器中选择“Fixed-step”, 即固定步长; 第四步, 将求解器设置为“discrete”, 即离散型; 第五步, 选择固定步长的尺寸, 通常选“0.005”为一个单位。

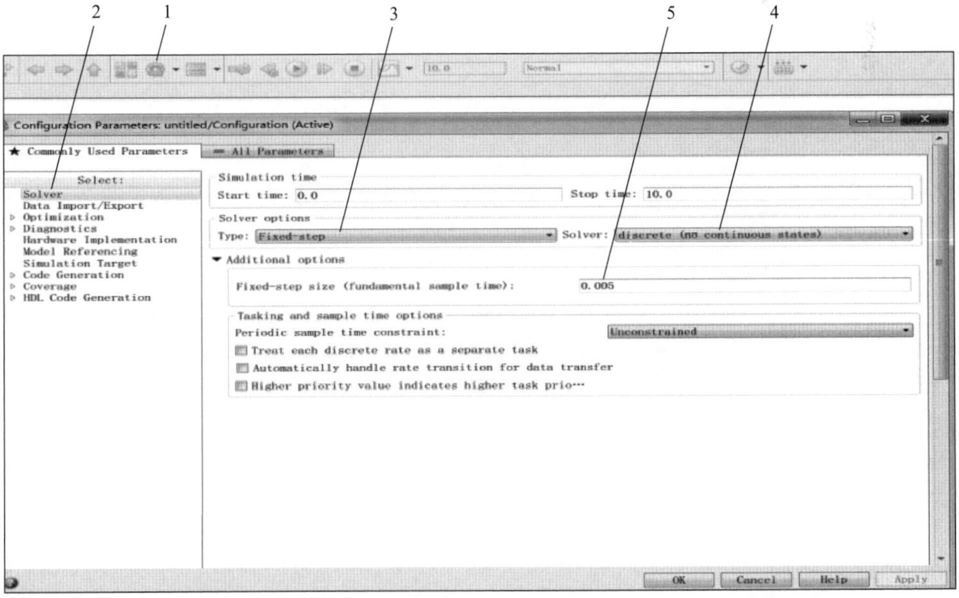

图 8.17　求解器配置

2. 硬件配置

如图 8.18 所示, 第一步, 选择 “Hardware Implementation”, 即硬件配置选项; 第二步, 在 “Hardware board” 即硬件板中, 选择 TI F2833x 系列。

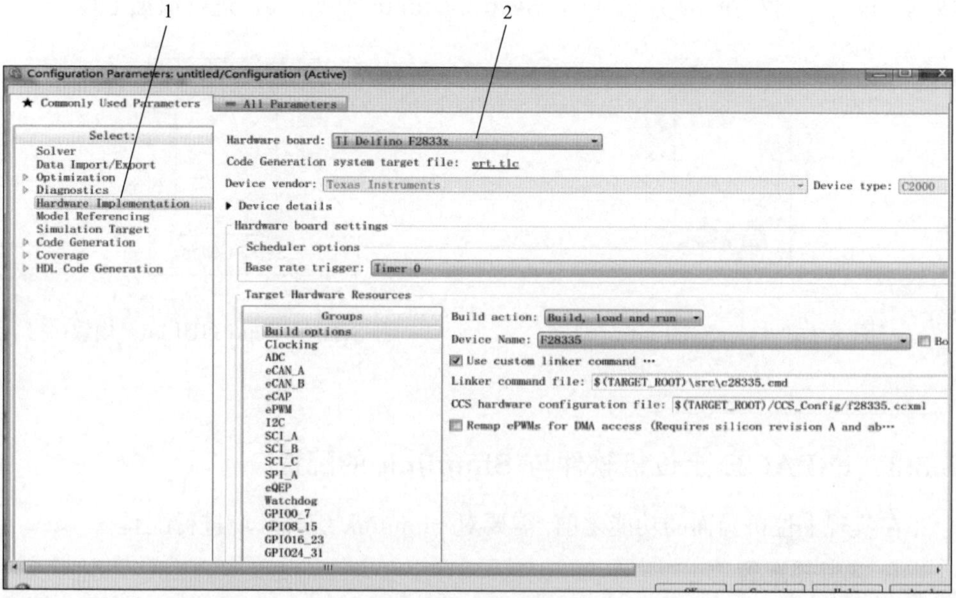

图 8.18　硬件配置

3. 代码生成配置

如图 8.19 所示, 第一步, 选择 “Code Generation”, 即代码生成选项; 第二步, 将工具链设置为 “TI CCS v6(c2000)” 版本。

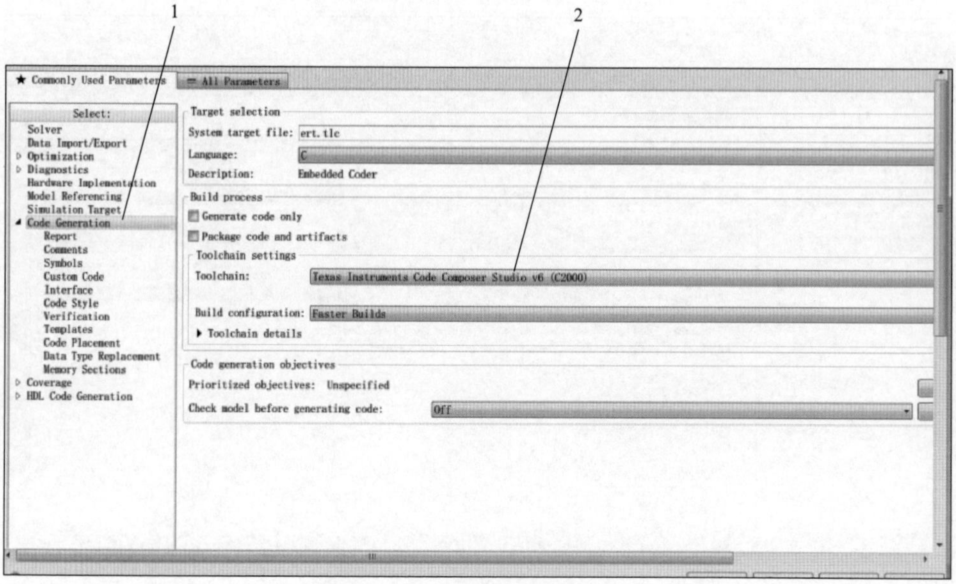

图 8.19　代码生成配置

4. 编译下载

如图 8.20 所示, 通过编译下载按钮, 将搭好的 Simulink 工具包模型下载代码至 cSPACE 控制器中, 以实现后续上位机与 cSPACE 控制器的数据通信。

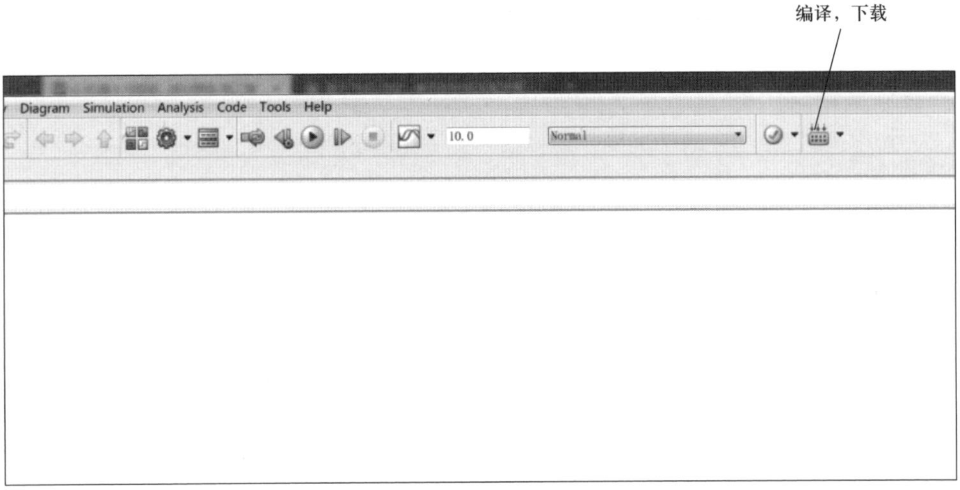

图 8.20　编译下载功能

8.4　基于 MATLAB/Simulink 的模型搭建与仿真

Simulink 是 MATLAB 中的一种可视化仿真工具软件包, 具有框图设计环境, 可实现动态系统建模、仿真和分析, 并提供一个动态系统建模、仿真和综合分析的集成环境, 被广泛应用于线性系统、非线性系统、数字控制及数字信号处理的建模和仿真。在该环境中, 无需大量书写程序代码, 只通过简单直观的鼠标操作, 就可以构造出复杂的系统。

1. Simulink 建模与仿真步骤

(1) 画出系统框图, 将需仿真的系统根据功能划分为子系统, 然后选用模块搭建每个子系统;

(2) 拖拽模块库中所需模块到空白模型窗口中, 按系统框图的布局摆好并连接各模块;

(3) 若系统比较复杂, 可将同一功能模块封装成一个子系统;

(4) 设置各模块的参数和仿真有关的各种参数;

(5) 保存模型, 运行仿真程序, 观察结果;

(6) 调试并修改模型, 直到结果符合要求为止。

2. 搭建 Simulink 模型的操作过程

第一步: 打开 MATLAB 软件, 然后在命令窗口中输入 Simulink 或点击左上角的“新建”, 然后选择“Simulink Model”, 如图 8.21 所示。

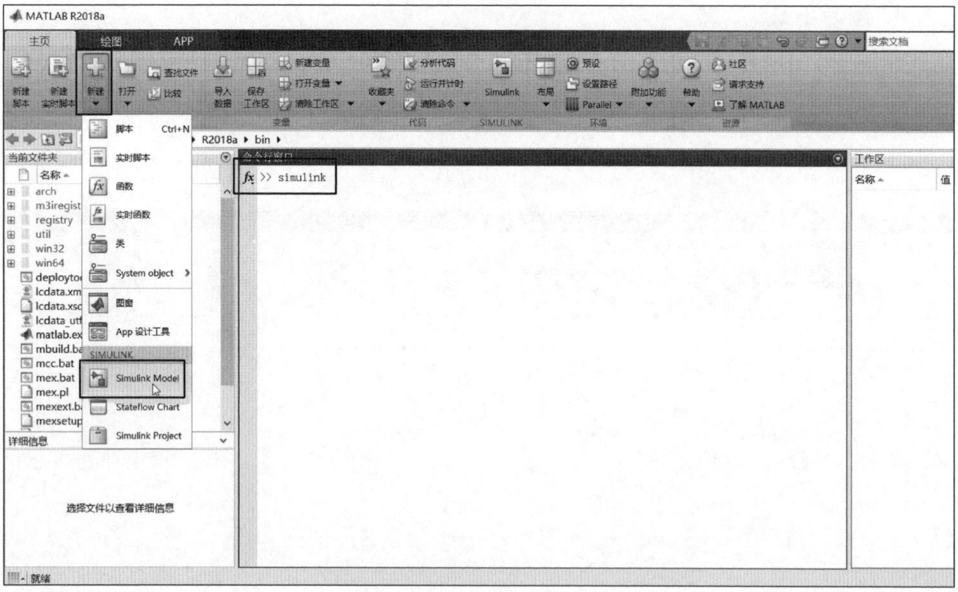

图 8.21　启动 Simulink 界面图

第二步: 进入图 8.22 所示的 Simulink 界面, 点击工具栏中的“Library Browser”。

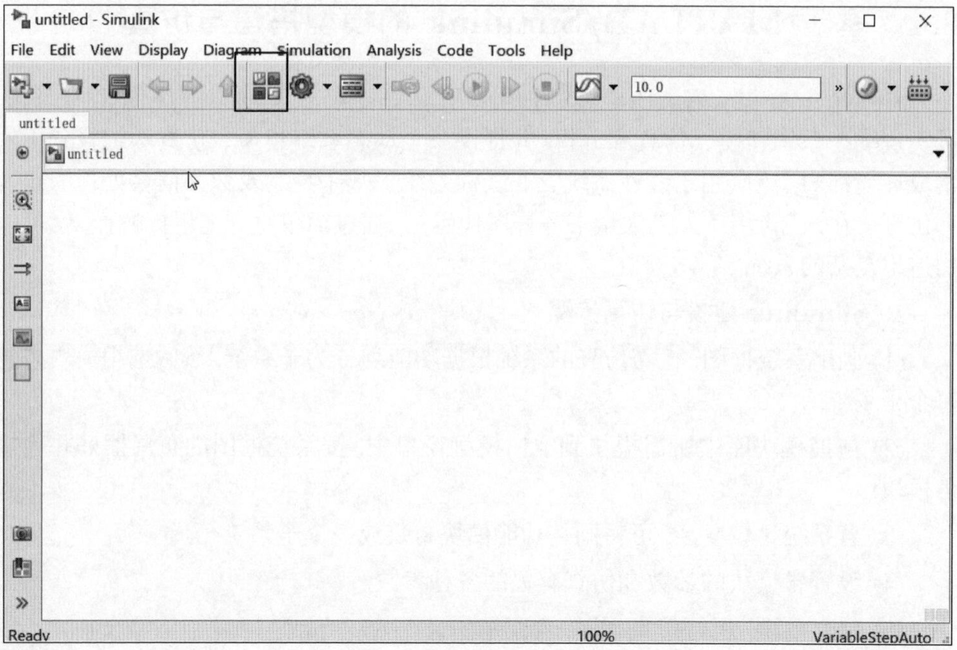

图 8.22　新建 Simulink 空白界面

第三步: 打开 Simulink 的库浏览器 (Library Browser), 其中存放着用于建立仿真模型的设备及器件等, 如图 8.23 所示。

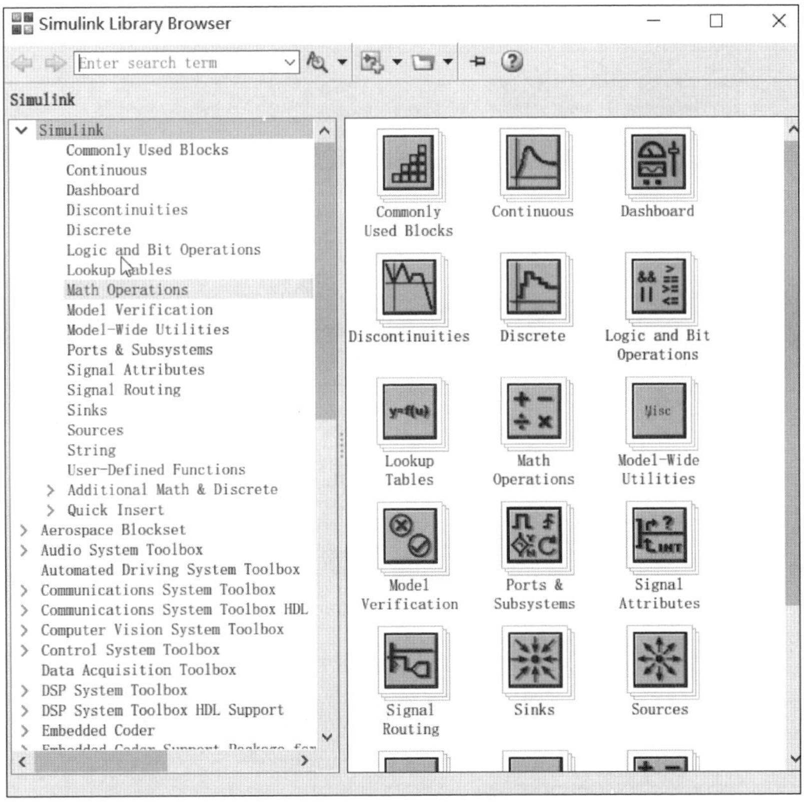

图 8.23　Simulink 库浏览器界面

Simulink 在库浏览器中提供了一系列按功能分类的模块库。表 8.2 列出了大多数工作流常用的模块库。

表 8.2　库浏览器中的主要模块

Continuous	连续状态系统的模块
Discrete	离散状态系统的模块
Sinks	输出目录的模块
Sources	输入信号源的模块

若要搜索想用的模块库, 可以输入搜索词。例如, 要查找 “Sine Wave” 模块, 可在浏览器工具栏的搜索框中输入 “sine”, 然后按 “Enter” 键, Simulink 将在模块库中搜索包含 “sine” 的模块, 然后显示这些模块, 如图 8.24 所示。

第四步: 基本的仿真模型需要信号发生装置。要将正弦信号发生器添加到 Simulink 模型中, 可右键点击 “Sine Wave”, 然后选择 “Add block to model untitled”, 如图 8.25 所示。

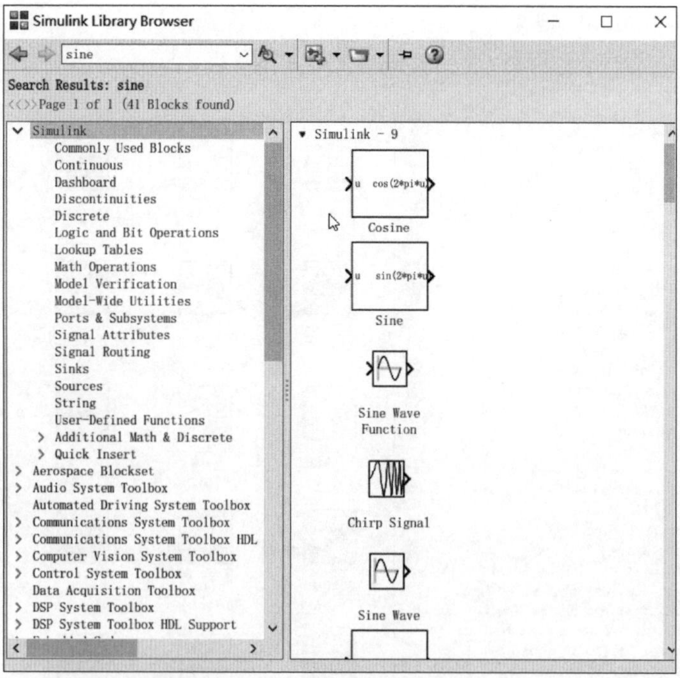

图 8.24　在模块库中快速搜索“sine”

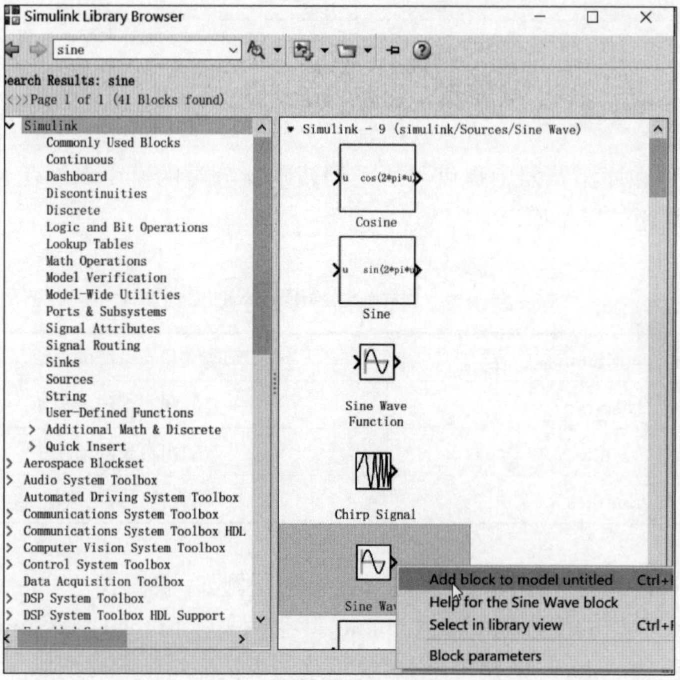

图 8.25　添加“Sine Wave”到 Siminlink 模型中

第五步: 有了信号发生器, 作为一个合理的仿真模型, 还需有信号接收与显示装置。如图 8.26 所示, 可选择“Scope”进行波形显示, 并参照第四步方法将“Scope”

模块添加到 Simulink 模型中。

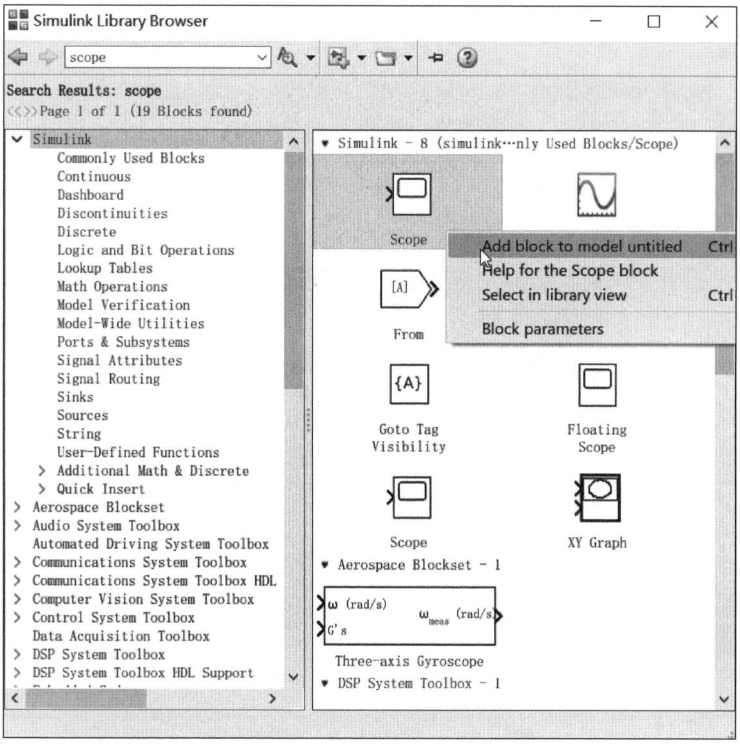

图 8.26　添加“Scope”到 Simulink 模型中

第六步: 选择基本的输入、输出装置后, 需在 Simulink 模型中布局装置的位置并进行连线, 如图 8.27 所示。

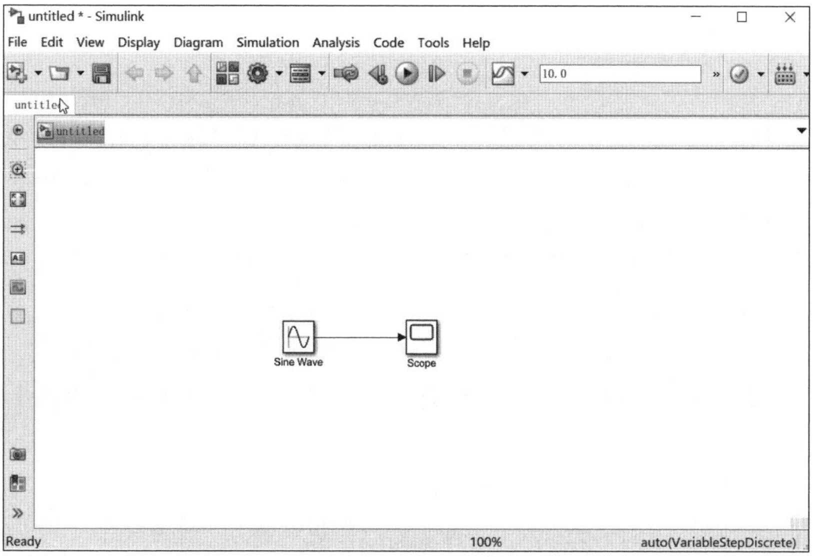

图 8.27　在 Simulink 模型中连接各模块

第七步: 仿真模型连线完毕后, 双击 “Scope” 模块并按下 “Run” 按钮, 运行仿真程序, 观察仿真结果, 并进行模型调整与修改, 如图 8.28 所示。

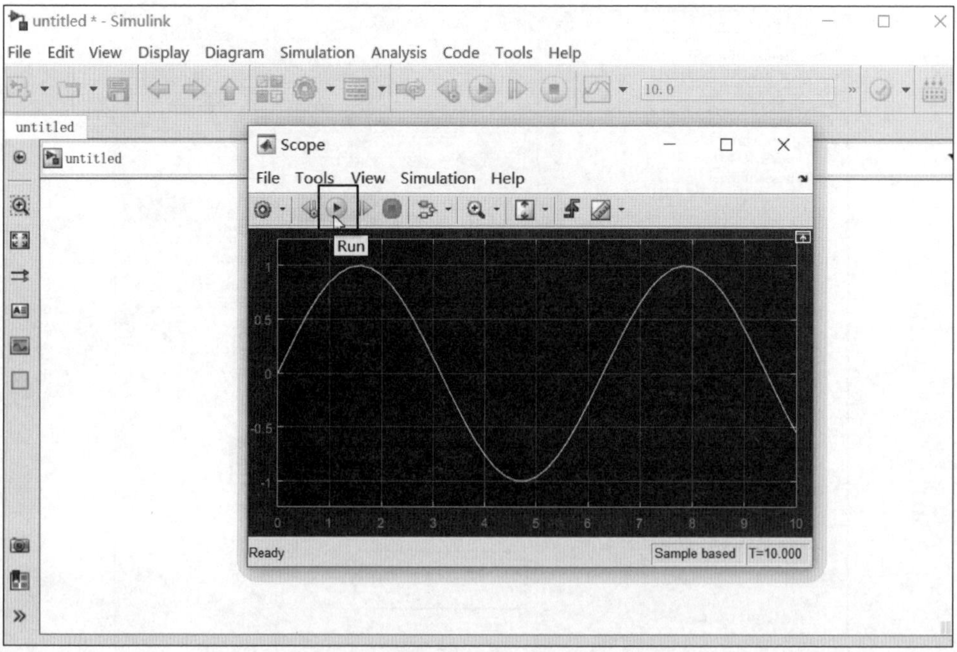

图 8.28 “Scope” 显示结果

Simulink 是 MATLAB 很强大的系统建模、仿真和分析的功能组件。上述只简单介绍了用 Simulink 搭建最基础的输入、输出模型的方法, 但掌握后可以完成更深层次的建模与仿真。

8.5 自动代码生成

使用任何一款微控制单元 (Microcontroller Unit, MCU) 完成相应的实验时, 首先需要了解这款 MCU 的特性, 并熟练掌握 C 语言, 完成实验代码编写任务。这给做实验增加了许多困难, 自动代码生产则能够解决这个问题。可以通过在 Simulink 中搭建模型的方法, 构建需要的实验框架, 通过自动代码生成, 得到可执行的 C 程序代码, 完成所需的实验。

下面举例说明如何在 Simulink 中搭建一个可以自动生成代码的模型。

例如, 实现一个 LED 灯的闪烁控制实验, 本质即为控制 GPIO 口输出的高低电平, 可进行如下操作。

第一步: 按照 8.4 节所述的第一步和第二步建立模型。

第二步: 在 “Library Browser” 中搜索 “GPIO” 模块, 选择 2833x 的 GPIO 输出模块, 并添加到模型中, 如图 8.29 所示。

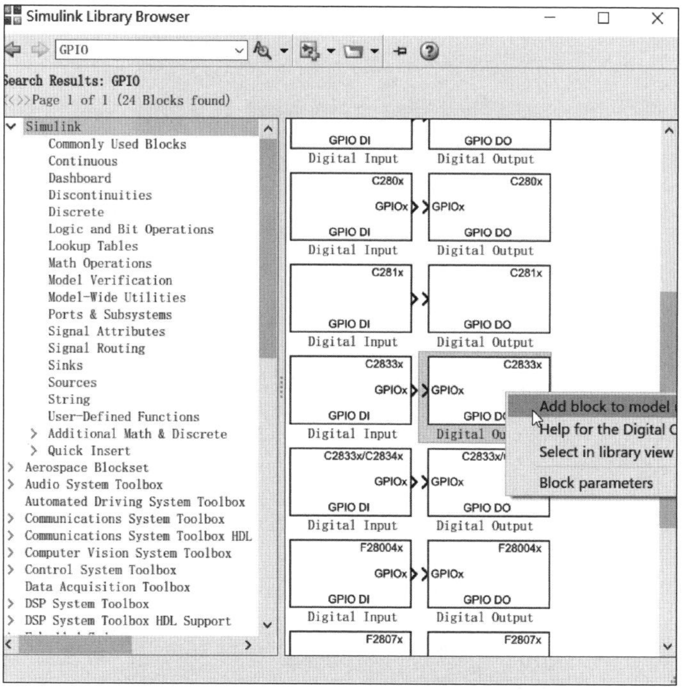

图 8.29　将“GPIO”模块添加到模型中

第三步: 添加常数模块“Constant”, 如图 8.30 所示。

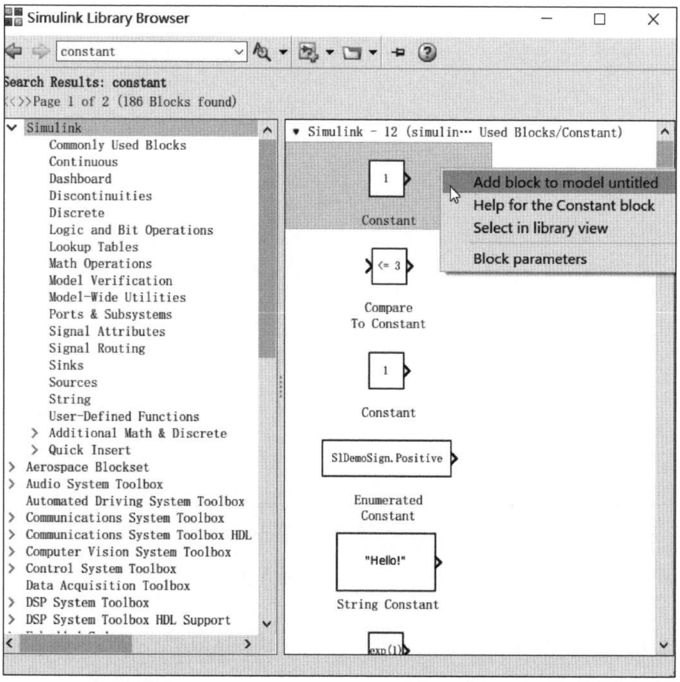

图 8.30　将“Constant”模块添加到模型中

第四步: 连线并配置选择相应的 GPIO 口, 如图 8.31 所示。

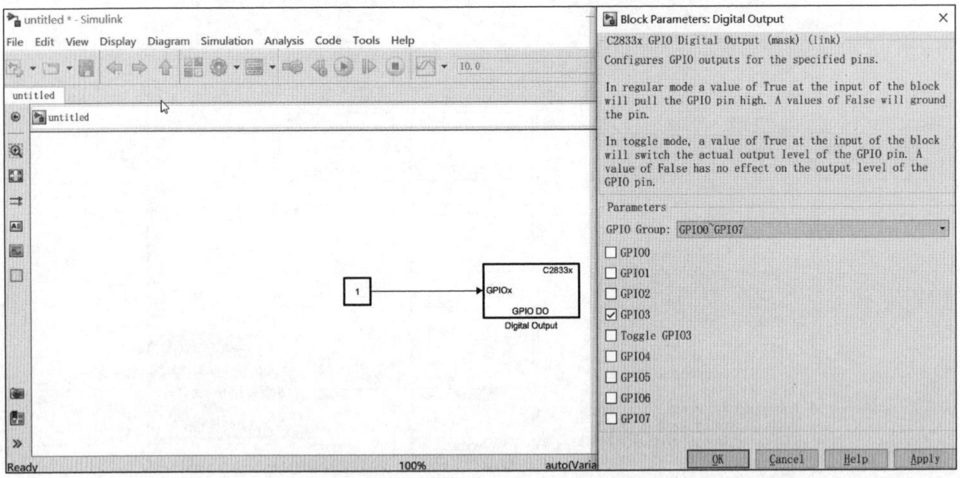

图 8.31 连线和选择相应的 GPIO 口

第五步: 设置 Simulink 模型为可自动生产代码的模型, 单击模型上方的小齿轮, 进入模型设置界面, 如图 8.32 所示。

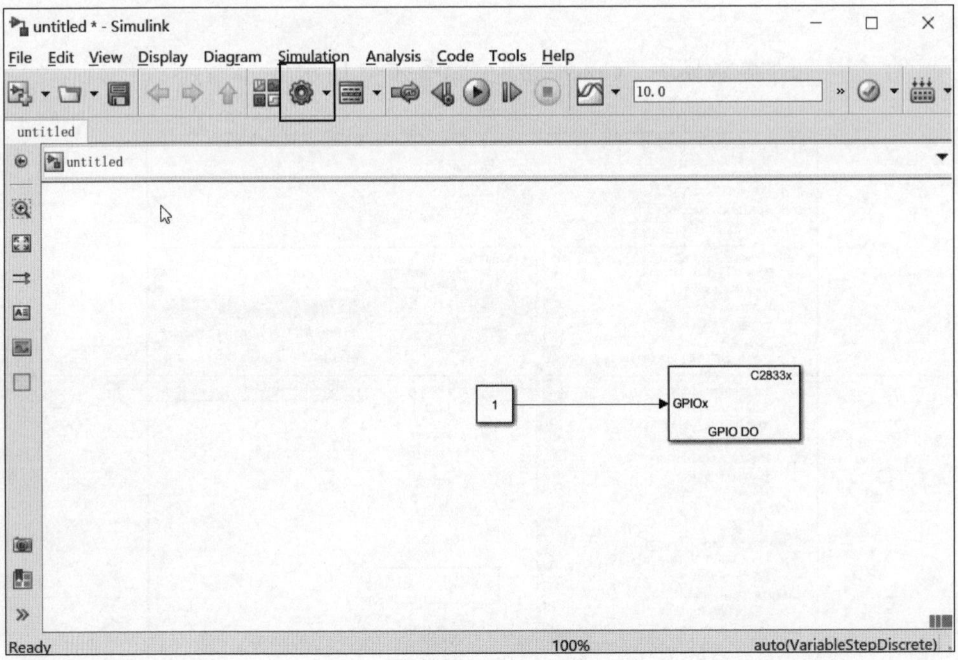

图 8.32 模型设置

第六步: 分别设置模型的步长、芯片型号、时钟配置、CCS 版本等, 如图 8.33~图 8.35 所示。

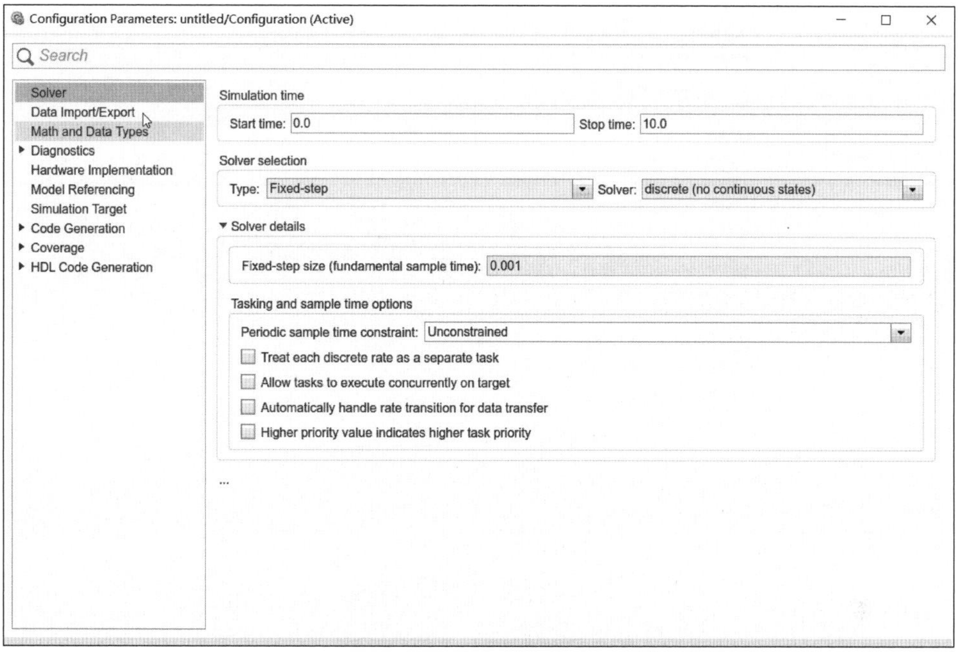

图 8.33 步长设置

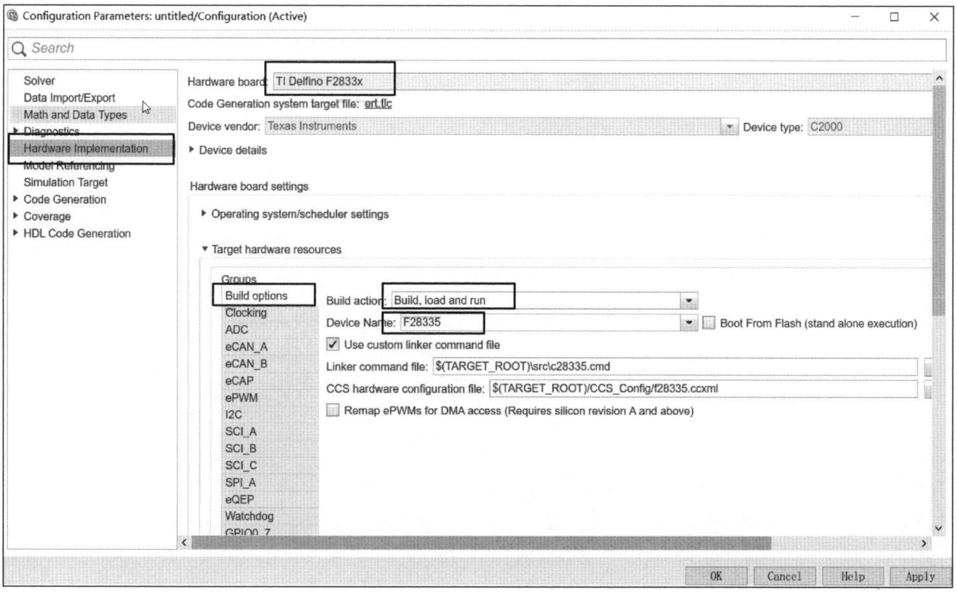

图 8.34 芯片选择

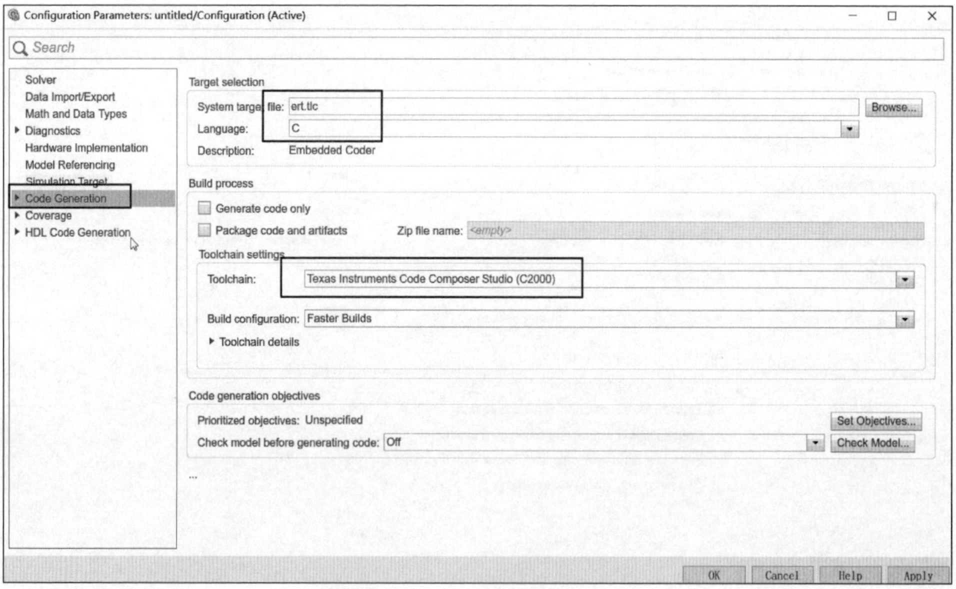

图 8.35　CCS 版本设置

第七步: 单击“Deploy to Hardware”, 即可自动生成代码, 如图 8.36 所示。如果模型没有错误, 会出现代码生成报告, 如图 8.37 所示。如果此时通过仿真器连接到相应的开发板上, 即可看到实验现象。

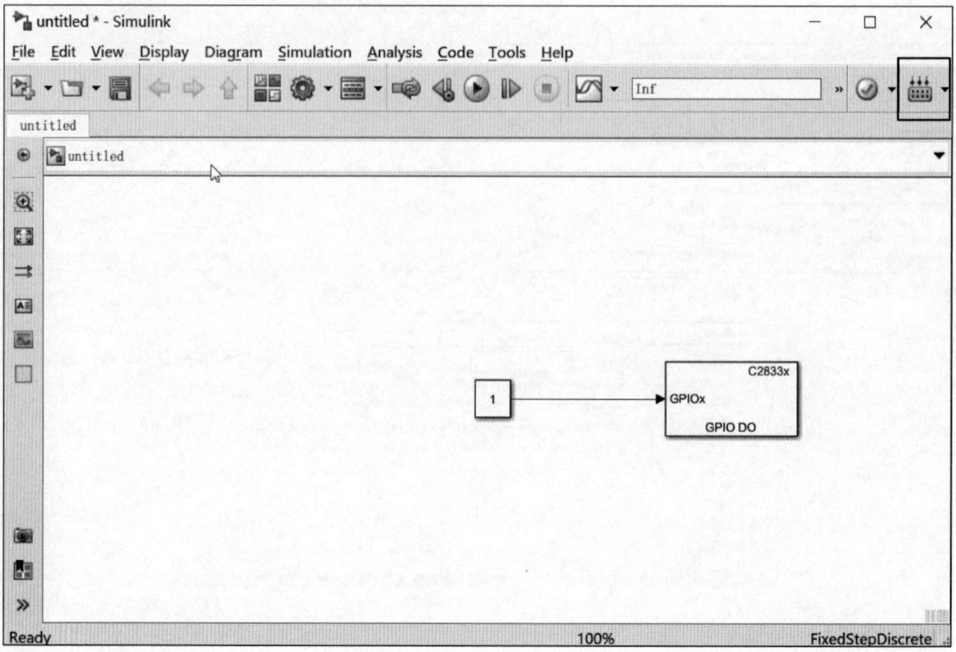

图 8.36　生成代码操作

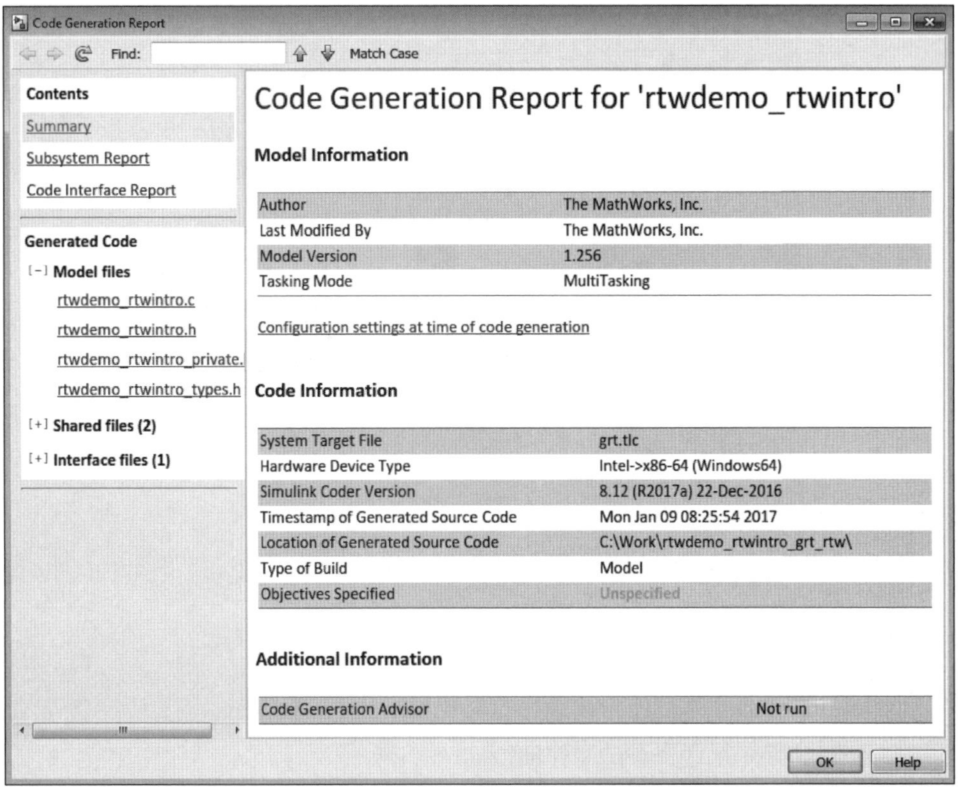

图 8.37　代码生成报告窗口

上述例子只是个很简单的实验，针对其他复杂外设的配置不像 GPIO 这样简单，可以点击相应外设模块下的“Help”寻求帮助，那里有详细的介绍。

8.6　上位机控制与数据读取

8.6.1　上位机控制

上位机控制是在控制算法模型已经烧写到主控芯片后，通过上位机来进行数据读取和调试控制算法参数的过程。cSPACE 上位机可以实时读取控制器中的 10 个数据变量，其中通道 1~4 是以时间为横轴、变量值为纵轴显示，通道 6~10 以变量实时刷新的数据值显示，在最右侧为 15 个参数通道，支持用户在线修改最多 15 个参数值，来调节控制算法的相关参数，以达到理想的控制效果。

应用上位机控制时，可打开 cSPACE 上位机软件 (图标为⊠)。图 8.38 所示为 cSPACE 上位机初始控制界面，图 8.39 所示为上位机正常运行时初始显示界面。图 8.38 界面情况如下。

(1) 界面左侧。

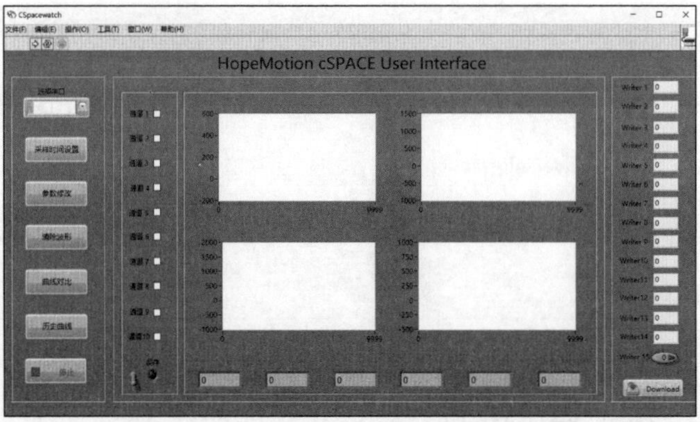

图 **8.38**　cSPACE 上位机初始控制界面

串口选择: 选择数据串口。

采样时间设置: 设置中间四个图框的采样时间。

参数修改: 对控制器参数进行修改。

清除波形: 清除四个图框的波形。

曲线对比: 将各个框图波形曲线进行对比显示。

历史曲线: 显示已经保存的数据曲线。

(2) 界面右侧。

Writer 1∼15: 可以修改模型内参数, 修改之后点击 “Download” 按钮进行在线修改。

(3) 界面中央。

四个图框: 分别对应模型内的输出数据, 实时显示数据变化, 如图 8.39 所示。

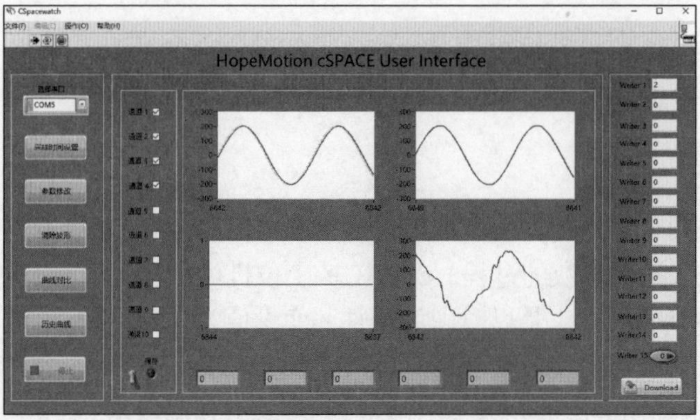

图 **8.39**　上位机正常运行时界面显示

上位机控制的使用, 可按以下步骤进行。

第一步: 根据控制器的使用个数勾选相应通道 (默认勾选通道 1∼4), 选择串口,点击左上角“运行”按钮 (“运行”按钮为箭头,“红色”按钮为停止)。成功运行时, 四个界面可观测到实时数据。

第二步: 可以通过右侧 Writer 1~15 把参数写入控制器中, 之后点击“Download”进行下载。每次都要点击“Download”下载参数, 从而可以观测到不同参数对实验数据曲线的影响。

8.6.2 数据读取

当实验正常进行时, 如图 8.40 所示的界面图可正常显示数据。如果需要保存数据, 可点击界面中的“ ”按钮, 结束保存时则再次点击该按钮。要查看保存的数据时, 可点击如图 8.40 所示界面中的“历史曲线”按钮, 点击后的界面如图 8.41 所示。

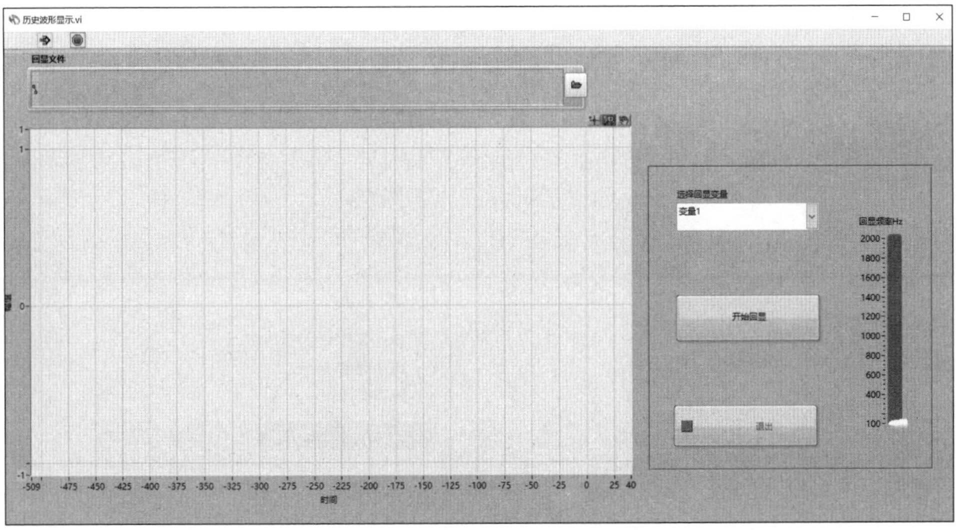

图 8.40 查看数据的历史曲线界面图

在图 8.41 所示界面中, 点击“回显文件”右侧的文件夹按钮, 选择所保存的数据; 然后选择回显变量, 可分别看四个图框保存的数据; 再点击“回显频率”, 则可以修改显示频率, 显示效果如图 8.42 所示。

在图 8.41 所示界面中, 除可在线观看数据外, 在回显的曲线图框中以鼠标右键单击, 同样可以对曲线数据进行处理, 界面显示如图 8.42 所示。

下面重点介绍图 8.43 所示曲线编辑菜单中的导出功能。在导出功能栏中, 可以将图框中的数据导出到剪贴板、Excel 和简化图像中; 导出的数据为实时数据, 各回显数据与控制器发生时间一一对应; 如需进行数据编辑和重绘, 可将数据导出到剪贴板或者 Excel 进行截取, 另存为“.txt”文件, 再通过 MATLAB 的“load(xxx.txt)”命令进行读取和图像绘制。

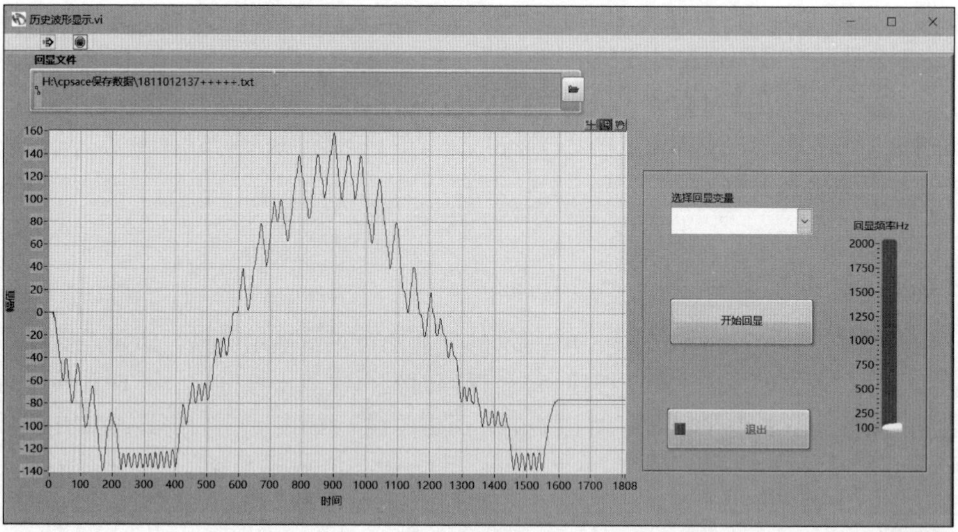

图 8.41　“历史曲线”的数据显示

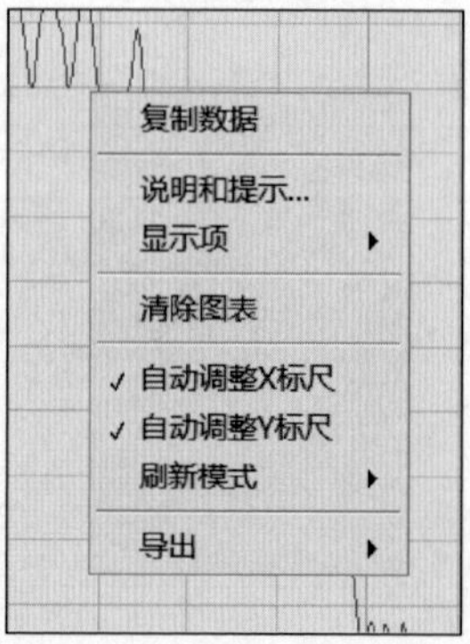

图 8.42　曲线编辑菜单

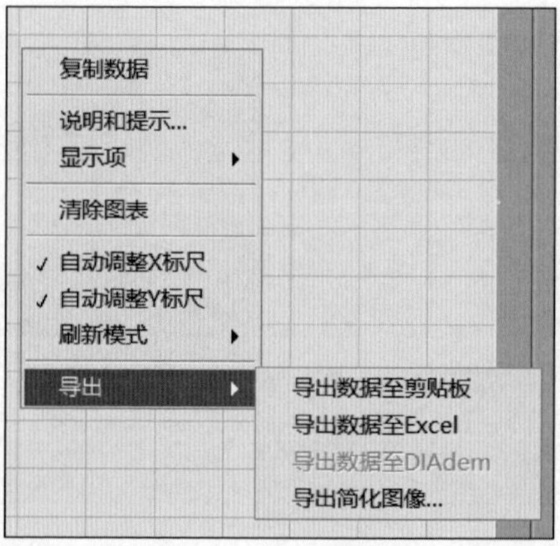

图 8.43　导出数据

第 9 章　典型控制案例

前面几章详细介绍了基于 U–K 方程的机电系统动力学控制理论与方法, 本章则详细介绍基于 cSPACE 系统平台的算法实现方法, 即通过具体控制案例的动力学建模与控制器设计, 介绍如何在 MATLAB/Simulink 中进行仿真分析与模型搭建, 以及如何使用 cSPACE 系统作为快速控制原型 进行具体控制的实时实验。案例均是应用中常见的系统: 直线电机、永磁同步电机以及机械臂。通过对上述系统的设计、仿真与实验, 证明基于 U–K 方程的机电系统动力学控制理论不仅可用于具体对象的实际控制, 而且具有很好的控制效果。

9.1　直线电机的实时控制实验

9.1.1　直线电机平台介绍

直线电机可以实现直接的直线运动驱动, 而不像旋转电机需用通过传动装置才能将旋转运动转换为直线运动。直线电机的原理与旋转电机的相似, 相当于将旋转电机展开成直线, 均采用三相线圈绕组, 通过内部的霍尔元件实现电机的换向功能。由于电机动子与负载直接相连, 不需要齿轮、皮带等传动机构, 没有中间传动环节, 从而减少了摩擦和干扰, 避免了机械滞后、回程误差等旋转电机的缺陷, 且理论上行程不受限制, 因此能够实现高速度、高动态响应和高精度的直接驱动。可以看出, 与传统电机相比, 直线电机具有高速、高加速度、高精度、运动平稳和推力大的优势, 可以满足高端机电设备的运动精度要求。

直线电机的驱动控制技术不仅要求要有性能良好的直线电机, 还必须具有能在安全可靠的条件下实现技术与经济要求的控制系统。作为一个典型的验证平台, 直线电机可以用于检验基于 U–K 理论的控制方法的实用性。本实验验证案例所用的平台如图 9.1 所示, 部件包括: 缓冲垫、直线电机、位移传感器、导轨、支座、拖链、cSPACE 系统以及上位机 MATLAB/Simulink 软件。缓冲垫用于防止电机移动部件在左右移动时对电机本体造成伤害; 位移传感器用于实时检测电机的位置; cSPACE 系统以及上位机 MATLAB/Simulink 软件可为电机搭建控制器, 实现驱动。

本节所用的平台模块构成如图 9.2 所示。

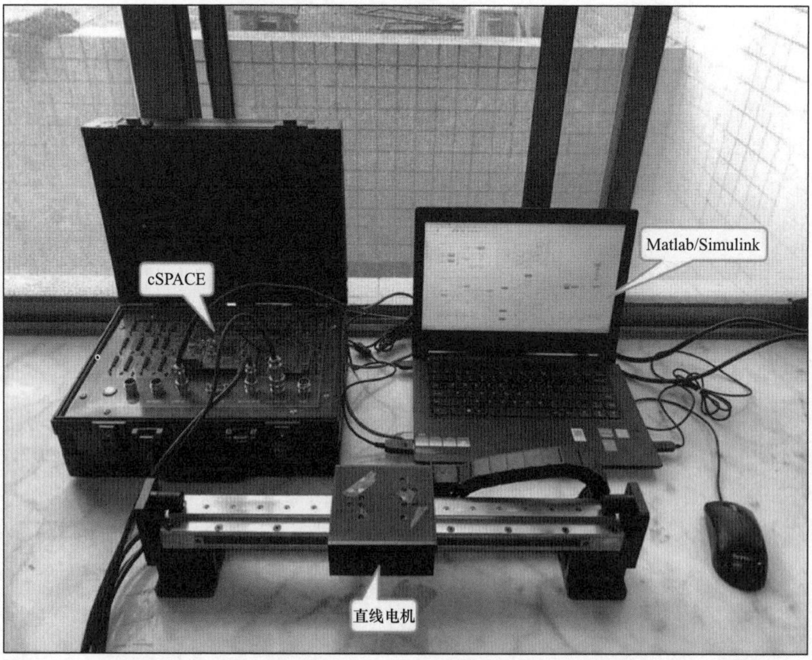

图 9.1　直线电机平台

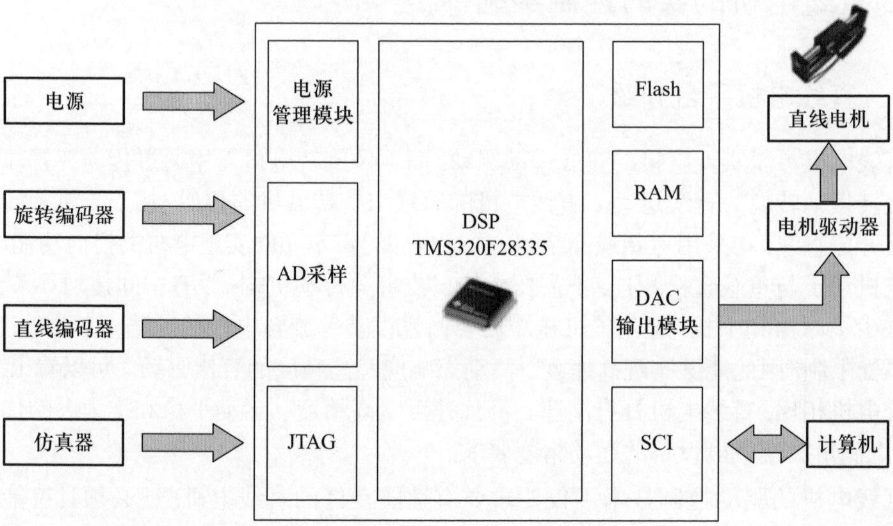

图 9.2　硬件系统结构图

9.1.2　直线电机动力学模型

对于永磁直线电机, 通常用二阶系统近似地描述其数学模型, 并表示为以下形式:

$$\dot{x}_1(t) = x_2(t) \tag{9.1}$$

$$\dot{x}_2(t) = -\frac{k_f k_e}{Rm}x_2(t) + \frac{k_f}{Rm}u(t) - \frac{d(t)}{m} \tag{9.2}$$

$$y(t) = x_1(t) \tag{9.3}$$

式中, x_1 是直线电机移动距离; x_2 是电机线速度; $u(t)$ 是控制信号; R 是阻抗; m 是电机质量; k_f 是力常数; k_e 是反电动势; $d(t)$ 可以看作包括摩擦力和波纹力在内的扰动。

假设电机的扰动由两部分组成, 即摩擦力和波纹力, 其数学表达形式为

$$d = F_{fric} + F_{ripple} \tag{9.4}$$

式中, F_{fric} 是摩擦力; F_{ripple} 是波纹力。

摩擦力由下式表达:

$$F_{fric} = \left[f_c + (f_s - f_c)\,e^{-\left(\frac{\dot{x}}{\dot{x}_s}\right)^2} + f_v\dot{x}\right]\mathrm{sign}(\dot{x}) \tag{9.5}$$

而波纹力表达式为

$$F_{ripple} = A_1\sin(\omega x) + A_2\sin(3\omega x) + A_3\sin(5\omega x) \tag{9.6}$$

选择广义坐标 $q = x$, 其中 x 为线性位移, 可将近似二阶系统的电机模型变换成机械系统动力学模型的一般形式

$$\frac{Rm}{k_f}\ddot{x}(t) + k_e\dot{x}(t) + \frac{R}{k_f}d(t) = u(t) \tag{9.7}$$

取直线电机的系统参数如表 9.1 所示。

表 9.1 永磁直线电机系统的参数和变量

符号	定义	数值	单位
m	直线电机的质量	$\overline{m} = 1.4$	kg
R	系统的电阻	$\overline{R} = 5.6$	Ω
k_f	力常数	$\bar{\kappa}_f = 1$	N/A
k_e	反电动势常数	$\bar{\kappa}_e = 60$	V/(r/ min)
f_c	库仑摩擦系数	5	
f_s	静摩擦系数	8	
f_v	粘滞摩擦系数	5	
$\dot{x}_s$	润滑参数		
A_1	比重系数	3	
A_2	比重系数	2	
A_3	比重系数	1	
ω		314	rad/s

9.1.3 直线电机控制律设计

针对所用直线电机平台, 选用基于 U–K 方程的鲁棒近似约束跟踪控制方法, 该控制器由三个部分组成: $\boldsymbol{p}_1$、$\boldsymbol{p}_2$ 和 $\boldsymbol{p}_3$。其中, $\boldsymbol{p}_1$ 项是仅基于模型已知部分的名义控制, 用来抑制任何偏离约束的倾向; $\boldsymbol{p}_2$ 项是处理任何可能的初始条件偏离约束的情况, 并将系统推向约束; $\boldsymbol{p}_3$ 项是对系统不确定性的影响进行补偿。具体设计过程与控制器稳定性证明详见第 5 章。

基于 U–K 理论所设计的直线电机鲁棒控制器表达如下:

$$\boldsymbol{\tau}(t)=\boldsymbol{p}_1(\boldsymbol{q}(t),\dot{\boldsymbol{q}}(t),t)+\boldsymbol{p}_2(\boldsymbol{q}(t),\dot{\boldsymbol{q}}(t),t)+\boldsymbol{p}_3(\boldsymbol{q}(t),\dot{\boldsymbol{q}}(t),t) \tag{9.8}$$

$$\boldsymbol{p}_1=\boldsymbol{Q}_{\mathrm{s}}=\overline{\boldsymbol{M}}^{1/2}\left(\boldsymbol{A}\overline{\boldsymbol{M}}^{-1}\right)^{+}\left[\boldsymbol{b}+\boldsymbol{A}\overline{\boldsymbol{M}}^{-1}(\overline{\boldsymbol{C}}\dot{\boldsymbol{q}}+\overline{\boldsymbol{G}})\right] \tag{9.9}$$

$$\boldsymbol{p}_2=-\kappa\overline{\boldsymbol{M}}^{-1}\boldsymbol{A}^{\mathrm{T}}\boldsymbol{P}\boldsymbol{\beta} \tag{9.10}$$

$$\boldsymbol{p}_3=-\gamma\boldsymbol{\mu}\rho \tag{9.11}$$

$$\gamma=\begin{cases}\dfrac{(1+\hat{\rho}_E)^{-1}}{\|\overline{\boldsymbol{\mu}}\|\|\boldsymbol{\mu}\|} & \|\boldsymbol{\mu}\|>\varepsilon\\ \dfrac{(1+\hat{\rho}_E)^{-1}}{\|\overline{\boldsymbol{\mu}}\|^2\varepsilon} & \|\boldsymbol{\mu}\|\leqslant\varepsilon\end{cases} \tag{9.12}$$

$$\boldsymbol{\mu}=\boldsymbol{\eta}\rho \tag{9.13}$$

$$\boldsymbol{\eta}=\overline{\boldsymbol{\mu}}\beta \tag{9.14}$$

$$\overline{\boldsymbol{\mu}}=\overline{\boldsymbol{M}}^{-1}\boldsymbol{A}^{\mathrm{T}}\boldsymbol{P} \tag{9.15}$$

其中, $\varepsilon,\kappa>0$, 函数 $\rho:\mathbf{R}^n\times\mathbf{R}^n\times\mathbf{R}\to\mathbf{R}_+$ 如下所示:

$$\rho\geqslant\max_{\sigma\in\varSigma}\|\boldsymbol{PA}\Delta\boldsymbol{D}\left[\boldsymbol{Q}+\boldsymbol{Q}^{\mathrm{c}}+\boldsymbol{p}_1+\boldsymbol{p}_2+\boldsymbol{PAD}\left(\Delta\boldsymbol{Q}+\Delta\boldsymbol{Q}^{\mathrm{c}}\right)\right]\| \tag{9.16}$$

式 (9.16) 定义了系统不确定性的上界, 如电机系统参数的不确定性等。

9.1.4 直线电机控制仿真

选择两种运动轨迹作为跟踪轨迹进行仿真: 一种是图 9.1 所示直线电机移动平台执行器幅值为 30 mm 的正弦运动; 另一种是图 9.1 所示直线电机移动平台执行器的 30 mm 阶跃运动。

仿真结果如图 9.3 ~ 图 9.8 所示, 其中时间单位为 s, 位置单位为 cm, 控制电流单位为 mA。图 9.3 所示为直线电机系统阶跃响应的位移变化曲线, 从图中可以看出, 直线电机可以在大约 1 s 内快速运动到要求的位置; 图 9.4 所示为轨迹误差曲线, 通过修改控制器中的可调参数比较了不同控制参数对控制误差的影响。图 9.5 所示为电机控制电流曲线, 是系统在控制器三部分共同作用下的总体控制电流。图 9.6 所示为直线电机系统正弦响应的位移变化曲线; 图 9.7 所示为轨迹误差曲线; 图 9.8 所示为电机控制电流曲线。由图 9.6 可以看出, 电机的初始位置不是在零点处, 并且逐渐被推到期望的轨迹, 这显然是由 $\boldsymbol{p}_2$ 引起的。如果没有不确定性, 只需要利用 $\boldsymbol{p}_1$ 就可达到控制效果。当考虑不确定性时, 控制输入需要进行一些调整, 控制输入的变化也如图 9.8 所示。

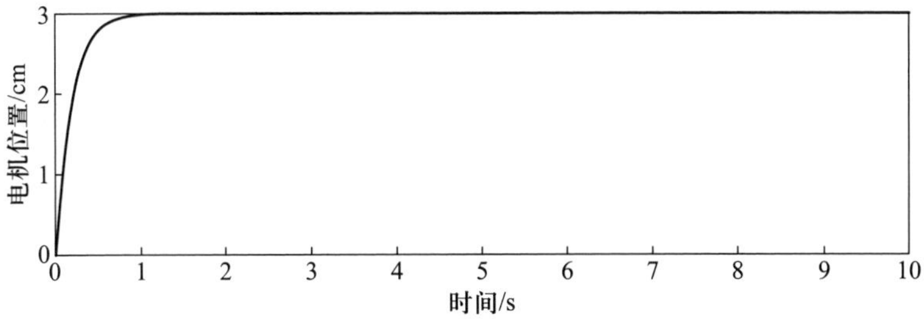

图 9.3　直线电机系统阶跃响应的位移变化曲线

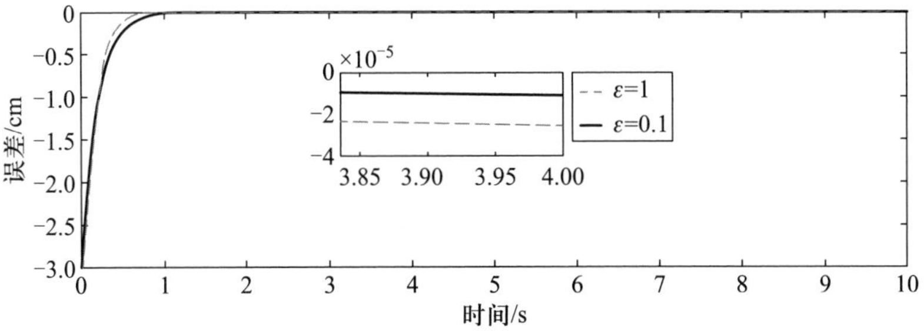

图 9.4　直线电机系统阶跃响应的跟踪轨迹误差

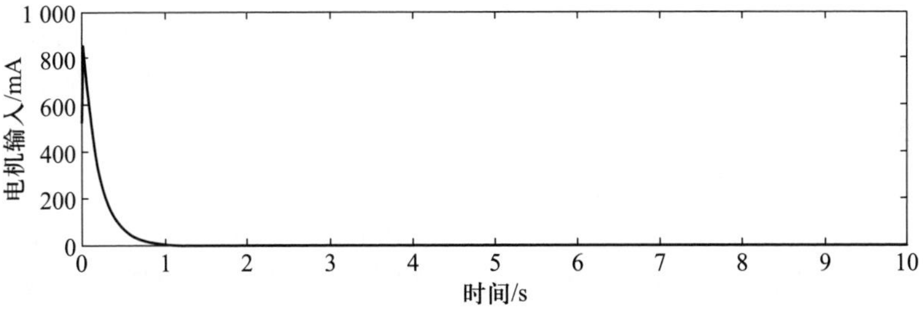

图 9.5　直线电机系统阶跃响应的控制电流曲线

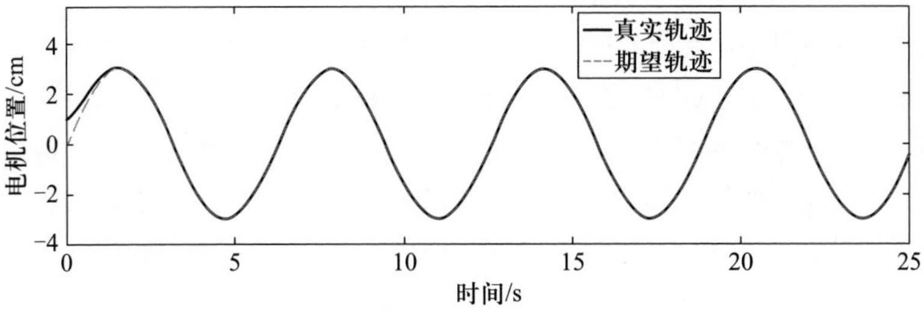

图 9.6　直线电机系统正弦响应的位移变化曲线

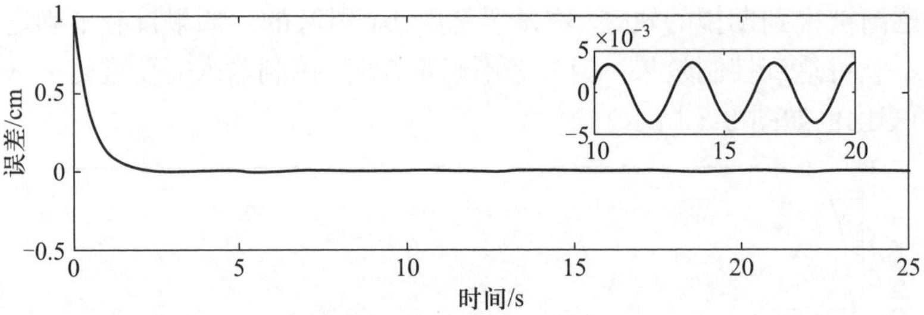

图 9.7 直线电机系统正弦响应的跟踪轨迹误差曲线

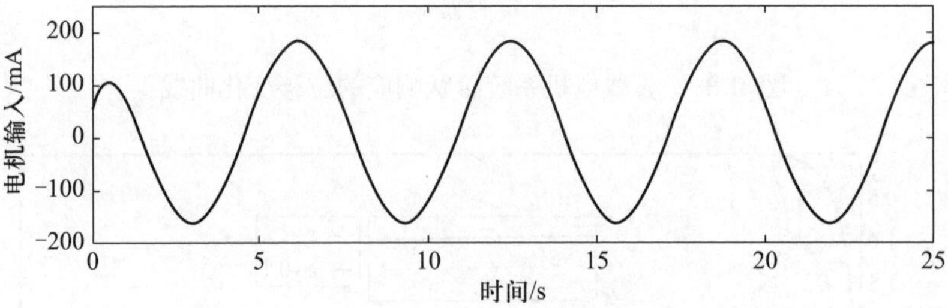

图 9.8 直线电机系统正弦响应的控制电流曲线

9.1.5 直线电机控制实验

利用前述实验平台, 针对正弦信号的阶跃响应和约束跟踪问题, 设计两组实验, 即在电机上分别施加 0 kg、2 kg、3 kg 的负载, 研究电机对阶跃信号的响应。对于正弦信号的约束跟随, 可以对电机进行一定的扰动, 以检验其处理不确定性的能力。

为实现 U–K 控制器跟踪实验, 首先搭建一个直线电机位置阶跃与位置跟踪 MATLAB/Simulink 模型以及基于 U–K 方法的鲁棒控制算法模型, 如图 9.9 所示。该模型主要由四个部分组成: 信号源模块用来为直线电机提供期望的正弦响应与阶跃响应曲线; 电机位置监测模块用来检测电机实际位置, 并与期望位置对比, 获得误差; 控制器模块通过将式 (9.8) ~ 式 (9.11) 表示为框图形式, 以此搭建直线电机控制器; 直线电机通信模块用于完成算法与硬件之间的通信连接。通过这一硬件在环实验装置, 获得以下实验结果。

直线电机在不同负载下的阶跃响应位置变化曲线如图 9.10 所示, 三种情况下的误差如图 9.11 所示。图 9.12 为三种情况下直线电机的控制电流曲线。

从以上实验结果可以看出, 直线电机可以在很短的时间内到达想要的位置。当负载增大时, 电机到达时间也增加, 位置超调较小。在无负载情况下, 电机进行 50 mm 阶跃运动, 可以在 50.01 mm 处达到稳定, 控制误差为 0.02%。

对于电机沿幅值为 30 mm 的正弦轨迹运动, 直线电机系统正弦响应实验验证的位置变化曲线如图 9.13 所示。图 9.14 所示为直线电机系统正弦响应实验验证的跟踪轨迹误差变化曲线。最后, 直线电机系统正弦响应实验验证的控制电流曲线如

图 9.15 所示。

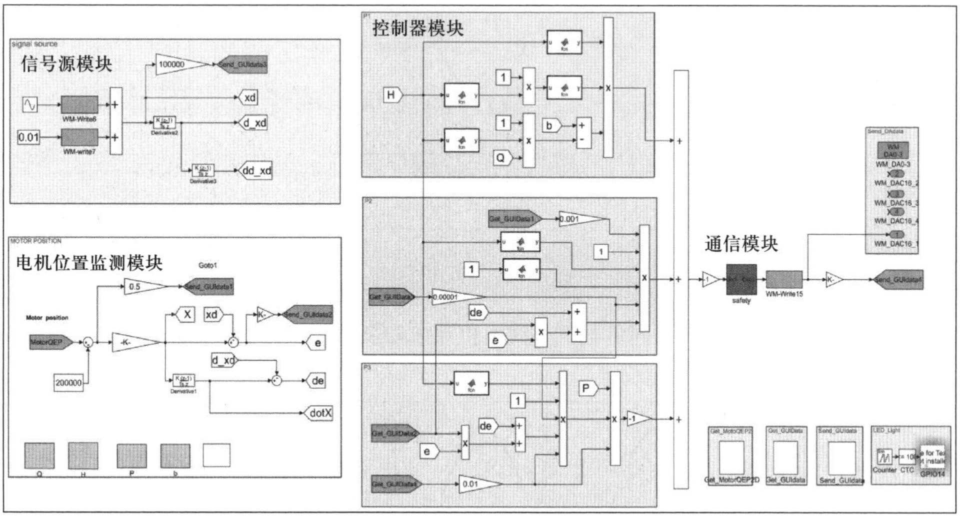

图 9.9　U−K 控制位置阶跃与位置跟踪整体模型

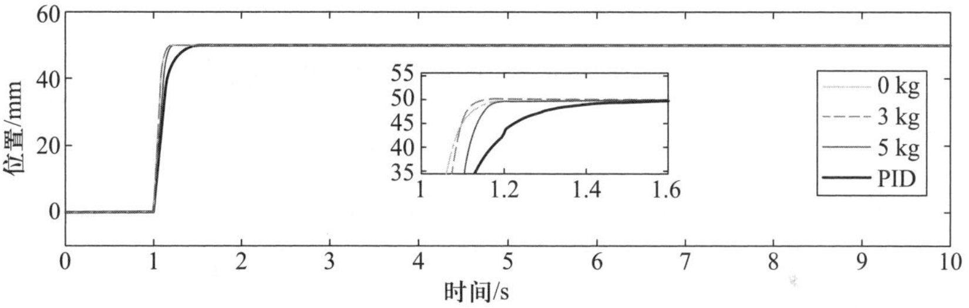

图 9.10　不同负载下直线电机系统与 PID 对比的阶跃响应位移变化曲线

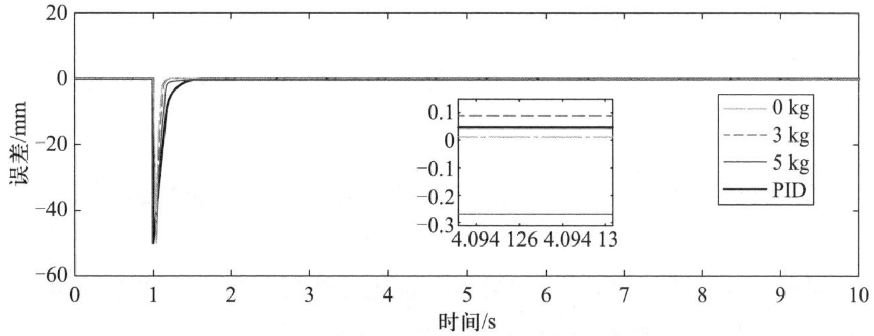

图 9.11　不同负载下直线电机系统与 PID 对比的阶跃响应跟踪轨迹误差曲线

由图 9.13 可知, 直线电机可以实现正弦轨迹跟踪。但是, 根据控制器设计的初始条件, 电机的初始速度为非零常数, 而直线电机的实际初始速度必须为零。所以,

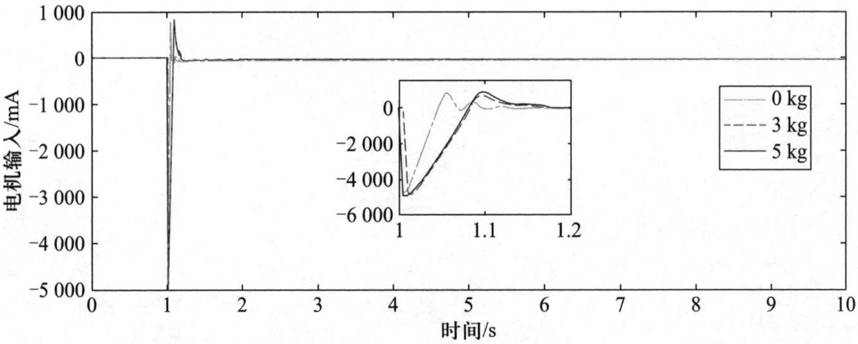

图 9.12 不同负载下直线电机系统阶跃响应控制电流曲线

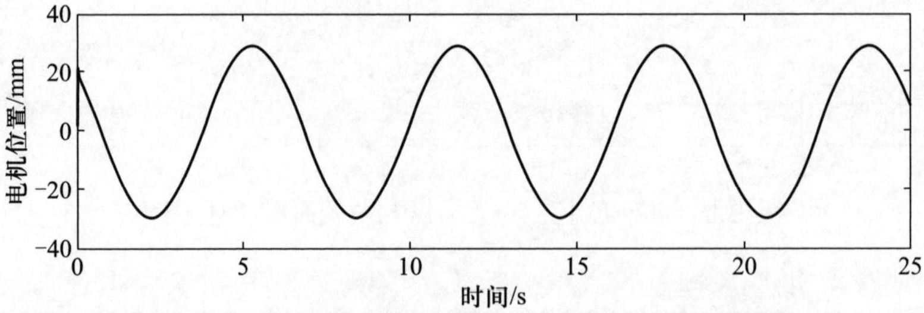

图 9.13 直线电机系统正弦响应实验验证的位置变化曲线

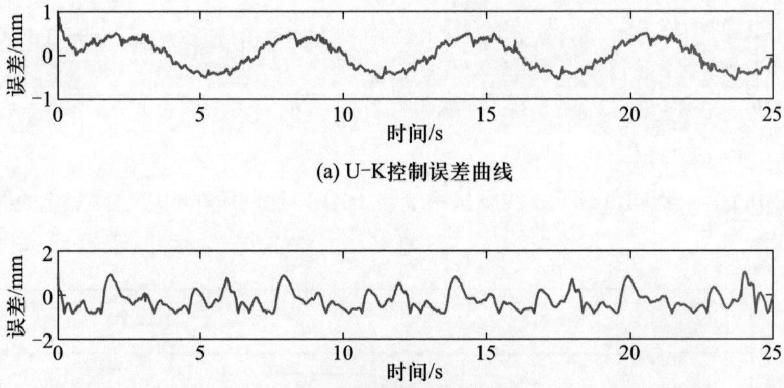

(a) U–K控制误差曲线

(b) PID控制误差曲线

图 9.14 直线电机系统正弦响应实验验证的跟踪轨迹误差变化曲线

当电机启动时, 会有轻微的振动, 然后再实现跟踪轨迹约束。在图 9.14 中, 电机的动态误差为 0.5 mm, 振幅为 30 mm, 误差为 1.6%。

通过对比图 9.11 与图 9.14 的实验结果可以看出, 利用基于 U–K 理论的鲁棒控制算法, 直线电机可以在很短时间内完成电机移动平台阶跃运动, 最终的电机位置误差约为 0.02%, 误差相比于 PID 控制有较大提升; 对于直线电机正弦轨迹跟踪控制, 在短时间内便可以完成轨迹跟踪, 并且最终的电机位置稳态跟踪误差为

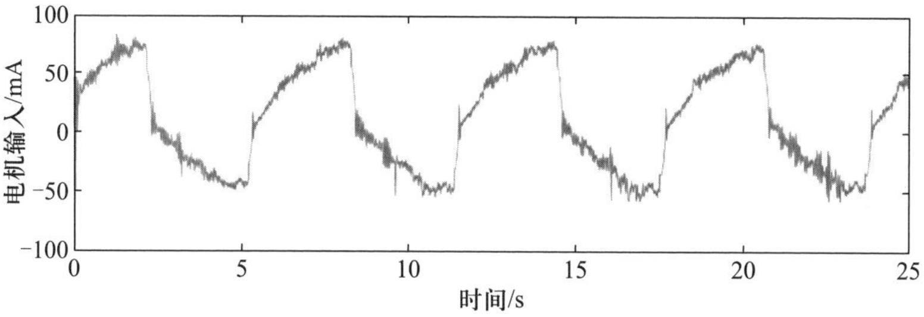

图 9.15 直线电机系统正弦响应实验验证的控制电流曲线

1.6%, 误差相比于 PID 控制有较大减小。两组实验的结果证明, 基于 U–K 方程的鲁棒控制器的控制性能良好。

9.2 永磁同步电机的实时控制实验

9.2.1 永磁同步电机平台介绍

永磁同步电机具有效率高、功率密度高等特点, 在汽车、飞机、日用品等领域有着广泛应用, 而其使用最多的控制策略便是矢量控制。矢量控制在原理上是完成电流的解耦和控制, 借助坐标变换将三相交流电机转变为类似直流电机一样简便的控制方式, 从而使电机能够完成高精度、高性能的运行。

本节在永磁同步电机控制系统软硬件的基础上, 搭建永磁同步电机实验测试平台, 进行永磁同步电机驱动控制实验。永磁同步电机实验平台如图 9.16 所示, 主要包括永磁同步电机 (带有光电编码器)、负载电机、驱动控制器、上位机等。其中, 光电编码器用于检测实验被测电机的旋转角度信息; 驱动控制器接收来自光电编码器的电机的旋转角度信息, 并利用 6 个功率管驱动交流伺服电机工作; 负载电机提

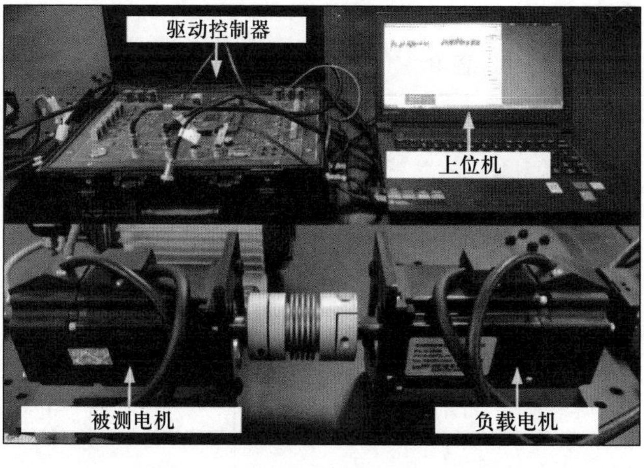

图 9.16 永磁同步电机实验平台

供负载干扰。通过永磁同步电机平台, 可以验证基于 U–K 方程的机电系统动力学控制理论与方法的实际控制效果。

9.2.2 永磁同步电机动力学模型

永磁同步电机的电磁转矩公式为

$$T_{\mathrm{e}}=\frac{3}{2}p[i_{\mathrm{q}}\psi_{\mathrm{f}}+(L_{\mathrm{d}}-L_{\mathrm{q}})i_{\mathrm{d}}i_{\mathrm{q}}] \tag{9.17}$$

式中, T_{e} 是永磁同步电机的输出转矩; ψ_{f} 是永磁体的磁链; L_{d} 和 L_{q} 分别是直轴和交轴的电感; p 是定子的极对数; i_{d} 和 i_{q} 分别是直轴和交轴的电流。

由拉格朗日动力学方程可得

$$T_{\mathrm{e}}=J\ddot{\theta}+B\dot{\theta}+T_{\mathrm{L}} \tag{9.18}$$

式中, J 是电机转子的转动惯量; B 是转子的黏性阻尼系数; T_{L} 是电机输出转矩; $\ddot{\theta}$ 是永磁同步电机的角加速度; $\dot{\theta}$ 是永磁同步电机的角速度。

通过联立式 (9.17) 和式 (9.18), 可得永磁同步电机的动力学方程, 为

$$\frac{3}{2}p[i_{\mathrm{q}}\psi_{\mathrm{f}}+(L_{\mathrm{d}}-L_{\mathrm{q}})i_{\mathrm{d}}i_{\mathrm{q}}]=J\ddot{\theta}+B\dot{\theta}+T_{\mathrm{L}} \tag{9.19}$$

因为在永磁同步电机的实际控制中经常使 $i_{\mathrm{d}}=0$, 所以上式可以简化为

$$\frac{3}{2}pi_{\mathrm{q}}\psi_{\mathrm{f}}=J\ddot{\theta}+B\dot{\theta}+T_{\mathrm{L}} \tag{9.20}$$

取永磁同步电机系统参数如表 9.2 所示。

表 9.2　永磁同步电机参数

物理量/单位	数值
极对数	4
转动惯量/(10^{-4} kg · m^2)	0.189
定子电阻/Ω	0.33
转子磁链/Wb	0.311
摩擦力系数	0.001
额定转速/(r/min)	3 000
额定转矩/(N·m)	2.9

9.2.3 永磁同步电机控制律设计

将永磁同步电机的动力学方程写成如下拉格朗日动力学方程的形式:

$$\boldsymbol{H}(\theta,t)\ddot{\theta}+\boldsymbol{C}(\theta,\dot{\theta},t)\dot{\theta}+\boldsymbol{G}(\theta,t)+\boldsymbol{F}(\theta,\dot{\theta},t)=\boldsymbol{\tau}(t) \tag{9.21}$$

因此, 式 (9.20) 可重新表示为

$$\frac{J}{3/2p\psi_{\mathrm{f}}}\ddot{\theta}+\frac{B}{3/2p\psi_{\mathrm{f}}}\dot{\theta}+0+\frac{T_{\mathrm{L}}}{3/2p\psi_{\mathrm{f}}}=i_{\mathrm{q}} \tag{9.22}$$

给定期望位置 $\theta^{\mathrm{d}}(t)$、期望速度 $\dot{\theta}^{\mathrm{d}}(t)$ 以及期望加速度 $\ddot{\theta}^{\mathrm{d}}(t)$, 并假定负载 T_{L} 具有不确定性。取永磁同步电机动力学方程的名义矩阵为

$$\widehat{\boldsymbol{H}}(\theta,t)=\frac{J}{3/2p\psi_{\mathrm{f}}} \tag{9.23}$$

$$\widehat{\boldsymbol{C}}(\theta,\dot{\theta},t)=\frac{B}{3/2p\psi_{\mathrm{f}}} \tag{9.24}$$

$$\widehat{\boldsymbol{F}}(\theta,\dot{\theta},t)=\frac{T_{\mathrm{L}}}{3/2p\psi_{\mathrm{f}}} \tag{9.25}$$

根据第 5 章中的基于 U–K 方程的鲁棒控制器设计, 可得以下控制律:

$$\boldsymbol{\tau}(t)=\boldsymbol{p}_1(\theta,\dot{\theta},t)+\boldsymbol{p}_2(\theta,\dot{\theta},t)+\boldsymbol{p}_3(\theta,\dot{\theta},t) \tag{9.26}$$

式中

$$\begin{aligned}
\boldsymbol{p}_1(\theta,\dot{\theta},t)=&\,\widehat{\boldsymbol{H}}^{\frac{1}{2}}[\boldsymbol{A}(\theta,t)\widehat{\boldsymbol{H}}^{-\frac{1}{2}}]^{+}\{\boldsymbol{b}(\theta,\dot{\theta},t)+\\
&\boldsymbol{A}(\theta,t)\widehat{\boldsymbol{H}}^{-1}[-\widehat{\boldsymbol{C}}(\theta,\dot{\theta},t)\dot{\theta}-\widehat{\boldsymbol{F}}(\theta,\dot{\theta},t)]\}\\
\boldsymbol{p}_2(\theta,\dot{\theta},t)=&-\kappa\widehat{\boldsymbol{H}}^{-1}\boldsymbol{A}^{\mathrm{T}}(\theta,t)\boldsymbol{P}\boldsymbol{\beta}(\theta,\dot{\theta},t)\\
\boldsymbol{p}_3(\theta,\dot{\theta},t)=&-\boldsymbol{\gamma}(\theta,\dot{\theta},t)\boldsymbol{\mu}(\theta,\dot{\theta},t)\boldsymbol{\rho}(\theta,\dot{\theta},t)
\end{aligned}$$

9.2.4 永磁同步电机控制仿真

本节将利用 MATLAB 仿真软件进行永磁同步电机驱动仿真控制实验, 以验证基于 U–K 方程的机电系统动力学控制理论的正确性和有效性, 并为实际的电机控制实验提供参考。仿真实验分为两组, 分别为速度跟踪控制仿真和位置跟踪控制仿真。

1. 速度跟踪控制仿真

取速度参考值 $\dot{\theta}_{\mathrm{d}}=1\,000\ \mathrm{r/min}\approx 104.72\ \mathrm{rad/s}$; 基于 U–K 方程的鲁棒控制参数为 $\kappa=0.01$, $P=0.9$, $\rho=5$, $\varepsilon=0.01$, $\lambda=1$; 其他电机名义参数如表 9.2 所示。本次仿真采用基于 U–K 方程的鲁棒控制器 [式 (9.26)] 对电机进行速度阶跃跟踪仿真控制。仿真结果如图 9.17 所示, 包括速度跟踪曲线、跟踪误差曲线和控制力矩曲线。从图 9.17 中可以看出, 对于永磁同步电机阶跃速度跟踪控制, 基于

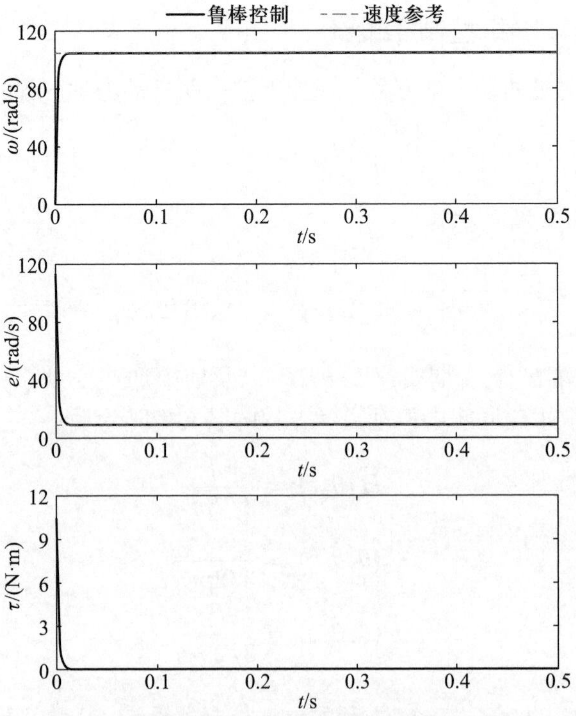

图 9.17 阶跃速度跟踪仿真

U–K 方程的鲁棒控制方法能实现快速精确的速度收敛, 且在稳态下跟踪效果较好, 同时力矩曲线平滑。

2. 位置跟踪控制仿真

取位置参考值 $\theta_{\mathrm{m}}^{\mathrm{d}} = 3.14\sin(t)$ rad; 基于 U–K 方程的鲁棒控制参数为 $\kappa = 0.1$, $P = 0.9$, $\rho = 5$, $\varepsilon = 0.01$, $\lambda = 5$; 其他电机名义参数如表 9.2 所示。本次仿真采用基于 U–K 方程的鲁棒控制器 [式 (9.26)] 对电机进行位置正弦仿真控制。仿真结果如图 9.18 所示, 包括位置跟踪曲线、跟踪误差曲线和控制力矩曲线。从图 9.18 中可以看出, 对于永磁同步电机正弦位置跟踪控制, 基于 U–K 方程的鲁棒控制位置跟踪精确高且误差小, 同时力矩曲线波动小, 说明基于 U–K 方程的鲁棒控制器对永磁同步电机正弦位置跟踪有较好的控制性能。

9.2.5 永磁同步电机控制实验

本节将利用图 9.16 所示的永磁同步电机平台进行永磁同步电机驱动控制实验, 以验证基于 U–K 方程的机电系统动力学控制理论在实际电机控制中的有效性和控制性能。为了体现基于 U–K 方程的鲁棒控制器的控制性能, 实验中采用 PID 控制器进行对比实验。同时在各实验中, 由负载电机提供负载干扰, 实验结果同时可以验证基于 U–K 方程的鲁棒控制器的鲁棒性。

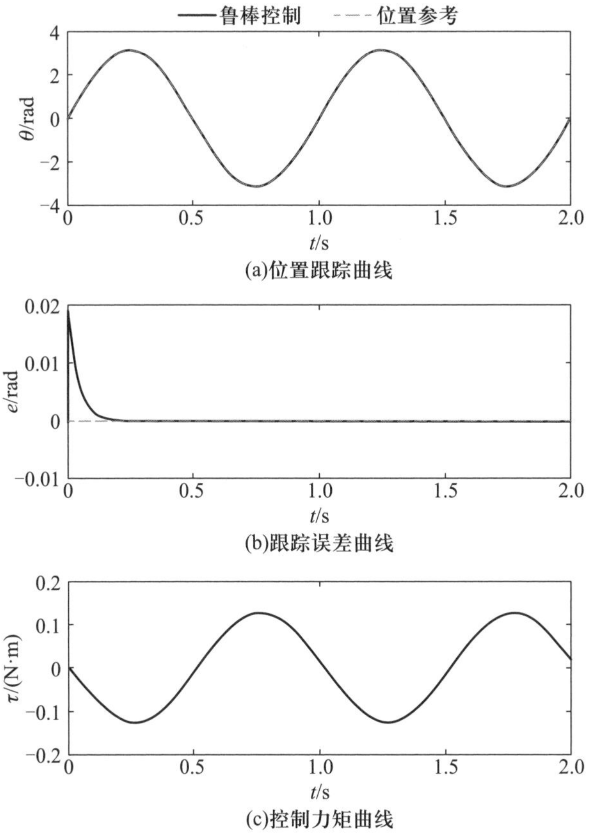

图 9.18 位置正弦跟踪仿真

1. 速度跟踪控制实验

此实验的目的是评估基于 U–K 方程的鲁棒控制在给定速度输出时的闭环速度跟踪性能。取速度参考值 $\dot{\theta}_{\mathrm{d}} = 1\ 000\ \mathrm{r/\ min} \approx 104.72\ \mathrm{rad/s}$; 基于 U–K 方程的鲁棒控制参数为 $\kappa = 0.01$, $P = 0.5$, $\rho = 5$, $\varepsilon = 0.01$, $\lambda = 2$; 其他电机名义参数如表 9.2 所示。实验结果如图 9.19 所示, 分别给出了在两种控制方法下的速度跟踪曲线、跟踪误差曲线以及控制力矩曲线。从图 9.19 中可以看出, 相比于 PID 控制, 基于 U–K 方程的鲁棒控制能更加快速精确地进行速度收敛, 且在稳态下跟踪效果更好, 同时力矩也更加平滑。误差曲线显示, 当空载时, 基于 U–K 方程的鲁棒控制器的跟踪误差几乎为零, 加载后跟踪误差波动较小; 同时, 驱动电流曲线显示, 基于 U–K 方程的鲁棒控制器的电流值比 PID 控制的要小。因此, 可以得出以下结论: 基于 U–K 方程的鲁棒控制器的阶跃速度跟踪控制性能比 PID 控制的要好, 且在一定的负载干扰条件下, 具有较强的抗干扰能力和鲁棒性能。

2. 位置跟踪控制实验

本实验的目的是评估基于 U–K 方程的鲁棒控制在正弦位置输出时的闭环位置跟踪性能。取位置参考值 $\theta_{\mathrm{m}}^{\mathrm{d}} = 3.14\sin(t)\ \mathrm{rad}$; 基于 U–K 方程的鲁棒控制参数为 $\kappa = 0.1$, $P = 0.5$, $\rho = 5$, $\varepsilon = 0.01$, $\lambda = 9$; 其他电机名义参数如表 9.2 所示。实

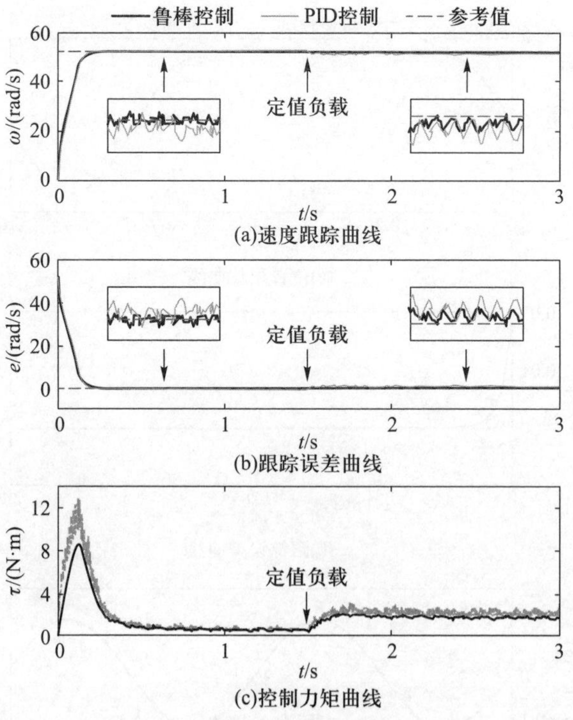

图 9.19　阶跃速度跟踪实验

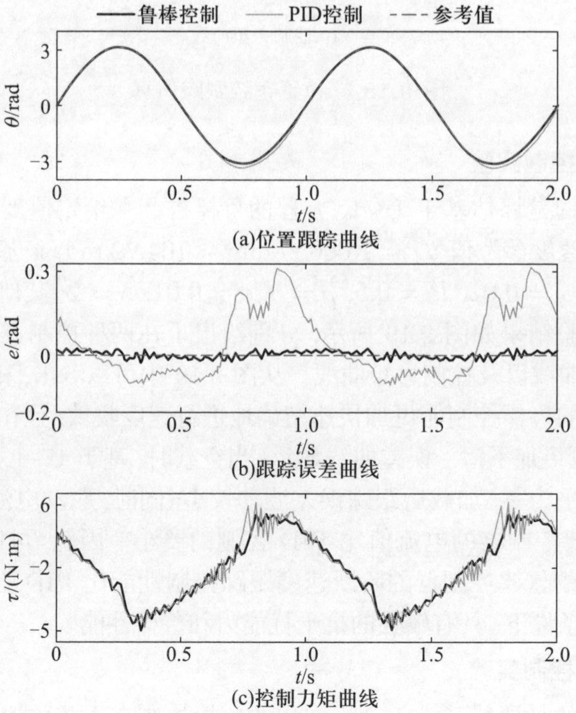

图 9.20　位置正弦跟踪实验

验结果如图 9.20 所示, 分别给出了在两种控制方法下的位置跟踪曲线、跟踪误差曲线以及控制力矩曲线。误差曲线显示, 当空载时, 基于 U–K 方程的鲁棒控制器的跟踪误差几乎为零, 且误差波动较小; 同时, 驱动电流曲线显示, 基于 U–K 方程的鲁棒控制器的电流值波动比 PID 控制的要小, 且峰值较小。因此, 可以得出以下结论: 相比于 PID 控制, 基于 U–K 方程的鲁棒控制位置跟踪更精确, 且误差较小, 同时力矩波动较小。实验结果证明, 基于 U–K 方程的鲁棒控制器的正弦位置跟踪控制性能比 PID 控制的好, 且在一定的负载干扰条件下, 具有较强的抗干扰能力和鲁棒性能。

9.3 机器人关节模组的实时控制实验

9.3.1 机器人关节模组平台介绍

机器人关节模组由伺服驱动器、无框力矩电机、谐波减速器、双反馈编码器和电子制动器等多个关节核心部件组成, 并集成在一个模块化组件中, 封装成适合机器人关节运动的 90° 转角外形和样式, 从而使传动效率更高, 实现更大的连续转矩输出。

机器人关节模组通过高度集成的机电一体化设计和驱控一体化设计, 可以成为工业型和服务型机器人等系统集成商的优选产品, 从而降低客户对机械选型、设计、组装等多个环节的人工和时间投入, 降低供应链管理和质量管理的综合成本。本节所用的平台机器人关节模组的整体构成如图 9.21 所示。

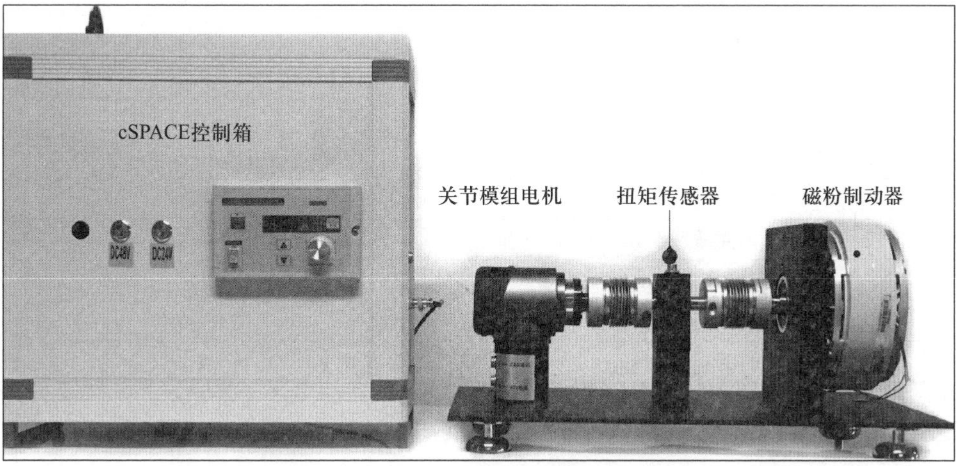

图 9.21 机器人关节模组的整体构成

机器人关节伺服驱动器采用 STM32 芯片作为主处理器, 具有动态性能高、峰值转矩大、低速运行平滑、抗干扰能力强等优点, 可实现对关节模组无框力矩电机的电流和位置的精确控制, 且具备欠压、过压、过载、过流、堵转、霍尔传感以及编码器异常报警等功能。

整体模组的参数如表 9.3 所示; 力矩电机的参数如表 9.4 所示。

表 9.3 整体模组的参数

参数	单位	数值	参数	单位	数值
减速器速比		100	关节质量	kg	2
转动精度	′	2	关节直径	mm	90
电机极对数		6	关节高度	mm	100
电机额定功率	W	117	关节长度	mm	128
电机额定电压	V	48	许用负载转矩	N·m	28
电机额定电流	A	4.5	平均负载转矩	N·m	11
电机额定转速	r/min	3 500	最大瞬时转矩	N·m	54
电机额定转矩	N·m	0.32	额定转速	r/min	35
电机转矩常数	N·m/A	0.069	最大转速	r/min	40
反电动势系数	V/(10^3r/min)	4.3	增量编码器	P/R	20 000
绝对值编码器	bit	17			

表 9.4 力矩电机的参数

极对数 P	8
额定电压/V	48
额定转速/(r/min)	4 025
额定转矩/(N·m)	0.66
输出功率/W	280
额定电流/A	8.4
25°C 转矩常数/(N·m/A)	0.083
反电势常数/[V/(10^3r/min)]	5.2
电阻/Ω	0.17
磁链/(W·b)	0.006 7
转动惯量/(kg·m^2)	5.3×10^{-5}
阻尼系数/(N·m·s/rad)	7.8×10^{-5}
定子质量/kg	0.3
转子质量/kg	0.055

9.3.2 机器人关节模组动力学模型

建立机器人关节模组动力学模型需要考虑电机和减速器两部分。电机部分, 先利用伺服电机参数, 在建立电路和机械能量方程的基础上, 应用拉格朗日–麦克斯韦方程, 通过 Park 变换, 将三相定子参考系的拉格朗日–麦克斯韦方程变换到两相转子参考系。在此基础上, 推导出便于实施控制的永磁同步伺服电机两相转子参考系的机电耦合动力学方程, 具体建立过程此处不再赘述。然后, 整理可得

$$J\ddot{\theta}_{\mathrm{r}} + B\dot{\theta}_{\mathrm{r}} + T_{\mathrm{L}} = \frac{2}{3}p[i_{\mathrm{q}}\varphi_{\mathrm{f}} + (L_{\mathrm{d}} - L_{\mathrm{q}})i_{\mathrm{d}}i_{\mathrm{q}}] \tag{9.27}$$

$$T_{\mathrm{a}} = \frac{2}{3}p[i_{\mathrm{q}}\varphi_{\mathrm{f}} + (L_{\mathrm{d}} - L_{\mathrm{q}})i_{\mathrm{d}}i_{\mathrm{q}}] \tag{9.28}$$

式中, T_{a} 是电磁转矩; T_{L} 是电机的输出转矩; J 是转子的转动惯量; φ_{f} 是每对永磁体的磁通; L_{q} 和 L_{d} 是交直轴电感; p 是定子的极对数; i_{d} 和 i_{q} 是交直轴电流; $\ddot{\theta}_{\mathrm{r}}$ 是电机转动的角加速度; $\dot{\theta}_{\mathrm{r}}$ 是电机转动的角速度; B 是转子的黏性阻尼系数。

减速器部分, 要考虑所选减速器部件, 如联轴器、滚动轴承、齿轮传动等的效率。参考相关文献和机械设计手册建立如下的动力学方程:

$$T_{\mathrm{j}} = \eta\lambda T_{\mathrm{L}} \tag{9.29}$$

式中, T_{L} 是电机输出转矩; T_{j} 是减速器输出转矩; λ 是减速器的减速比; η 是减速器的总效率。

联立式 (9.27) 与式 (9.29), 整理后得关节模组的动力学方程,

$$\frac{2}{3}p[i_{\mathrm{q}}\varphi_{\mathrm{f}} + (L_{\mathrm{d}} - L_{\mathrm{q}})i_{\mathrm{d}}i_{\mathrm{q}}] = J\ddot{\theta}_{\mathrm{r}} + B\dot{\theta}_{\mathrm{r}} + \frac{1}{\eta\lambda}T_{\mathrm{j}} \tag{9.30}$$

9.3.3 机器人关节模组控制律设计

针对所用机器人关节模组平台, 选用基于 U–K 方程的鲁棒近似约束跟踪控制方法, 这与上述直线电机实时控制实验中所使用的控制方法相同。该控制器的三个组成部分, 以及具体各部分在控制过程中起到的作用参见 9.2 节。具体设计过程与控制器稳定性证明详见第 5 章。

基于 U–K 所设计的鲁棒控制器如下所示:

$$\boldsymbol{\tau}(t) = \boldsymbol{p}_1(\boldsymbol{q}(t), \dot{\boldsymbol{q}}(t), t) + \boldsymbol{p}_2(\boldsymbol{q}(t), \dot{\boldsymbol{q}}(t), t) + \boldsymbol{p}_3(\boldsymbol{q}(t), \dot{\boldsymbol{q}}(t), t) \tag{9.31}$$

$$\boldsymbol{p}_1 = \boldsymbol{Q_s} = \overline{\boldsymbol{M}}^{1/2}(\boldsymbol{A}\overline{\boldsymbol{M}}^{-1})^{+}[\boldsymbol{b} + \boldsymbol{A}\overline{\boldsymbol{M}}^{-1}(\overline{\boldsymbol{C}}\dot{\boldsymbol{q}} + \overline{\boldsymbol{G}})] \tag{9.32}$$

$$\boldsymbol{p}_2 = -\kappa\overline{\boldsymbol{M}}^{-1}\boldsymbol{A}^{\mathrm{T}}\boldsymbol{P}\boldsymbol{\beta} \tag{9.33}$$

$$\boldsymbol{p}_3 = -\gamma\boldsymbol{\mu}\rho \tag{9.34}$$

$$\gamma = \begin{cases} \dfrac{(1+\widehat{\rho}_E)^{-1}}{\|\overline{\boldsymbol{\mu}}\|\|\boldsymbol{\mu}\|} & \|\boldsymbol{\mu}\| > \varepsilon \\ \dfrac{(1+\widehat{\rho}_E)^{-1}}{\|\overline{\boldsymbol{\mu}}\|^2\varepsilon} & \|\boldsymbol{\mu}\| \leqslant \varepsilon \end{cases} \tag{9.35}$$

$$\boldsymbol{\mu} = \boldsymbol{\eta}\rho \tag{9.36}$$

$$\boldsymbol{\eta} = \overline{\boldsymbol{\mu}}\beta \tag{9.37}$$

$$\overline{\boldsymbol{\mu}} = \overline{\boldsymbol{M}}^{-1}\boldsymbol{A}^{\mathrm{T}}\boldsymbol{P} \tag{9.38}$$

式中, ε、$\kappa > 0$, 函数 $\rho : \mathbf{R}^n \times \mathbf{R}^n \times \mathbf{R} \to \mathbf{R}_+$ 如下所示:

$$\rho \geqslant \max_{\sigma \in \Sigma} \|\boldsymbol{PA}\Delta\boldsymbol{D}[\boldsymbol{Q} + \boldsymbol{Q}^{\mathrm{c}} + \boldsymbol{p}_1 + \boldsymbol{p}_2 + \boldsymbol{PAD}(\Delta\boldsymbol{Q} + \Delta\boldsymbol{Q}^{\mathrm{c}})]\| \tag{9.39}$$

式 (9.39) 定义了系统不确定性的上界, 如关节模组系统参数的不确定性等。

9.3.4 机器人关节模组控制仿真

仿真结果如图 9.22~ 图 9.24 所示, 分别给出了机器人关节模组的正弦跟踪位置变化曲线、跟踪轨迹误差变化曲线以及电机的控制电流变化曲线。

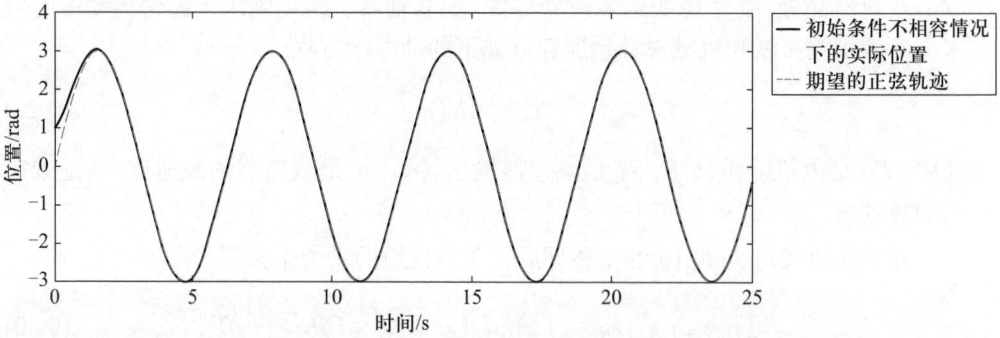

图 9.22　机器人关节模组的正弦跟踪位置变化曲线

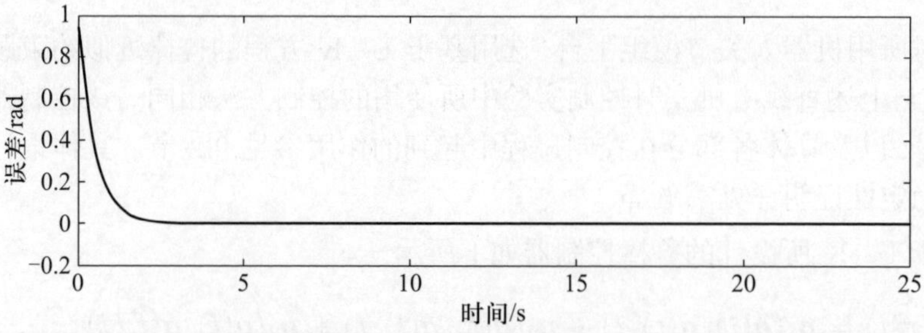

图 9.23　机器人关节模组的跟踪轨迹误差变化曲线

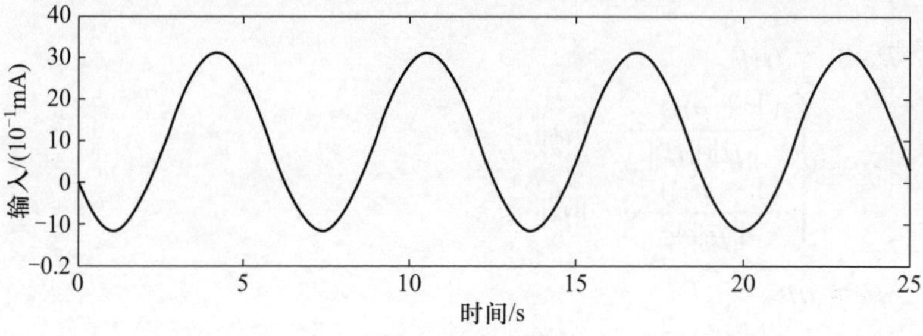

图 9.24　机器人关节模组的控制电流变化曲线

9.3.5 机器人关节模组控制实验

在本节 U－K 控制器跟踪实验中，搭建了关节模组位置跟踪 MATLAB/Simulink 模型以及基于 U－K 方法的鲁棒控制算法模型，整体模型如图 9.25 所示，控制算法模型如图 9.26 所示。如图 9.25 所示，该模型主要由四个部分组成：信号源模块用来为关节模组提供期望的正弦响应曲线；位置监测模块用来检测关节模组中的旋转电机实际位置，并与期望位置对比，获得误差；控制器模块将式 (9.31)～ 式 (9.34) 表示为框图形式，以此搭建关节模组控制器；关节模组的通信模块用于完成算法与硬件之间的通信连接。

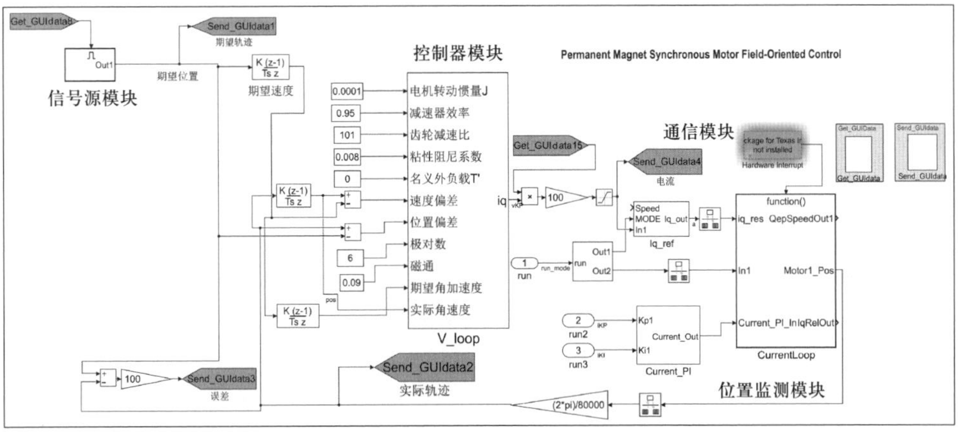

图 9.25　U－K 控制对机器人关节模组位置跟踪整体模型

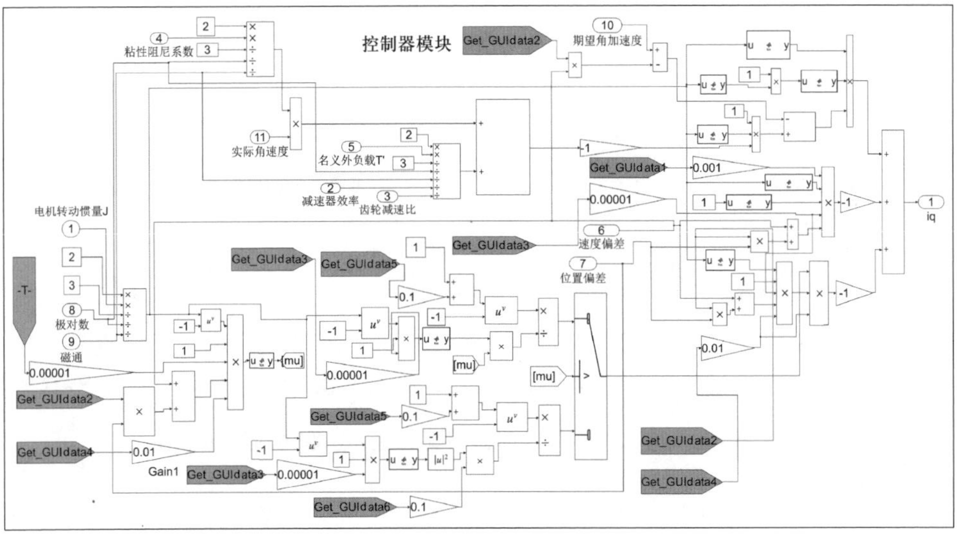

图 9.26　基于 U－K 控制的位置跟踪控制算法模型

此实验要求关节模组做幅值为 101 rad 的正弦轨迹跟踪运动, 实验结果如图 9.27～ 图 9.29 所示, 分别给出了关节模组正弦跟踪实验的位置变化曲线、跟踪轨迹误差变化曲线以及控制电流变化曲线。

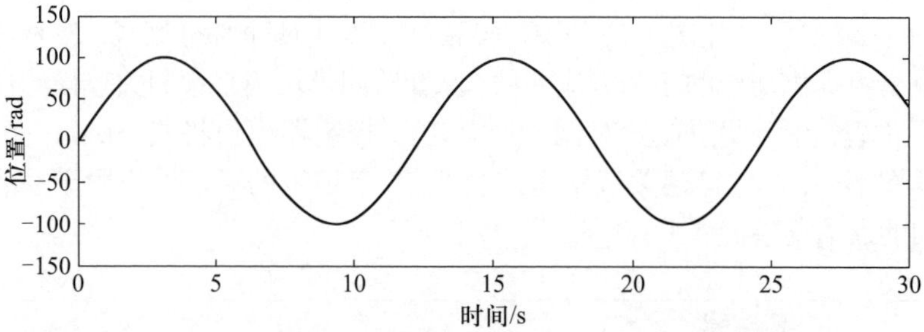

图 9.27　机器人关节模组正弦跟踪实验的位置变化曲线

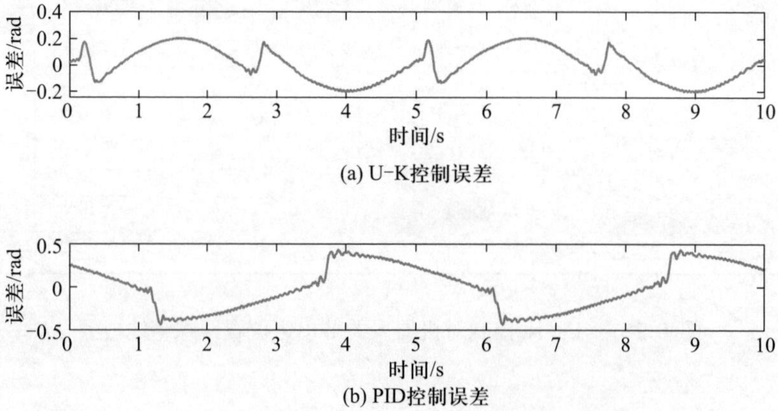

图 9.28　机器人关节模组正弦跟踪实验的跟踪轨迹误差变化曲线

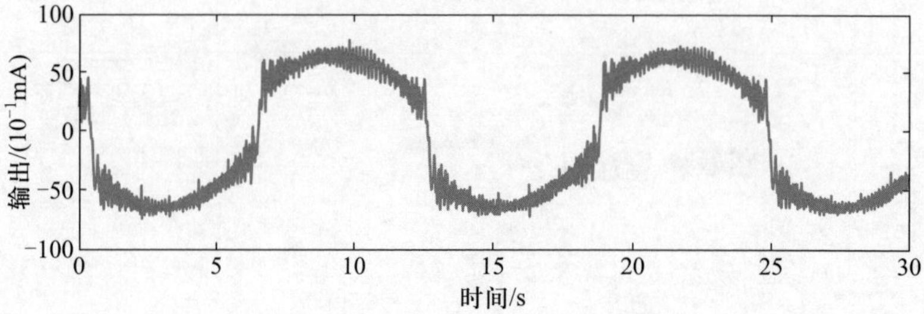

图 9.29　机器人关节模组正弦跟踪实验的控制电流变化曲线

由图 9.27 可知, 机器人关节模组可以实现正弦轨迹跟踪。在图 9.28 中, 电机的动态误差为 0.2 rad, 振幅为 101 rad, 误差为 0.02%。由此可以看出, 基于 U–K 理论的轨迹跟踪鲁棒控制方法可使机器人关节模组实现较好的轨迹跟踪效果。图 9.28 所示的实验结果是关节模组减速器内圈的误差, 也可转化为减速器外圈的误差, 即关节模组实际轨迹误差需要在内圈误差的基础上除以减速比, 该实验中所采用减速器的减速比为 101。通过实验结果可以看出, 关节模组的动态误差可以小到微米级别, 相较于 PID 控制, 误差得到较大减小, 从而证明基于 U–K 方程的鲁棒控制器的控制性能良好。

9.4 SCARA 机器人的实时控制实验

9.4.1 SCARA 机器人平台

平面关节型 SCARA (selective compliance assembly robot arm) 机器人 (图 9.30) 由于其高效率、高精度及高可靠性等优点, 被广泛应用于工业自动化生产的多个方面, 如装配、材料运输、焊接、材料精确切割、码垛、喷漆等。此外, SCARA 机器人还兼有体积轻巧、结构简单、灵活性好等特性。在 SCARA 机器人末端加装专用夹具后可实现精确定位、抓取、分拣, 因此广泛应用于汽车行业中的电焊作业、快速消费品行业中的快速分拣、电子行业中的快速识别分选等领域。为满足 SCARA 机器人控制的高动态响应、高位置精度跟踪需求, 本节尝试基于 U–K 理论完成其控制器设计、仿真及初步实验。

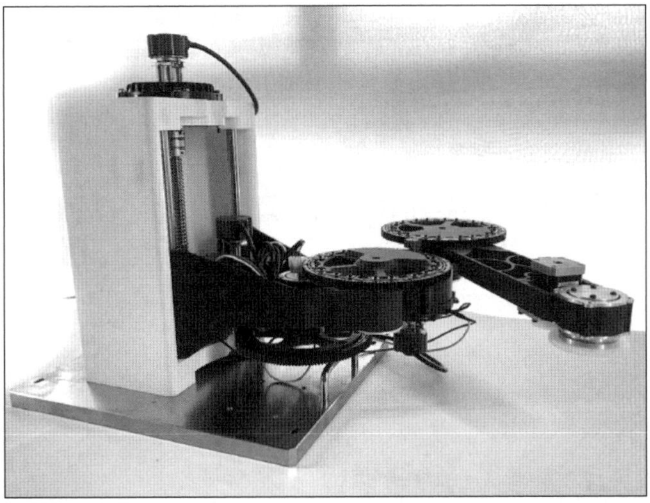

图 9.30 SCARA 机器人实物

SCARA 机器人由机构本体 (图 9.31) 和控制系统 (图 9.32) 组成, 其中机构本体包括空间三轴伺服系统、加工旋转轴和 cSPACE 控制产品。如图 9.31 所示, 电机 1 经过伺服系统两级减速 (减速比为 81:1) 控制关节 1 转动, 电机 2 经过伺服系统一级减速 (减速比为 9:1) 控制关节 2 转动。控制系统包括监控计算机、cSPACE 控制板、伺服驱动器和编码器。光电角度编码器用于向驱动器反馈电机的角度信号。DSP 控制卡接收来自驱动器的信号, 并对信号进行处理和控制算法计算; 经过

CAN 通信输出相应的控制信号, 再经伺服驱动器放大后驱动电机输出相应的力, 从而控制 SCARA 机器人。

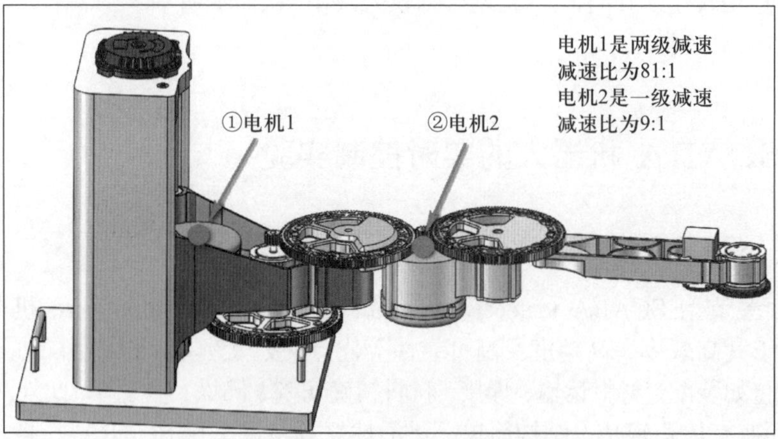

图 9.31　机器人结构本体

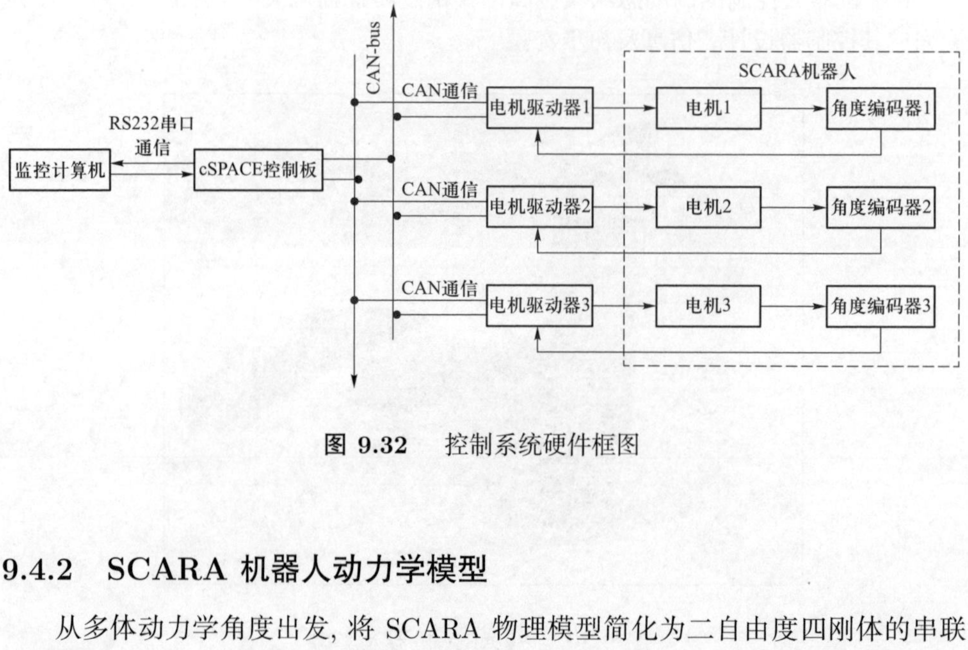

图 9.32　控制系统硬件框图

9.4.2　SCARA 机器人动力学模型

从多体动力学角度出发, 将 SCARA 物理模型简化为二自由度四刚体的串联机械臂, 如图 9.33 和图 9.34 所示, 其中刚体包括以 θ_1 表示位置的杆 1、以 θ_2 表示位置的杆 2、驱动关节 2 转动的电机 1 以及末端电机 2。可通过测量方法得到 SCARA 机器人的参数, 具体见表 9.5, 其中质心位移为杆质心至杆旋转中心的距离。

描述该系统的运动方程, 首先需要确认描述系统状态的状态变量。本系统的状态变量有多种选择方案, 如系统的位置可用矢量笛卡儿坐标 $[x_1\ y_1\ x_2\ y_2\ x_3\ y_3\ x_4\ y_4]^{\mathrm{T}}$ 表示, 其中 (x_1, y_1) 为连杆 1 质心处坐标, (x_2, y_2) 为连杆 2 质心处坐标, (x_3, y_3)

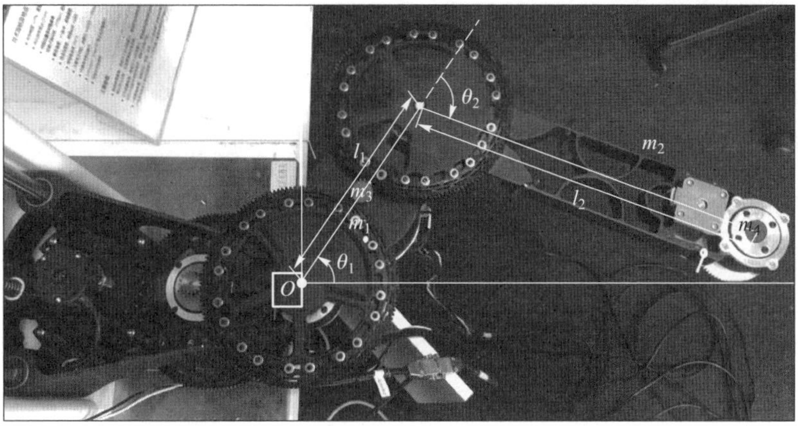

图 9.33 SCARA 机器人简化物理模型

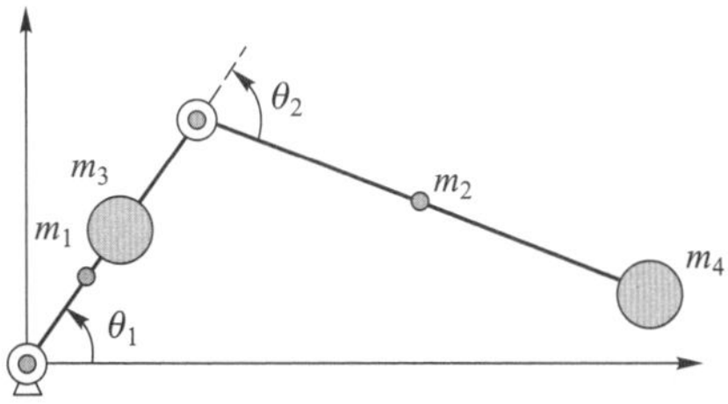

图 9.34 SCARA 机器人示意简图

表 9.5 SCARA 机器人的参数

	质量/kg	转动惯量/(kg·mm²)	质心位移/mm	杆长/mm
杆 1	$M_1 = 0.93$	$I_1 = 6408$	$C_1 = 93.50$	$L_1 = 194.19$
杆 2	$M_2 = 0.947$	$I_2 = 14697$	$C_2 = 224.8$	$L_2 = 326.97$
电机 1	$M_3 = 1.9$	—	$C_3 = 105$	—
电机 2	$M_4 = 1.2$	—	—	—

为电机 1 质心处坐标, (x_4, y_4) 为电机 2 质心处坐标即连杆 2 端点处坐标。$[x_1\ y_1\ x_2\ y_2\ x_3\ y_3\ x_4\ y_4]^{\mathrm{T}}$ 八个向量分量需要满足六个约束方程, 即有六个线性独立的约束关系, 而系统独立坐标的个数为 2。

当选择 $[x_1\ y_1\ x_2\ y_2\ x_3\ y_3\ x_4\ y_4]^{\mathrm{T}}$ 表示系统的位置时, 如不考虑系统摩擦力, 则系统的无约束方程可表示为

$$\begin{cases} m_1\ddot{x}_1 = 0, m_1\ddot{y}_1 = 0, m_2\ddot{x}_2 = 0, m_2\ddot{y}_2 = 0 \\ m_3\ddot{x}_3 = 0, m_3\ddot{y}_3 = 0, m_4\ddot{x}_4 = 0, m_4\ddot{y}_4 = 0 \end{cases} \tag{9.40}$$

该无约束方程的矩阵形式为 $\boldsymbol{Ma} = 0$, 其中 $\boldsymbol{M} = \mathrm{diag}(m_1, m_1, m_2, m_2, m_3, m_3, m_4, m_4)$。

需要附加的六个约束方程, 具体添加过程如下: 因连杆 1 距离坐标原点距离不变, 恒为 c_1, 故有约束

$$x_1^2 + y_1^2 = c_1^2 \tag{9.41}$$

因电机 1 到连杆 1 质心距离不变, 即恒为 $(l_1 - c_1)$, 故有约束

$$(x_1 - x_3)^2 + (y_1 - y_3)^2 = (l_1 - c_1)^2 \tag{9.42}$$

因电机 1 到坐标原点距离不变, 恒为 c_3, 故有约束

$$x_3^2 + y_3^2 = c_3^2 \tag{9.43}$$

因电机 2 到连杆 2 质心距离不变, 恒为 $(c_2 - l_2)$, 故有约束

$$(x_2 - x_4)^2 + (y_2 - y_4)^2 = (c_2 - l_2)^2 \tag{9.44}$$

因连杆 2 质心至第二关节节点距离不变, 恒为 c_2, 故有约束

$$\left(x_2 - \frac{l_1}{c_1}x_1\right)^2 + \left(y_2 - \frac{l_1}{c_1}y_1\right)^2 = c_2^2 \tag{9.45}$$

因电机 2 质心至第二关节节点距离不变恒为 l_2, 故有约束

$$\left(x_4 - \frac{l_1}{c_1}x_1\right)^2 + \left(y_4 - \frac{l_1}{c_1}y_1\right)^2 = l_2^2 \tag{9.46}$$

对以上六个约束方程进行两次微分可得

$$x_1\ddot{x}_1 + y_1\ddot{y}_1 = -\dot{x}_1^2 - \dot{y}_1^2 \tag{9.47}$$

$$(x_1 - x_3)(\ddot{x}_1 - \ddot{x}_3) + (y_1 - y_3)(\ddot{y}_1 - \ddot{y}_3) = -(\dot{x}_1 - \dot{x}_3)^2 - (\dot{y}_1 - \dot{y}_3)^2 \tag{9.48}$$

$$x_3\ddot{x}_3 + y_3\ddot{y}_3 = -\dot{x}_3^2 - \dot{y}_3^2 \tag{9.49}$$

$$(x_2 - x_4)(\ddot{x}_2 - \ddot{x}_4) + (y_2 - y_4)(\ddot{y}_2 - \ddot{y}_4) = -(\dot{x}_2 - \dot{x}_4)^2 - (\dot{y}_2 - \dot{y}_4)^2 \tag{9.50}$$

$$\begin{aligned}&\left(x_2 - \frac{l_1}{c_1}x_1\right)\left(\ddot{x}_2 - \frac{l_1}{c_1}\ddot{x}_1\right) + \left(y_2 - \frac{l_1}{c_1}y_1\right)\left(\ddot{y}_2 - \frac{l_1}{c_1}\ddot{y}_1\right)\\ &= -\left(\dot{x}_2 - \frac{l_1}{c_1}\dot{x}_1\right)^2 - \left(\dot{y}_2 - \frac{l_1}{c_1}\dot{y}_1\right)^2\end{aligned} \tag{9.51}$$

$$\begin{aligned}&\left(x_4 - \frac{l_1}{c_1}x_1\right)\left(\ddot{x}_4 - \frac{l_1}{c_1}\ddot{x}_1\right) + \left(y_4 - \frac{l_1}{c_1}y_1\right)\left(\ddot{y}_4 - \frac{l_1}{c_1}\ddot{y}_1\right)\\ &= -\left(\dot{x}_4 - \frac{l_1}{c_1}\dot{x}_1\right)^2 - \left(\dot{y}_4 - \frac{l_1}{c_1}\dot{y}_1\right)^2\end{aligned} \tag{9.52}$$

可进一步整理为矩阵形式 $\boldsymbol{A}\ddot{\boldsymbol{q}} = \boldsymbol{b}$, 其中

$$\boldsymbol{A} = \begin{bmatrix} x_1 & y_1 & 0 & 0 \\ (x_3 - x_1) & (y_3 - y_1) & 0 & 0 \\ 0 & 0 & 0 & 0 \\ 0 & 0 & (x_4 - x_2) & (y_4 - y_2) \\ \dfrac{l_1}{c_1}\left(\dfrac{l_1}{c_1}x_1 - x_2\right) & \dfrac{l_1}{c_1}\left(\dfrac{l_1}{c_1}y_1 - y_2\right) & -\left(\dfrac{l_1}{c_1}x_1 - x_2\right) & -\left(\dfrac{l_1}{c_1}y_1 - y_2\right) \\ \dfrac{l_1}{c_1}\left(\dfrac{l_1}{c_1}x_1 - x_4\right) & \dfrac{l_1}{c_1}\left(\dfrac{l_1}{c_1}y_1 - y_4\right) & 0 & 0 \end{bmatrix.$$

$$\left.\begin{matrix} 0 & 0 & 0 & 0 \\ -(x_3 - x_1) & -(y_3 - y_1) & 0 & 0 \\ x_3 & y_3 & 0 & 0 \\ 0 & 0 & -(x_4 - x_2) & -(y_4 - y_2) \\ 0 & 0 & 0 & 0 \\ 0 & 0 & -\left(\dfrac{l_1}{c_1}x_1 - x_4\right) & -\left(\dfrac{l_1}{c_1}y_1 - y_4\right) \end{matrix}\right] \tag{9.53}$$

$$\boldsymbol{b} = \begin{bmatrix} -\dot{x}_1^2 - \dot{y}_1^2 \\ (\dot{x}_1 - \dot{x}_3)^2 + (\dot{y}_1 - \dot{y}_3)^2 \\ -\dot{x}_3^2 - \dot{y}_3^2 \\ (\dot{x}_2 - \dot{x}_4)^2 + (\dot{y}_2 - \dot{y}_4)^2 \\ -\left(\dot{x}_2 - \dfrac{l_1}{c_1}\dot{x}_1\right)^2 - \left(\dot{y}_2 - \dfrac{l_1}{c_1}\dot{y}_1\right)^2 \\ -\left(\dot{x}_4 - \dfrac{l_1}{c_1}\dot{x}_1\right)^2 - \left(\dot{y}_4 - \dfrac{l_1}{c_1}\dot{y}_1\right)^2 \end{bmatrix} \tag{9.54}$$

则不考虑系统摩擦力时, 系统方程可表示为

$$\ddot{\boldsymbol{q}} = \boldsymbol{a} + \boldsymbol{M}^{-1}\boldsymbol{A}^{\mathrm{T}}(\boldsymbol{A}\boldsymbol{M}^{-1}\boldsymbol{A}^{\mathrm{T}})^{+}(\boldsymbol{b} - \boldsymbol{A}\boldsymbol{a}) \tag{9.55}$$

若使用广义坐标 θ_1 和 θ_2 表示系统的运动状态, 也能完整地描述该系统。两种坐标可以通过以下公式互换:

$$\begin{cases} x_1 = c_1 \sin\theta_1, y_1 = c_1 \cos\theta_1 \\ \dfrac{l_1}{c_1}x_1 - x_2 = c_2 \sin\theta_2, \dfrac{l_1}{c_1}y_1 - y_2 = c_2 \cos\theta_2 \\ x_3 = c_3 \sin\theta_1, y_3 = c_3 \cos\theta_1 \\ \dfrac{l_1}{c_1}x_1 - x_4 = l_2 \sin\theta_2, \dfrac{l_1}{c_1}y_1 - y_4 = l_2 \cos\theta_2 \end{cases} \tag{9.56}$$

利用独立的广义坐标 θ_1 和 θ_2, 将坐标互换公式代入上述六个约束方程 [式 (9.41)~ 式 (9.46)] 中, 约束方程均成立。因此, 如果利用两个广义坐标分析本系统的运动问题, 则两个约束关系可以自动满足。

根据选取广义坐标方式的不同, 可以用无约束状态方程和施加在该无约束方程上的约束方程来描述系统。最终, 需要根据模型的计算量选择合适的系统坐标量。根据上述分析, 选择独立的广义坐标 θ_1 和 θ_2 分析 SCARA 机器人的运动方程更为简便, 但不论选择哪种坐标表示方法, 最终建立的运动方程都是一致的。下面选择 θ_1 和 θ_2 作为状态向量, 详细介绍 SCARA 机器人的建模过程。

用拉格朗日法建立 SCARA 机器人的动力学模型, 有

$$\frac{\mathrm{d}}{\mathrm{d}t}\left(\frac{\partial L}{\partial \dot{q}_i}\right) - \frac{\partial L}{\partial q_i} = Q_i \tag{9.57}$$

式中, $\boldsymbol{q} = [\theta_1\ \theta_2]^{\mathrm{T}}$; $\dot{\boldsymbol{q}} = [\dot{\theta}_1\ \dot{\theta}_2]$; $L = (K - V)$ 为拉格朗日乘子; K 为系统总动能; V 为系统总势能; $\boldsymbol{Q} = [Q_1\ Q_2]^{\mathrm{T}}$ 为系统的外部施加力矩, 具体包括输入力矩 $\boldsymbol{\tau}$ 和其他外部干扰。

此 SCARA 机器人为平面型, 故系统总势能 $V = 0$, 系统总动能为

$$\begin{aligned}K = &\frac{1}{2}I_1\dot{\theta}_1^2 + \frac{1}{2}I_2(\dot{\theta}_1 + \dot{\theta}_2)^2 + \frac{1}{2}m_2[l_1^2\dot{\theta}_1^2 + c_2^2(\dot{\theta}_1 + \dot{\theta}_2)^2 + 2l_1c_2\dot{\theta}_1(\dot{\theta}_1 + \dot{\theta}_2)\cos\theta_2] + \\ &\frac{1}{2}m_3(c_3\dot{\theta}_1)^2 + \frac{1}{2}m_4[l_1^2\dot{\theta}_1^2 + l_2^2(\dot{\theta}_1 + \dot{\theta}_2)^2 + 2l_1l_2\dot{\theta}_1(\dot{\theta}_1 + \dot{\theta}_2)\cos\theta_2]\end{aligned} \tag{9.58}$$

综上, 可得 SCARA 机器人的动力学模型, 为

$$\boldsymbol{M}(\boldsymbol{q})\ddot{\boldsymbol{q}} + \boldsymbol{Q}(\boldsymbol{q}, \dot{\boldsymbol{q}}) = \boldsymbol{\tau} \tag{9.59}$$

式中

$$\boldsymbol{Q}(\boldsymbol{q}, \dot{\boldsymbol{q}}) = \begin{bmatrix} -2(m_2l_1c_2 + m_4l_1l_2)\sin\theta_2\dot{\theta}_1\dot{\theta}_2 - (m_2l_1c_2 + m_4l_1l_2)\sin\theta_2\dot{\theta}_2^2 \\ (m_2l_1c_2 + m_4l_1l_2)\sin\theta_2\dot{\theta}_1^2 \end{bmatrix}$$

$$\boldsymbol{M}(\boldsymbol{q}) = \begin{bmatrix} A & B \\ C & D \end{bmatrix}$$

其中

$$\begin{aligned}
&A = I_1 + I_2 + m_2l_1^2 + m_2c_2^2 + m_3c_3^2 + m_4l_1^2 + m_4l_2^2 + 2(m_2l_1c_2 + m_4l_1l_2)\cos\theta_2 \\
&B = I_2 + m_2c_2^2 + m_4l_2^2 + (m_2l_1c_1 + m_4l_1l_2)\cos\theta_2 \\
&C = I_2 + m_2c_2^2 + m_2l_1c_2\cos\theta_2 + m_4l_2^2 + m_4l_1l_2\cos\theta_2 \\
&D = I_2 + m_2c_2^2 + m_4l_2^2
\end{aligned}$$

9.4.3 SCARA 机器人控制仿真

本节将运用基于 U–K 方法的鲁棒控制算法进行机器人轨迹跟踪的控制, 通过仿真实验验证该控制方法的有效性。

给定期望跟踪轨迹位置为

$$\boldsymbol{\theta}^{\mathrm{d}}=\begin{bmatrix}\theta_1\\ \theta_2\end{bmatrix}=\begin{bmatrix}\dfrac{\pi}{6}\sin(2\pi t)\\ \dfrac{\pi}{6}\sin(2\pi t)\end{bmatrix} \tag{9.60}$$

则

$$\boldsymbol{A}=\begin{bmatrix}1&0\\0&1\end{bmatrix} \tag{9.61}$$

$$\boldsymbol{b}=\begin{bmatrix}-\dfrac{\pi}{6}\cdot 4\pi^2\cdot\sin(2\pi t)\\ -\dfrac{\pi}{6}\cdot 4\pi^2\cdot\sin(2\pi t)\end{bmatrix} \tag{9.62}$$

根据 U–K 控制算法, SCARA 机器人的控制器方程为

$$\begin{aligned}\boldsymbol{Q}_{\mathrm{c}}(\boldsymbol{q},\dot{\boldsymbol{q}},t)&=\boldsymbol{M}^{\frac{1}{2}}\left(\boldsymbol{A}\boldsymbol{M}^{-\frac{1}{2}}\right)^{+}(\boldsymbol{b}-\boldsymbol{A}\boldsymbol{a})\\&=\boldsymbol{M}^{\frac{1}{2}}\left(\boldsymbol{A}\boldsymbol{M}^{-\frac{1}{2}}\right)^{+}(\boldsymbol{b}-\boldsymbol{A}\boldsymbol{M}^{-1}\boldsymbol{Q})\end{aligned} \tag{9.63}$$

仿真结果如图 9.35～ 图 9.37 所示, 其中图 9.35 所示为 SCARA 机器人 U–K 控制关节角度仿真结果; 图 9.36 所示为实时输出的 SCARA 机器人 U–K 控制关节力矩仿真结果; 图 9.37 所示为关节角度误差仿真结果。由上可知, 在式 (9.63) 表述的控制器作用下, SCARA 机器人可以实现很好的轨迹跟踪控制效果。

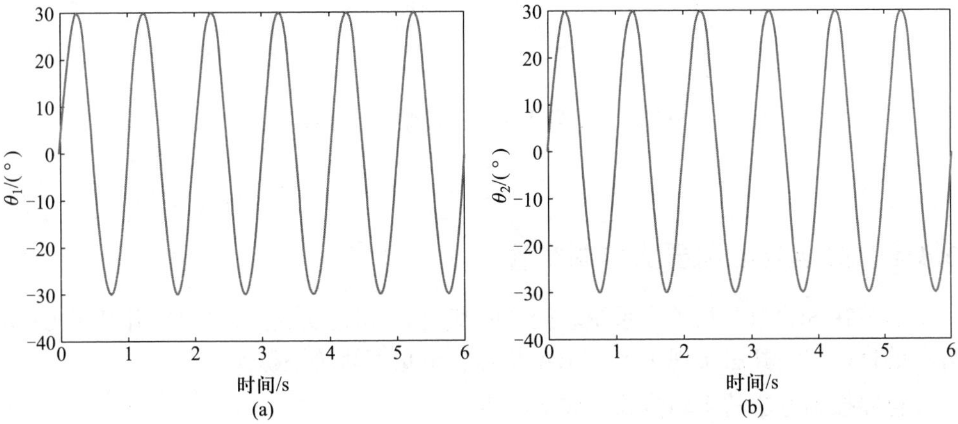

图 9.35 SCARA 机器人 U–K 控制关节角度仿真结果

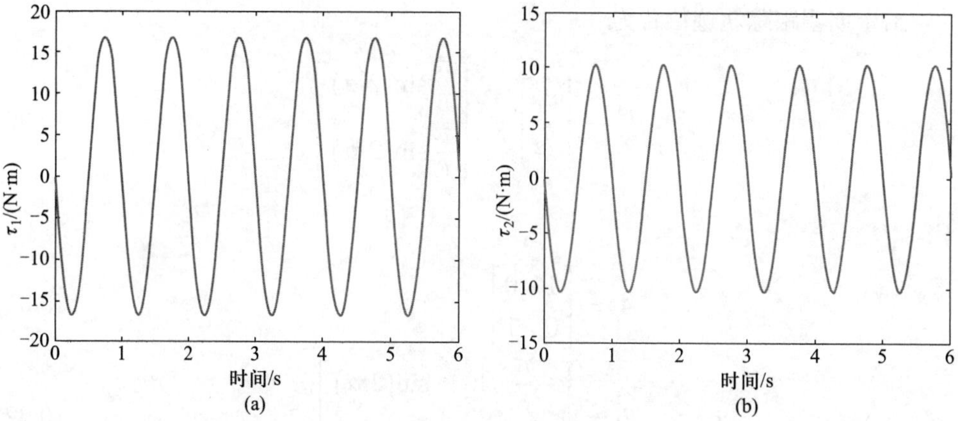

图 9.36 SCARA 机器人 U–K 控制关节力矩仿真结果

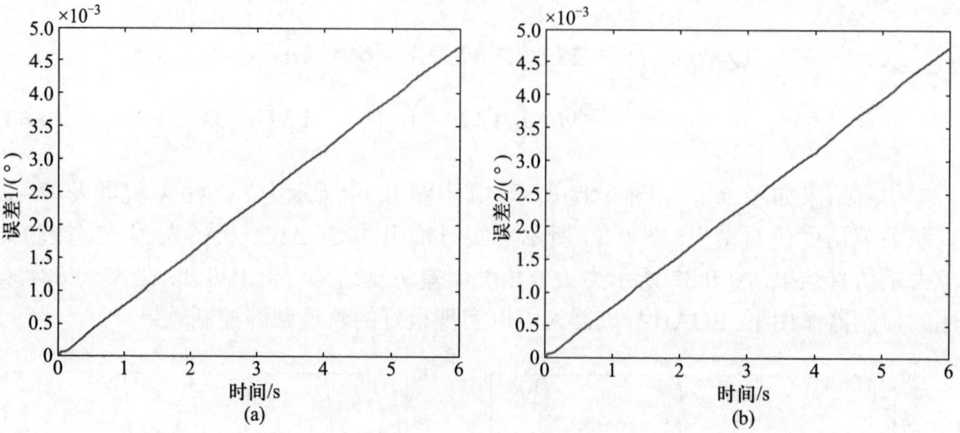

图 9.37 SCARA 机器人 U–K 控制关节角度误差仿真结果

9.4.4 SCARA 机器人控制实验

本节在 SCARA 机器人系统软硬件的基础上, 搭建实验测试平台, 并基于 U–K 方法的鲁棒控制算法实现了 SCARA 机器关节角度轨迹跟踪实验。

鲁棒控制方法的实验步骤有如下四步。

第一步: 利用 MATLAB/Simulink 软件实现所设计的 SCARA 模型和鲁棒控制器, 并对实物和实际参数进行分析。

第二步: 结合快速控制原型硬件接口获得 MATLAB/Simulink 图形化编程模块, 自动生成代码, 并通过 USB 接口下载到驱动控制卡。

第三步: 通过上位机接口观察实验结果, 且可实时修改实验控制参数。

第四步: 利用计算机采集数据, 在 MATLAB 中对数据进行分析。

给定期望位置、期望速度和期望加速度如下:

$$\boldsymbol{\theta}^{\mathrm{d}} = \begin{bmatrix} \theta_1 \\ \theta_2 \end{bmatrix} = \begin{bmatrix} 0 \\ \dfrac{\pi}{6}\sin(2\pi t) \end{bmatrix} \tag{9.64}$$

$$\dot{\boldsymbol{\theta}}^{\mathrm{d}} = \begin{bmatrix} \dot{\theta}_1 \\ \dot{\theta}_2 \end{bmatrix} = \begin{bmatrix} 0 \\ \dfrac{\pi}{6}\cdot 2\pi\cdot\cos(2\pi t) \end{bmatrix} \tag{9.65}$$

$$\ddot{\boldsymbol{\theta}}^{\mathrm{d}} = \begin{bmatrix} \ddot{\theta}_1 \\ \ddot{\theta}_2 \end{bmatrix} = \begin{bmatrix} 0 \\ -\dfrac{\pi}{6}\cdot 4\pi^2\cdot\sin(2\pi t) \end{bmatrix} \tag{9.66}$$

则

$$\boldsymbol{A} = \begin{bmatrix} 1 & 0 \\ 0 & 1 \end{bmatrix} \tag{9.67}$$

$$\boldsymbol{b} = \begin{bmatrix} 0 \\ -\dfrac{\pi}{6}\cdot 4\pi^2\cdot\sin(2\pi t) \end{bmatrix} \tag{9.68}$$

实际实验中不可避免存在各种不确定性, 如表 9.5 中的 SCARA 机器人模型参数均为估算值, 与实际真值存在误差, 同时实验中还存在模型的简化和外界干扰导致的不确定性, 因此为抑制系统中的不确定性, SCARA 机器人的控制使用了鲁棒控制算法, 其控制方程如下:

$$\boldsymbol{\tau}(t) = \boldsymbol{p}_1(\boldsymbol{q}(t), \dot{\boldsymbol{q}}(t), t) + \boldsymbol{p}_2(\boldsymbol{q}(t), \dot{\boldsymbol{q}}(t), t) + \boldsymbol{p}_3(\boldsymbol{q}(t), \dot{\boldsymbol{q}}(t), t) \tag{9.69}$$

$$\boldsymbol{p}_1 = \boldsymbol{Q}_{\mathrm{s}} = \overline{\boldsymbol{M}}^{1/2}(\boldsymbol{A}\overline{\boldsymbol{M}}^{-1})^{+}[\boldsymbol{b} + \boldsymbol{A}\overline{\boldsymbol{M}}^{-1}\boldsymbol{Q}] \tag{9.70}$$

$$\boldsymbol{p}_2 = -\kappa\overline{\boldsymbol{M}}^{-1}\boldsymbol{A}^{\mathrm{T}}\boldsymbol{P}\boldsymbol{\beta} \tag{9.71}$$

$$\boldsymbol{p}_3 = -\gamma\boldsymbol{\mu}\rho \tag{9.72}$$

$$\gamma = \begin{cases} \dfrac{(1+\widehat{\rho}_E)^{-1}}{\|\overline{\boldsymbol{\mu}}\|\|\boldsymbol{\mu}\|} & \|\boldsymbol{\mu}\| > \varepsilon \\ \dfrac{(1+\widehat{\rho}_E)^{-1}}{\|\overline{\boldsymbol{\mu}}\|^2\varepsilon} & \|\boldsymbol{\mu}\| \leqslant \varepsilon \end{cases} \tag{9.73}$$

$$\boldsymbol{\mu} = \boldsymbol{\eta}\rho \tag{9.74}$$

$$\boldsymbol{\eta} = \overline{\boldsymbol{\mu}}\boldsymbol{\beta} \tag{9.75}$$

$$\overline{\boldsymbol{\mu}} = \overline{\boldsymbol{M}}^{-1}\boldsymbol{A}^{\mathrm{T}}\boldsymbol{P} \tag{9.76}$$

式中, ε、$\kappa > 0$, 函数 $\rho : \mathbf{R}^n \times \mathbf{R}^n \times \mathbf{R} \to \mathbf{R}_+$ 如下所示:

$$\rho \geqslant \max_{\sigma\in\Sigma} \|\boldsymbol{P}\boldsymbol{A}\Delta\boldsymbol{D}[\boldsymbol{Q} + \boldsymbol{Q}^{\mathrm{c}} + \boldsymbol{p}_1 + \boldsymbol{p}_2 + \boldsymbol{P}\boldsymbol{A}\boldsymbol{D}(\Delta\boldsymbol{Q} + \Delta\boldsymbol{Q}^{\mathrm{c}})]\| \tag{9.77}$$

在 MATLAB/Simulink 软件环境中搭建的基于 U－K 方法的鲁棒控制框图如图 9.38 所示，其中 $\boldsymbol{p}_1$ 框图为按照式 (9.70) 搭建的 $\boldsymbol{p}_1$ 控制力部分，同理可以搭建相应的 $\boldsymbol{p}_2$、$\boldsymbol{p}_3$ 控制力输出。实时计算的 $\boldsymbol{p}_1$、$\boldsymbol{p}_2$、$\boldsymbol{p}_3$ 相加即得最终的控制输入力 $\boldsymbol{\tau}$。

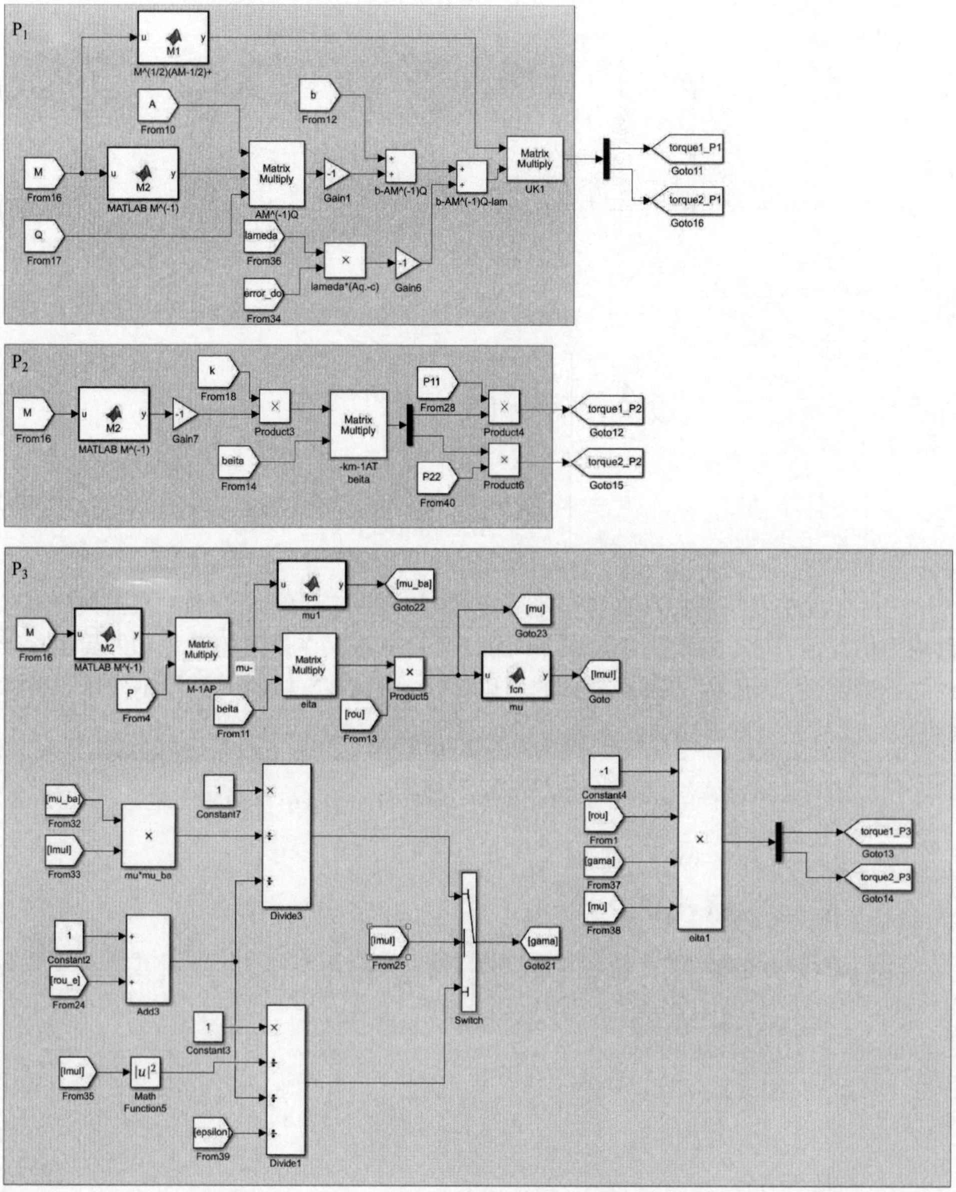

图 9.38　SCARA 轨迹跟踪实验的控制框图

图 9.39 显示的是 cSPACE 上的初步结果界面，其中左上为关节角 2 的实际轨迹与理想轨迹的对比图；右上为关节控制跟踪的理想轨迹；左下和右下为实时输入力矩 $\boldsymbol{\tau}$ 对应电机的电流值。通过调整控制参数 κ、$\boldsymbol{P}$、ρ、λ、ε，可获得快速精确的轨迹跟踪效果。

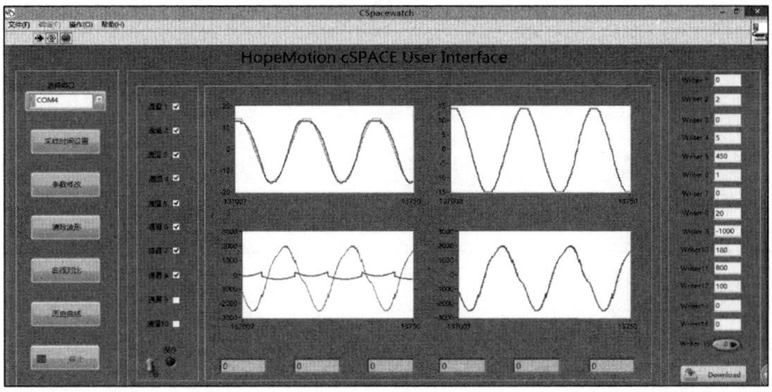

图 9.39　SCARA 轨迹跟踪实验初步结果在 cSPACE 界面的显示

参考文献

[1] Udwadia F E, Kalaba R E. Analytical Dynamics: A New Approach [M]. Cambridge: Cambridge UniversityPress, 1996.

[2] Bellman R. Introduction to Matrix Analysis [M]. 2nd ed. New York: McGraw-Hill Book Company, 1970.

[3] Udwadia F E, Kalaba R E. A new perspective on constrained motion [J]. Proc Royal Societ, 1992, 439: 407–410.

[4] Zadeh L A. Fuzzy sets [J]. Information and control, 1965, 8(3): 338-353.

[5] Zadeh, L A. From circuit theory to systems theoy [J] Proc. Institution of Radio Engineer, 1962, 50: 856-865.

[6] Santos E S. Fuzzy algorithms [J]. Information and Control, 1970, 17(4): 326-339.

[7] Zadeh L A. Toward a theory of fuzzy information granulation and its centrality in human reasoning and fuzzy logic [J]. Fuzzy Sets and Systems, 1997, 90(2): 111-127.

[8] Zadeh L A. Similarity relations and fuzzy orderings [J]. Information Sciences, 1971, 3(2): 177-200.

[9] Mamdani E H, Assilian S. An experiment in Linguistic Synthesis with a Fuzzy logic controller [J]. Int J Human-Computer Studies (1999) 51, 135-147.

[10] Zadeh L A. Syllogistic reasoning in fuzzy logic and its application to usuality and reasoning with dispositions [J]. IEEE Transactions on Systems, Man, and Cybernetics, 1985 (6): 754-763.

[11] Yamakawa T. Stabilization of an inverted pendulum by a high-speed fuzzy logic controller hardware system [J]. Fuzzy Sets and Systems, 1989, 32(2): 161-180.

[12] Sugeno M. Fuzzy measures and fuzzy integrals—A survey [J]. Readings in Fuzzy Sets for Intelligent Systems, 1993, 6: 251-257.

[13] Yager R R. On a general class of fuzzy connectives. Fuzzy Sets and Systems, 1980, 4(3): 235-242.

[14] Dombi J. A general class of fuzzy operators, the DeMorgan class of fuzzy operators and fuzziness measures induced by fuzzy operators [J]. Fuzzy Sets and Systems, 1982, 8(2): 149-163.

[15] Dubois D J. Fuzzy Sets and Systems: Theory and Applications [M]. New York: Academic Press, 1980.

[16] Lagrange J L. Mécanique Analytique [M]. Mallet-Bachelier, 1853.

[17] Udwadia F E, Kalaba R E. On constrained motion [J]. Appl Math Comput, 2005, 164: 313-320.

[18] Udwadia F E, Phohomsiri P. Explicit equations of motion for constrained mechanical systems with singular mass matrices and applications to multi-body dynamics [J]. Proc Royal Soci, 2006, 462: 2097-2117.

[19] Gauss C F. Uber ein neues allgemeines Grundgesetz der Mechanik [J]. Journal für die reine und angewandte Mathematik, 1829, 4: 232-235.

[20] Gibbs J W. On the fundamental formulae of dynamics [J]. Am J Math, 1879, 2: 49-64.

[21] Appell P. Sur une forme generale des Equations de la dynamique [J]. Comptes Rendus de l' Academie des Sciences, 1899, 129: 459-460.

[22] Dirac P A M. Lectures in Quantum Mechanics [M]. New York: Yeshiva University, 1964.

[23] Udwadia F E, Kalaba R E. Explicit equations of motion for mechanical systems with non-ideal constraints [J]. J Appl Mech, 2001, 68: 462-467.

[24] Zhao H, Zhen S, Chen Y H. Dynamic modeling and simulation of multi-body systems using the Udwadia-Kalaba theory [J]. Chinese Journal of Mechanical Engineering, 2013, 26(5): 839-850.

[25] Sun H, Zhao H, Huang K, *et al.* A new approach for vehicle lateral velocity and yaw rate control with uncertainty [J]. Asian Journal of Control, 2018, 20(1): 216-227.

[26] Andrews D F, Hampel F R. Robust estimates of location: Survey and advances [M]. Princeton: Princeton University Press, 2015.

[27] Bemporad A, Morari M. Robust model predictive control: A survey[M]//Robustness in Identification and Control. London: Springer, 1999: 207-226.

[28] Abdallah C, Dawson D M, Dorato P, *et al.* Survey of robust control for rigid robots [J]. IEEE Control Systems Magazine, 1991, 11(2): 24-30.

[29] Sage H G, De Mathelin M F, Ostertag E. Robust control of robot manipulators: A survey [J]. International Journal of Control, 1999, 72(16): 1498-1522.

[30] Sadabadi M S, Peaucelle D. From static output feedback to structured robust static output feedback: A survey [J]. Annual Reviews in Control, 2016, 42: 11-26.

[31] 南英, 陈昊翔, 杨毅, 等. 现代主要控制方法的研究现状及展望 [J]. 南京航空航天大学学报, 2015, 47(6): 798-810.

[32] Haddad W M, Chellaboina V S. Nonlinear Dynamical Systems and Control: A Lyapunov-based Approach [M]. Princeton: Princeton University Press, 2011.

[33] Alan S I Zinober. Variable Structure and Lyapunov Control [M]. Berlin: Springer, 1994.

[34] Freeman R, Kokotovic P V. Robust Nonlinear Control Design: State-space and Lyapunov Techniques [M]. New York: Springer, 2008.

[35] 廖晓昕. 漫谈 Lyapunov 稳定性的理论、方法和应用 [J]. 南京信息工程大学学报 (自然科学版), 2009, 1(1): 1-15.

[36] 王泽鹏. Lyapunov 方程解的上界在时滞系统鲁棒稳定性中的应用 [D]. 哈尔滨: 哈尔滨工业大学,2014.

[37] 甄圣超. Study on Lyapunov-based Deterministic Robust Control (LDRC) of Uncertain Mechanical Systems [D]. 合肥: 合肥工业大学,2014.

[38] He C, Huang K, Chen X, *et al.* Transportation control of cooperative double-wheel inverted pendulum robots adopting Udwadia-control approach [J]. Nonlinear Dynamics, 2018, 91(4): 2789-2802.

[39] Chen Y H. Equations of motion of mechanical systems under servo constraints: The Maggi approach [J]. Mechatronics, 2008, 18(4): 208-217.

[40] 甄圣超, 赵韩, 黄康, 等. 应用 Udwadia–Kalaba 理论对开普勒定律的研究 [J]. 中国科学: 物理学 力学 天文学, 2014, 44(01): 24-31.

[41] Bajodah A H, Hodges D H, Chen Y H. Inverse dynamics of servo-constraints based on the generalized inverse [J]. Nonlinear Dynamics, 2005, 39(1-2): 179-196.

[42] Sun H, Zhao H, Huang K, *et al.* Adaptive robust constraint-following control for satellite formation flying with system uncertainty [J]. Journal of Guidance, Control, and Dynamics, 2017, 40(6): 1492-1502.

[43] Sun H, Chen Y H, Zhao H. Adaptive robust control methodology for active roll control system with uncertainty [J]. Nonlinear Dynamics, 2018, 92(2): 359-371.

[44] Chen X, Zhao H, Zhen S, *et al.* Adaptive robust control for a lower limbs rehabilitation robot running under passive training mode [J]. IEEE/CAA Journal of Automatica Sinica, 2019, 6(2): 493-502.

[45] Chen Y H. On the deterministic performance of uncertain dynamical systems [J]. International Journal of Control, 1986, 43(5): 1557-1579.

[46] 张新荣, CHEN Yehwa, 平昭琪. 基于 Udwadia 和 Kalaba 方程的机械臂轨迹跟踪控制 [J]. 长安大学学报 (自然科学版), 2014, 34(1): 115-119.

[47] 赵韩, 赵福民, 黄康, 等. 基于 Udwadia–Kalaba 理论的机械臂位置控制 [J]. 合肥工业大学学报 (自然科学版), 2018, 41(4): 433-438.

[48] 胡姗姗. 模糊自适应控制方法的研究 [D]. 沈阳: 东北大学, 2009.

[49] 冯纯伯. 自适应控制的理论及应用 [J]. 控制理论与应用, 1988(3): 1-12.

[50] Astrom K J. Adaptive feedback control [J]. Proceedings of the IEEE, 1987, 75(2): 185-217.

[51] Astrom K J, 王海宏. 自适应控制理论及应用综述 [J]. 国外自动化, 1985(3): 7-11.

[52] 冯纯伯. 关于自适应控制理论的发展 [J]. 国外自动化, 1982(2): 14-19.

[53] Bielecki T R, Chen T, Cialenco I, *et al.* Adaptive robust control under model uncertainty [J]. SIAM Journal on Control and Optimization, 2019, 57(2): 925-946.

[54] 马磊. 非线性系统的自适应约束控制及其应用 [D]. 锦州: 辽宁工业大学,2019.

[55] 南英, 陈昊翔, 杨毅, 等. 现代主要控制方法的研究现状及展望 [J]. 南京航空航天大学学报, 2015, 47(6): 798-810.

[56] 王增赟. 自适应方法在几类非线性时滞系统控制中的应用 [D]. 长沙: 湖南大学, 2010.

[57] Wang D, He H, Liu D. Adaptive critic nonlinear robust control: A survey [J]. IEEE Transactions on Cybernetics, 2017, 47(10): 3429-3451.

[58] Chen Y H. Approximate constraint-following of mechanical systems under uncertainty [J]. Nonlinear Dyn Syst Theory, 2008, 8(4): 329-337.

[59] Chen Y H, Zhang X. Adaptive robust approximate constraint-following control for mechanical systems [J]. Journal of the Franklin Institute, 2010, 347(1): 69-86.

[60] Chen X, Zhao H, Sun H, *et al.* A novel adaptive robust control approach for underactuated mobile robot [J]. Journal of the Franklin Institute, 2019, 356(5): 2474-2490.

[61] Sun H, Chen Y H, Huang K, *et al.* Controlling the differential mobile robot with system uncertainty: Constraint-following and the adaptive robust method [J]. Journal of Vibration and Control, 2019, 25(6): 1294-1305.

[62] Yu R, Chen Y H, Zhao H, *et al.* Self-adjusting leakage type adaptive robust control design for uncertain systems with unknown bound [J]. Mechanical Systems and Signal Processing, 2019, 116: 173-193.

[63] Wang X,Sun Q, Chen Y H. Adaptive robust control for triple evasion-tracing-arrival performance of uncertain mechanical systems. Proceedings of the Institution of Mechanical Engineers, Part I: Journal of Systems and Control Engineering, 2017, 231(8): 652-668.

[64] Chen Y H, Leitmann G, Chen J S. Robust control for rigid serial manipulators: A general setting//Proceedings of the 1998 American Control Conference. ACC (IEEE Cat. No. 98CH36207). IEEE, 1998, 2: 912-916.

[65] Spong M W, Vidyasagar M. Robot Dynamics and Control [M]. Hoboken: John Wiley & Sons, 2008.

[66] Stevens B L, Lewis F L, Johnson E N. Aircraft Control and Simulation: Dynamics, Controls Design, and Autonomous Systems [M]. Hoboken: John Wiley & Sons, 2015.

[67] Rajamani R. Vehicle dynamics and control [M]. New York: Springer Science & Business Media, 2011.

[68] Thompson D J. Fundamentals of rail vehicle dynamics: Guidance and stability [J]. Proceedings of the Institution of Mechanical Engineers, 2004, 218(3): 265.

[69] Desoer C A, Vidyasagar M, Willson A N. Feedback Systems: Input-output Properties [M]. New York: Academic, 1975.

[70] Slotine J J E, Li W. Applied Nonlinear Control [M]. Englewood Cliffs: Prentice Hall, 1991.

[71] Horn R A, Johnson C R. Matrix Analysis: Section 2.8 [M]. Cambridge: Cambridge University Press, 1985.

[72] Chen Y H. A new approach to the control design of fuzzy dynamical systems [J]. Journal of Dynamic Systems, Measurement, and Control, 2011, 133(6): 061019.

索　引

HEP 机械工程前沿著作系列
MEF HEP Series in Mechanical Engineering Frontiers

已出书目

- 现代机构学进展（第 1 卷）
  邹慧君　高峰　主编
- 现代机构学进展（第 2 卷）
  邹慧君　高峰　主编
- TRIZ 及应用——技术创新过程与方法
  檀润华　编著
- 相控阵超声成像检测
  施克仁　郭寓岷　主编
- 颅内压无创检测方法与实现
  季忠　编著
- 精密工程发展论
  Chris Evans　著，蒋向前　译
- 磁力机械学
  赵韩　田杰　著
- 微流动及其元器件
  计光华　计洪苗　编著
- 机械创新设计理论与方法
  邹慧君　颜鸿森　著
- 润滑数值计算方法
  黄平　著
- 无损检测新技术及应用
  丁守宝　刘富君　主编
- 理想化六西格玛原理与应用
  ——产品制造过程创新方法
  陈子顺　檀润华　著
- 车辆动力学控制与人体脊椎振动分析
  郭立新　著
- 连杆机构现代综合理论与方法
  ——解析理论、解域方法及软件系统
  韩建友　杨通　尹来容　钱卫香　著
- 液压伺服与比例控制
  宋锦春　陈建文　编著
- 生物机械电子工程
  王宏　李春胜　刘冲　编著
- 现代机构学理论与应用研究进展
  李瑞琴　郭为忠　主编
- 误差分析导论——物理测量中的不确定度
  John R. Taylor　著，王中宇等　译
- 齿轮箱早期故障精细诊断技术
  ——分数阶傅里叶变换原理及应用
  梅检民　肖云魁　编著
- 基于 TRIZ 的机械系统失效分析
  许波　檀润华　著
- 功能设计原理及应用
  曹国忠　檀润华　著
- 基于 MATLAB 的机械故障诊断技术案例教程
  张玲玲　肖静　编著
- 机构自由度计算——原理和方法
  黄真　曾达幸　著
- 全断面隧道掘进机刀盘系统现代设计理论及方法
  霍军周　孙伟　马跃　郭莉　李震　张旭　著
- 系统化设计的理论和方法
  闻邦椿　刘树英　郑玲　著
- 专利规避设计方法
  李辉　檀润华　著
- 柔性设计——柔性机构的分析与综合
  于靖军　毕树生　裴旭　赵宏哲　宗光华　著
- 机械创新设计理论与方法（第二版）
  邹慧君　颜鸿森　著
- MEMS 技术及应用
  蒋庄德 等 著
- 倒装芯片缺陷无损检测技术
  廖广兰 史铁林 汤自荣 著
- C-TRIZ 及应用——发明过程解决理论
  檀润华 著
- 跨界车 NVH 性能分析
  ——传动轴 - 驱动桥的建模、仿真与测试
  徐劲力　姚佐平　吴波
  冯雪梅　黄丰云　卢杰　主编